MESURE ET INTÉGRATION

Daniel Revuz

MESURE
ET
INTÉGRATION

Nouvelle édition entièrement revue et corrigée

COLLECTION MÉTHODES

HERMANN, ÉDITEURS DES SCIENCES ET DES ARTS

ISBN 2 7056 6350 9

Avant-propos

Ce livre reprend un cours d'intégration enseigné en licence avec quelques légères variations pendant trois années scolaires. Il est donc destiné aux étudiants de ce niveau mais on espère qu'il pourra également être utile, en particulier grâce à la matière contenue dans les exercices, aux étudiants de maîtrise engagés dans des certificats d'analyse ou de probabilités. Il suppose que le lecteur connaît un minimum de topologie en particulier la théorie élémentaire des espaces de Hilbert et quelques notions sur les espaces de Banach.

L'intégration est considérée comme une des grosses difficultés de la licence. Il ne s'agit pourtant pas d'un sujet plus difficile que, par exemple, les fonctions analytiques. Le nombre de concepts et d'idées à manipuler n'est pas plus grand, les connaissances prérequises pas plus étendues et les démonstrations plutôt plus courtes et faciles si l'on admet le théorème de prolongement, admission qui n'entrave en rien la compréhension de la suite.

L'écueil de l'enseignement de l'intégration est plutôt que l'intérêt du sujet réside surtout dans ses très belles applications à divers domaines des mathématiques. Certes, les étudiants doivent trouver du plaisir dans la manipulation des concepts, dans la résolution des exercices ou dans l'esthétique intrinsèque de certains résultats, mais il faut quand même les convaincre que les plus belles récompenses seront trouvées en maîtrise dans les cours d'analyse et de probabilités. Afin de garder ce livre dans des limites raisonnables on s'est abstenu d'aborder (au risque de les déflorer) les sujets en question et l'on s'est contenté d'un court paragraphe sur les séries de Fourier qui sont déjà souvent évoquées en premier cycle. En revanche, on a essayé dans deux "lectures" en fin de chapitre de décrire de manière informelle deux exemples d'applications.

Avant d'entrer dans le vif du sujet je voudrais exprimer ma dette envers l'enseignement de J. Neveu et les divers cours de celui-ci dont je me suis inspiré. Je remercie d'autre part mes collègues A. Brunel, G. Sabbagh, et tout spécialement T. Jeulin qui m'ont aidé sur divers points, ainsi que F. Boschet et J. Penon avec qui j'ai formé une agréable équipe enseignante.

Table des matières

Introduction

La théorie de la mesure a pour objet de fournir un modèle mathématique de certaines notions fondamentales aussi bien dans la vie quotidienne (longueur, surface, volume, durée, ...) que dans les sciences expérimentales (charges électriques, masses gravifiques ou magnétiques, ...). Dans ces divers exemples, on associe à chaque portion d'espace présentant des conditions suffisantes de régularité, et dite de ce fait « mesurable », un *nombre réel* qui est sa *mesure*. Autrement dit, on a une application m d'une famille $\mathcal{A}$ de parties de l'espace dans $\mathbb{R}$, dont il est intuitivement clair qu'elle est *additive*, c'est-à-dire que si A et B sont dans $\mathcal{A}$ et sont disjoints, leur réunion est dans $\mathcal{A}$ et $m(A \cup B) = m(A) + m(B)$. Le plus souvent, mais pas exclusivement comme le montre l'exemple des charges électriques, les nombres m(A) sont positifs et l'application est alors croissante, c'est-à-dire que $A \subseteq B$ entraîne $m(A) \leq m(B)$.

A la notion de mesure est liée celle d'*intégrale*. Décrivons tout d'abord un exemple. Dans une résistance unité, un courant électrique d'intensité i produit une quantité de chaleur i^2T pendant un intervalle de temps de longueur T. Si nous supposons maintenant que l'intensité du courant est une fonction i(t) du temps, quelle sera la quantité de chaleur dégagée ? Si i n'est pas trop irrégulière et si on découpe l'intervalle en sous-intervalles de longueur T/n une bonne approximation de ce qu'on cherche est fournie par les sommes $\sum_k (T/n)i^2(t_k)$ où t_k est un point du k-ième sous-intervalle. De plus lorsqu'on fait tendre n vers l'infini, ces sommes convergent vers un nombre qu'on appelle intégrale de Riemann de i^2 sur l'intervalle et que l'on considère donner la quantité de chaleur cherchée. Dans ce raisonnement une « mesure » est intervenue, à savoir la longueur des intervalles.

Ce procédé se révèle insuffisant et ceci pour plusieurs raisons :

i) il ne s'applique qu'à des fonctions suffisamment régulières ;

ii) l'intégrale obtenue est peu maniable. Les interversions entre passages à la limite et intégration sont difficiles, voire impossibles, à effectuer ne serait-ce que par ce que les limites de fonctions « intégrables » ne sont pas « intégrables » ;

iii) la mesure considérée est bien particulière et insuffisante pour de nombreuses situations concrètes. Remarquons qu'un point a zéro comme « longueur » (ou comme « volume » dans l'espace $\mathbb{R}^d$) puisqu'il a une longueur inférieure à celle de tout intervalle le contenant. Or la mécanique et la physique considèrent des masses ponctuelles qui sont sans doute des idéalisations plus que des objets concrets, mais qui n'en sont pas moins utiles pour l'étude et la description des phénomènes physiques. D'autre part la répartition de la masse dans un solide peut être très compliquée et très loin d'être « uniforme » comme la longueur considérée dans l'intégrale de Riemann.

Poursuivons l'exemple d'un solide S et supposons qu'on veuille calculer son moment d'inertie par rapport à un point O. Si S était réduit à une masse ponctuelle m placée à une distance r de O, le moment d'inertie serait mr^2. Si S est constitué de masses m_i placées en des points x_i dont la distance à O est r_i, le moment d'inertie sera $\sum_i m_i r_i^2$. Mais si S a une répartition continue de masses, l'expression $\sum m(x) r(x)^2$ se présente sous la forme d'une somme « continue » de termes nuls et est donc dénuée de signification. L'objet de la théorie de l'intégration est précisément de donner un sens à une telle expression, et dans le cas du moment d'inertie d'en faire une notion qui permette de développer la théorie mécanique correspondante. On pourrait multiplier ce genre d'exemples en puisant dans les notions de physique telles que les potentiels de charges électriques ou les phénomènes optiques et acoustiques qui sont des « sommes continues » de phénomènes élémentaires.

Dans les chapitres qui suivent, on exposera une solution aux problèmes que nous venons d'évoquer. Comme dans le cas de l'intégrale de Riemann, ceci va impliquer un passage à la limite qui suppose que la propriété d'additivité de la mesure s'étend aux suites d'ensembles deux à deux disjoints. Il faudra donc montrer que l'on peut modéliser les notions habituelles de la physique par des mesures ayant cette propriété. Ceci sera reporté au chapitre IV lorsque le lecteur sera devenu plus familier avec les méthodes à employer et, espérons-le, plus convaincu de l'intérêt qu'il y a à le faire. Les chapitres antérieurs sont organisés de la façon suivante. Le chapitre 0 est consacré à des rappels et préliminaires sur les nombres réels et la théorie des ensembles qui vont clairement jouer un rôle important dans la théorie à développer. Les mesures sont introduites dans le chapitre I ainsi que la classe des fonctions dites « mesurables » qui sont celles que l'on va chercher à « intégrer ». Le chapitre II contient la construction de l'intégrale dite de Lebesgue, par opposition à l'intégrale de Riemann, et décrit ses propriétés fondamentales de linéarité et de continuité séquentielle. Le chapitre III est consacré à divers prolongements : espaces de fonctions intégrables, mesures signées et théorème de Radon-Nikodym, séries de Fourier. Le chapitre V est dévolu à l'étude des mesures « produits » et montre notamment comment on peut construire les notions de surface et volume à partir de celle de longueur. L'ordre dans lequel il faut lire ces chapitres n'est pas nécessairement celui dans lequel ils sont rangés. Avec des inconvénients mineurs le chapitre IV peut être lu après le chapitre II ou même après le chapitre I. Le chapitre V peut être lu tout de suite après le chapitre II ; sauf pour quelques exercices et la section 3 sur la convolution, il est indépendant du chapitre III. La section 1 du chapitre III peut être lue immédiatement après le chapitre II en laissant le reste pour plus tard. Le minimum qui doit être assimilé pour pouvoir commencer à suivre des cours d'analyse et de probabilité comprend les chapitres I et II et les deux premières sections du chapitre V. Les étudiants doivent apprendre à se servir des index qui sont justement faits pour ne pas être obligé de lire un livre de manière linéaire et pour pouvoir s'y référer ultérieurement. Les références entre chapitres sont données en désignant par exemple par (II,2) la deuxième section du chapitre II et par (II,2,13) le 13ᵉ numéro dans cette section. Pour une référence à l'intérieur du même chapitre, on omet le numéro du chapitre et on écrit simplement (2,13) par exemple.

Chaque section du livre se termine par des exercices qui visent à faciliter l'assimilation du texte mais aussi à présenter quelques résultats supplémentaires. Les plus difficiles, mais aussi ceux qui font appel à des notions étrangères au texte proprement dit, sont marqués des signes * et ** avec tout ce que ce genre d'estimations peut avoir d'arbitraire. Des indications destinées à faciliter leur résolution sont placées entre crochets.

Rappelons enfin quelques signes et abréviations commodes. Le signe □ marque la fin des démonstrations. Le mot ssi est utilisé pour « si et seulement si » et on écrit CNS au lieu de « condition nécessaire et suffisante ». On remplace aussi « c'est-à-dire » par « i.e. ». L'abréviation « resp » est utilisée à la place de respectivement ; si deux énoncés ont la même structure et ne diffèrent que par quelques mots, l'emploi de « resp » permet de les énoncer simultanément. Ainsi : « A(resp:A′) entraîne B (resp:B′) » tient la place des deux énoncés « A entraîne B » et « A′ entraîne B′ ». Tous ces usages sont classiques. Nous y avons ajouté l'emploi du signe $ après certaines affirmations pour indiquer que le lecteur, surtout le lecteur débutant, peut avoir à faire lui-même une petite démonstration pour se convaincre du bien-fondé de l'affirmation en question.

CHAPITRE 0

Préliminaires et rappels

1. Rappels et compléments sur les nombres réels

Les nombres réels, les suites de nombres réels, les fonctions à valeurs réelles, vont jouer dans ce livre un rôle essentiel et nous allons en conséquence en rappeler un certain nombre de propriétés, de façon à fixer en même temps des notations qui seront d'un usage constant.

Nous supposons le lecteur familier avec la structure algébrique du corps $\mathbb{R}$ des nombres réels et avec la relation d'ordre usuelle. L'ensemble $[0, \infty[$ des nombres positifs est noté $\mathbb{R}_+$. Dans toute la suite on utilisera le mot "positif" pour $\geqslant 0$ et on dira « strictement positif » pour > 0. Étant donnés deux nombres réels x et y, on a toujours soit $x < y$, soit $x = y$, soit $x > y$; autrement dit $\mathbb{R}$ est totalement ordonné.

La topologie de $\mathbb{R}$ est définie par la distance liée à la valeur absolue. On rappelle que $|x| = x$ si $x \geqslant 0$ et $|x| = -x$ si $x < 0$. La distance est définie par $d(x, y) = |x - y|$ et nous supposons que le lecteur est familier avec les notions de continuité et de limite dans les espaces topologiques, en particulier dans le cas de $\mathbb{R}$. On rappelle que l'ensemble $\mathbb{Q}$ des nombres rationnels est dense dans $\mathbb{R}$ et que $\mathbb{R}$ est complet, i.e. une suite (x_n) satisfaisant au critère de Cauchy

$$\lim \quad |x_m - x_n| = 0,$$

est convergente.

La topologie de $\mathbb{R}$ peut aussi être définie en utilisant la relation d'ordre. Un intervalle ouvert $]a, b[$ est l'ensemble des x tels que $a < x < b$ et on obtient tous les ouverts de $\mathbb{R}$ en faisant toutes les réunions possibles d'intervalles ouverts. Nous aurons aussi à considérer les intervalles fermés $[a, b]$ et semi-ouverts $[a, b[$ et $]a, b]$.

L'ordre et la distance sont aussi reliés par les formules qui suivent. Si x et y sont deux réels on note $x \vee y$ ou $\sup(x, y)$ le plus grand des deux et $x \wedge y$ ou $\inf(x, y)$ le plus petit des deux. Pour $x \in \mathbb{R}$, on pose enfin $x^+ = x \vee 0$ et $x^- = -(x \wedge 0)$. Ces deux nombres sont toujours positifs et l'un des deux au moins est nul. On a les formules

$$|x| = x^+ + x^-, \quad x = x^+ - x^-, \quad x^+ = (x + |x|)/2, \quad x^- = (|x| - x)/2.$$

Plus généralement, pour x et y dans $\mathbb{R}$, on a par exemple ($)

$$x \vee y = x + (y - x)^+ = (x + y + |y - x|)/2.$$

Une notion fondamentale liée à la relation d'ordre sur $\mathbb{R}$ et qui sera d'un usage essentiel dans la suite est celle de *borne supérieure*. On rappelle d'abord quelques définitions qui sont valables pour toute relation d'ordre au vocabulaire près.

(1,1) DÉFINITION. – Un sous-ensemble E de $\mathbb{R}$ est dit *majoré* si il existe un nombre M tels que $x \leqslant M$ pour tout $x \in E$. On dit que M est un majorant de E. En remplaçant $\leqslant$ par $\geqslant$ on obtient les notions d'ensemble *minoré* et de minorant. Un ensemble qui est à la fois majoré et minoré est dit *borné*.

Enfin on appelle *borne supérieure* d'un sous-ensemble E un majorant qui est plus petit que tous les autres majorants. Une telle borne supérieure n'existe pas de manière évidente, mais si elle existe elle est nécessairement unique ; c'est l'élément S tel que $x \leqslant S$ pour tout $x \in E$ et $S \leqslant M$ pour tout majorant M de E. Nous rappelons maintenant le

(1,2) THÉORÈME. – Tout sous-ensemble majoré non vide de $\mathbb{R}$ admet une borne supérieure.

La borne supérieure de E sera notée sup E. Par exemple

$$\sqrt{2} = \sup \{x \in \mathbb{Q} ; x^2 < 2\}.$$

On notera aussi $\sup_i x_i$ ou $\sup \{x_i : i \in I\}$ la borne supérieure de l'ensemble des x_i où i décrit un ensemble d'indices I.

On remarque en passant que le théorème ci-dessus est faux dans l'ensemble $\mathbb{Q}$ des nombres rationnels muni de l'ordre hérité de $\mathbb{R}$; il n'y a pas de nombre rationnel dont le carré soit inférieur à 2 et qui soit plus grand que tous les rationnels ayant cette propriété. On peut même dire que ceci est une des raisons pour lesquelles on a construit $\mathbb{R}$.

On a bien sûr de la même façon une notion symétrique de borne inférieure et on note inf E la borne inférieure de E qui existe si E est un sous-ensemble minoré de $\mathbb{R}$.

La borne supérieure $\mu = \sup E$ de $E \subset \mathbb{R}$ est caractérisée par les deux propriétés suivantes :

i) $\forall x \in E : x \leqslant \mu$;

ii) $\forall \varepsilon > 0, \exists x \in E : x > \mu - \varepsilon$.

Lorsqu'un ensemble n'est pas majoré il est très commode de considérer que sa borne supérieure est $+\infty$. C'est pourquoi nous utiliserons aussi *la droite achevée* $\overline{\mathbb{R}}$ qui est définie comme l'ensemble $\{-\infty\} \cup \mathbb{R} \cup \{\infty\}$ muni de la relation d'ordre qui prolonge celle de $\mathbb{R}$ et telle que pour tout x de $\mathbb{R}$ on ait

$$-\infty < x < +\infty$$

Tout sous-ensemble non vide de $\overline{\mathbb{R}}$ admet une borne inférieure et une borne supérieure et l'on a la

(1,3) Proposition. – Soit $E = (x_{ij})$ une famille d'éléments de $\overline{\mathbb{R}}$ indexée par l'ensemble IxJ ; on a alors

$$\sup_i \left\{ \sup_j x_{ij} \right\} = \sup_j \left\{ \sup_i x_{ij} \right\},$$

c'est-à-dire que l'on peut intervertir l'ordre dans lequel on prend les bornes supérieures et le nombre ainsi obtenu est la borne supérieure de E soit

$$\sup\{x_{ij} ; (i, j) \in I \times J\}.$$

Démonstration. – Pour i et j fixés on a

$$x_{ij} \leqslant \sup_i x_{ij}$$

et donc pour tout i,

$$\sup_j x_{ij} \leqslant \sup_j \sup_i x_{ij},$$

ce qui entraîne

$$\sup_i \sup_j x_{ij} \leqslant \sup_j \sup_i x_{ij}.$$

En faisant jouer à i et j des rôles symétriques on obtient l'inégalité inverse. Le reste de la démonstration est laissée au lecteur. □

D'autre part on peut comme sur $\mathbb{R}$, définir sur $\overline{\mathbb{R}}$ les intervalles et considérer la topologie correspondante. Les intervalles $]x, \infty]$ par exemple, forment une base de voisinages de $+\infty$ et donc (x_n) converge vers $+\infty$ pour cette topologie ssi

$$\forall M \in \mathbb{R}, \exists\, n_0 : n \geqslant n_0 \Rightarrow x_n > M.$$

On sait et c'est d'ailleurs une conséquence de l'existence de la borne supérieure que toute suite croissante de nombres réels converge dans $\overline{\mathbb{R}}$ précisément vers la borne supérieure de la suite. Un cas particulier de la proposition précédente est que si (a_{nm}) est une suite double de nombres réels croissante en n et m alors

$$\lim_n \lim_m a_{nm} = \lim_m \lim_n a_{nm} = \sup\{a_{nm} : n \in \mathbb{N}, m \in \mathbb{N}\}$$

(on rappelle que $\mathbb{N}$ est l'ensemble des nombres entiers $\geqslant 0$ et $\mathbb{Z}$ l'ensemble de tous les nombres entiers). Autrement dit, on peut intervertir des limites croissantes, alors qu'en général on ne peut pas intervertir deux limites.

On peut définir sur $\overline{\mathbb{R}}$ des opérations algébriques de façon que les propriétés des limites de suites vis-à-vis des opérations algébriques restent valables. On pose donc, pour tout $x \in \mathbb{R}$,

$$x + (+\infty) = (+\infty) + x = +\infty,\ \ x + (-\infty) = (-\infty) + x = -\infty,$$

$$(+\infty) + (+\infty) = +\infty,\ \ (-\infty) + (-\infty) = -\infty.$$

Pour $x > 0$, on pose

$$x \times (+\infty) = +\infty, \quad x \times (-\infty) = -\infty,$$

pour $x < 0$, on intervertit les signes et enfin on pose

$$(+\infty) \times (+\infty) = +\infty, \ (+\infty) \times (-\infty) = -\infty, \quad (-\infty) \times (-\infty) = +\infty.$$

Bien sûr $(+\infty) + (-\infty)$ n'est pas défini ; en revanche on verra plus loin qu'en théorie de l'intégration il est justifié de poser

$$0 \times (+\infty) = 0 \times (-\infty) = 0.$$

Bien que les opérations ainsi définies gardent les propriétés d'associativité, de commutativité et de distributivité, il va sans dire que l'on a perdu les propriétés algébriques de $\mathbb{R}$.

Nous allons maintenant faire quelques rappels sur les suites de nombres réels.

(1,4) Définition. – On appelle *limite supérieure* de la suite (x_n) le nombre (de $\overline{\mathbb{R}}$)

$$\lim_n \sup_{p \geqslant n} x_p = \inf_n \sup_{p \geqslant n} x_p.$$

Il est clair que la suite $\sup\limits_{p \geqslant n} x_p$ est une suite décroissante qui a donc une limite égale à sa borne inférieure ce qui justifie la définition ci-dessus.

On définit de même la *limite inférieure* comme le nombre

$$\lim_n \inf_{p \geqslant n} x_p = \sup_n \inf_{p \geqslant n} x_p.$$

Ces deux nombres seront encore notés $\overline{\lim}\ x_n$ et $\underline{\lim}\ x_n$. On a de toute évidence

$$\underline{\lim}\ x_n \leqslant \overline{\lim}\ x_n$$

et plus précisément

(1,5) Proposition. – La limite supérieure (resp:inférieure) d'une suite est la plus grande (resp:petite) des valeurs d'adhérence de la suite.

Démonstration. – Une valeur d'adhérence de la suite (x_n) peut être finie ou infinie. Dans le premier cas le nombre a est valeur d'adhérence si pour tout $\varepsilon > 0$ et tout entier n_0, il existe un $n > n_0$ tel que $|a - x_n| < \varepsilon$; dans le second cas, $+\infty$ (resp. $-\infty$) est valeur d'adhérence si pour tout M et tout n_0 il existe $n > n_0$ tel que $x_n > M$ (resp. $x_n < M$). Dans les deux cas a est valeur d'adhérence ssi on peut extraire de la suite (x_n) une sous-suite (x_{n_p}) qui converge vers a($). On peut encore dire en posant $A_n = \{x_k;\ k \geqslant n\}$, que a est une valeur d'adhérence de la suite ssi a est adhérent à l'ensemble A_n quelque soit n. L'ensemble des valeurs d'adhérence de la suite est donc égal à $\bigcap \overline{A}_n$ où on note $\overline{A}$ l'adhérence de A. Or pour tout sous-ensemble A de $\mathbb{R}$

on a $\bar{A} \subseteq$ [inf A, sup A], et par conséquent l'ensemble des valeurs d'adhérence de la suite est contenu dans

$$\bigcap_n \left[\inf_{p \geq n} x_p, \sup_{p \geq n} x_p \right] = [\, \underline{\lim}\, x_n, \overline{\lim}\, x_n].$$

Il reste à montrer que les limites inférieures et supérieures sont effectivement des valeurs d'adhérence.

Appelons $\bar{x}$ la limite supérieure. Si $\bar{x}$ est fini, pour tout entier p, il existe, par définition, un entier k tel que

$$\bar{x} \leq \sup_{n \geq k} x_n \leq \bar{x} + (1/p),$$

et donc un entier n_p tel que

$$\bar{x} - (1/p) \leq x_{n_p} \leq \bar{x} + (1/p).$$

La suite (x_{n_p}) est une sous-suite de la suite (x_n) qui converge vers $\bar{x}$ qui est donc valeur d'adhérence de la suite. On laisse au lecteur le soin de traiter le cas où $\bar{x}$ est infini. Enfin le cas de la limite inférieure se traite de la même façon. □

Ce qu'on vient de voir dans la démonstration peut aussi s'exprimer en disant que l'on peut extraire de la suite donnée deux sous-suites convergeant respectivement vers les limites inférieures et supérieures. On a enfin le corollaire évident :

(1,6) Corollaire. – La suite (x_n) est convergente (dans $\overline{\mathbb{R}}$) ssi les limites inférieures et supérieures sont égales.

On a aussi la

(1,7) Proposition. – Si (x_n) et (y_n) sont deux suites de nombres réels on a

$$\overline{\lim}\, (x_n + y_n) \leq \overline{\lim}\, x_n + \overline{\lim}\, y_n$$

(pourvu que cette dernière somme ait un sens) et si l'une des deux suites converge, cette inégalité devient une égalité. Si λ est un réel > 0 (resp:< 0) on a

$$\overline{\lim}\, (\lambda x_n) = \lambda\, \overline{\lim}\, x_n \text{ (resp: } \lambda\, \underline{\lim}\, x_n).$$

Démonstration. – La première inégalité résulte immédiatement de

$$\sup_{k \geq n} (x_k + y_k) \leq \sup_{k \geq n} x_k + \sup_{k \geq n} y_k.$$

On laisse au lecteur le soin de terminer cette démonstration ainsi que d'énoncer les autres propriétés similaires relatives à la limite inférieure. □

Nous allons maintenant donner une application très importante de la notion de limite supérieure au rayon de convergence des séries entières.

(1,8) Proposition. – Soit (a_n) une suite de nombres complexes. Si $\overline{\lim}\ |a_n|^{1/n} < 1$, la série $\sum a_n$ est absolument convergente ; si $\overline{\lim}\ |a_n|^{1/n} > 1$, la série $\sum a_n$ est divergente.

Démonstration. – Dans le premier cas, il existe un nombre α avec $0 < \alpha < 1$ et un entier n_0 tels que pour $n > n_0$ on ait $|a_n|^{1/n} < \alpha$ et donc $|a_n| < \alpha^n$; la série des modules étant majorée par une série géométrique de raison inférieure à 1 est donc convergente.

Dans le deuxième cas (a_n) ne tend pas vers 0 et donc la série ne peut être convergente. □

(1,9) Corollaire. – (Formule d'Hadamard) Le rayon de convergence de la série entière $\sum a_n z^n$ est égal à $1/\ \overline{\lim}\ |a_n|^{1/n}$.

Démonstration. – On a en effet $\overline{\lim}\ |a_n z^n|^{1/n} = |z|\ \overline{\lim}\ |a_n|^{1/n}$, et il n'y a qu'à appliquer la proposition précédente.

En fait le raisonnement précédent en un seul coup, démontre l'*existence* du rayon de convergence et en donne la valeur.

Nous allons terminer cette section en rappelant ce qu'est un développement décimal ou plus généralement r-adique d'un nombre réel. Dans ce qui suit r est un nombre entier $\geqslant 2$ fixé.

(1,10) Théorème. – Tout nombre $x \in [0, 1[$ est la somme d'une série $\sum_{1}^{\infty} \lambda_n r^{-n}$ où $\lambda_n \in (0, 1, ..., r-1)$.

Il est clair que toute série de ce type est convergente ; le contenu du théorème est qu'on obtient tous les nombres de [0, 1[comme sommes de ces séries. Une telle série s'appelle un développement de sa somme relativement à la base r ou développement r-adique. Dans le cas r = 10 on parlera plutôt de développement décimal et pour r = 2 (resp:r = 3) de développement dyadique (resp:triadique). Dans tous les cas et si r est fixé sans ambiguïté on écrira

$$x = 0, \lambda_1 \lambda_2 \ldots \lambda_n \ldots .$$

Tout ceci s'étend immédiatement à des réels quelconques en faisant une translation d'amplitude entière.

(1,11) Définition. – On appelle nombre *décimal (dyadique, triadique, r-adique)* un nombre admettant un développement où tous les λ_n sont nuls à partir d'un certain rang.

En d'autres termes, x est un nombre r-adique s'il peut être écrit comme une fraction dont le dénominateur est une puissance de r. Le théorème rappelé plus haut entraîne la

(1,12) Proposition. – Pour tout r, les nombres r-adiques sont denses dans $\mathbb{R}$.

Démonstration. – Effectivement tout nombre $x \in \mathbb{R}$ est la limite des sommes partielles d'un développement r-adique et ces sommes partielles sont des nombres r-adiques. □

Il se pose enfin la question de l'unicité des développements. On constate que les nombres r-adiques ont deux développements de base r. Par exemple, avec $r = 2$, on a

$$1/2 = 0{,}1000000... = 0{,}011111... .$$

On démontre qu'en fait ce sont là les seuls nombres ayant plus d'un développement.

En résumé, tout nombre x de $[0, 1[$ a un développement en base r qui est unique ssi x n'est pas r-adique. Les nombres r-adiques ont deux développements, un fini appelé développement *propre* et l'autre infini et ne comportant que le nombre $r - 1$ à partir d'un certain rang et appelé développement *impropre*. Si l'on exclut, par exemple, les développements impropres on obtient donc une bijection entre $[0, 1[$ et les suites à valeur dans $(0, 1, ..., r - 1)$.

(1,13) Exercice. – 1) Si A et B sont deux parties de $\mathbb{R}$ et si on pose $A + B = \{x + y : x \in A, y \in B\}$, montrer que $\sup (A + B) = \sup (A) + \sup (B)$.

2) Exprimer $\sup (A \cup B)$ en fonction de $\sup (A)$ et $\sup (B)$.

(1,14) Exercice. – Si (x_i) et (y_i) sont deux ensembles de nombres réels indexés par le même ensemble d'indices I, montrer que

$$\sup \{x_i + y_i : i \in I\} \leqslant \sup \{x_i : i \in I\} + \sup \{y_i : i \in I\}.$$

(1,15) Exercice. – Pour $a \in \mathbb{R}$ et un sous-ensemble $\{x_i, i \in I\}$ de $\mathbb{R}$ montrer que $\sup \{x_i : i \in I\} + a = \sup \{x_i + a, i \in I\}$.

*(1,16) Exercice. – (Lemme de décomposition) Soient (x_i), $i \in I$, et (y_j), $j \in J$, deux suites finies de nombres réels positifs tels que $\sum_i x_i = \sum_j y_j$. Montrer qu'il existe des nombres positifs z_{ij} tels que $x_i = \sum_j z_{ij}$ et $y_j = \sum_i z_{ij}$. [On pourra commencer par le cas où I et J n'ont que deux éléments et poser $z_{11} = \inf (x_1, y_1)$. On procèdera ensuite par récurrence.]

(1,17) Exercice. – Soit f une fonction réelle définie sur $\mathbb{R}^+$. Montrer que la fonction ψ définie par

$$\psi(t) = \sup \{f(s) : s < t\}$$

est croissante et continue à gauche. Donner un exemple où elle ne soit pas continue à droite. Si f est continue, ψ est continue.

(1,18) EXERCICE. – Soit (E_n) une suite croissante (i.e. $E_n \subseteq E_{n+1}$ pour tout n) de sous-ensembles non vides de $\mathbb{R}$. Montrer que $\inf\left(\bigcup_n E_n\right) = \lim \inf (E_n)$.

*(1,19) EXERCICE. – Soit A une fonction réelle définie sur $\mathbb{R}_+$, nulle en 0, croissante et telle que $\lim A(t) = \infty$. Pour $t \in \mathbb{R}_+$, on pose

$$C(t) = \inf \{s : A(s) > t\}.$$

1) Montrer que C est une fonction croissante et continue à droite [Utiliser l'exercice précédent.], tendant vers l'infini à l'infini, et telle que $C(A(t)) \geqslant t$.

2) On suppose désormais que A est continue à droite ; en déduire que $A(C(t)) \geqslant t$.

3) Montrer que $A(t) = \inf \{s : C(s) > t\}$.

4) On pose $C(t-) = \lim C(s)$ (remarquer que la limite existe forcément) ; montrer que

$$C(t-) = \inf \{s : A(s) \geqslant t\} = \sup \{s : A(s) < t\}.$$

(1,20) EXERCICE. – Si (a_{nm}) est une suite double de nombres réels positifs, montrer que

$$\sum_n \sum_m a_{nm} = \sum_m \sum_n a_{nm}.$$

Montrer par un exemple que le résultat est en défaut si les a_{nm} ne sont pas positifs même si les quantités considérées sont finies.

(1,21) EXERCICE. – Comparer l'ensemble des valeurs d'adhérence et les limites inférieures et supérieures d'une suite (a_n) et d'une sous-suite de (a_n). Donner un exemple où inclusion et inégalités sont strictes.

(1,22) EXERCICE. – Décrire les limites inférieure et supérieure des suites définies par :

i) $a_n = (-1)^n(n/(n+1))$;

ii) $a_{3n} = 1$, $a_{3n+1} = 0$, $a_{3n+2} = -1$;

iii) $a_1 = 1/2$, $a_2 = 1/3$, $a_3 = 2/3$, $a_4 = 1/4$, $a_5 = 2/4$, $a_6 = 3/4$, $a_7 = 1/5$, et ainsi de suite ;

iv) $a_n = \sin(n)$.

(1,23) EXERCICE. – Si (u_n) et (v_n) sont deux suites telles que $u_n \leqslant v_n$ pour tout n, comparer leurs limites inférieure et supérieure.

(1,24) EXERCICE. – Soit (a_n) une suite périodique, i.e. il existe un entier k tel que $a_{n+k} = a_n$ pour tout n ; quelles sont les limites inférieure et supérieure de la suite ?

(1,25) EXERCICE. – Soit (u_n) une suite ; on pose $v_n = (u_1 + u_2 + \ldots + u_n)/n$. Comparer les limites inférieure et supérieure des suites (u_n) et (v_n). Si la suite (v_n) est convergente on dit que (u_n) converge au *sens de Cesaro* et la limite de (v_n) est la limite de (u_n) au sens de Cesaro. Si la suite (u_n) converge vers L, elle converge au sens de Cesaro vers L. Inversement, donner des exemples (cf. entre autres l'exercice précédent) de suites non convergentes convergeant au sens de Cesaro. Donner aussi des exemples de suites ne convergeant pas au sens de Cesaro.

(1,26) EXERCICE. – Soit (u_n) une suite et k un entier fixé. On pose $v_n = (u_n + u_{n+1} + \ldots + u_{n+k})/k$; comparer les limites inférieure et supérieure des suites (u_n) et (v_n). L'une des deux suites peut-elle converger sans que l'autre converge aussi ?

(1,27) EXERCICE. – Trouver l'ensemble des valeurs d'adhérence d'une suite (a_n) telle que $\underline{\lim}\, a_n = 0$, $\overline{\lim}\, a_n = 1$ et $\lim |a_{n+1} - a_n| = 0$. Donner un exemple d'une telle suite.

(1,28) EXERCICE. – Soit (a_n) une suite de nombres réels > 0 convergeant vers une limite $a > 0$. Étudier la suite définie par récurrence en choisissant $u_0 > 0$ et en posant $u_{n+1} = (u_n + a_n)^{1/2}$.

(1,29) EXERCICE. – Trouver le rayon de convergence des séries entières :

i) $\sum_n n\, z^{2n}$;

ii) $\sum_n a^n z^{1+2+\ldots+n}$ avec $a > 0$;

iii) $\sum_n u_n z^n$ où $u_n = a^n$ si n est pair et $u_n = b^n$ si n est impair, avec a et $b > 0$.

(1,30) EXERCICE. – On suppose que la suite (a_n) de nombres réels est telle que la suite $(|a_{n+k}|/|a_n|)$ ait, pour un nombre entier $k \geqslant 2$ fixé, une limite finie L lorsque n tend vers l'infini.

1) Déterminer le rayon de convergence de la série entière $\sum a_n z^n$.

2) Montrer que la suite $(|a_n|^{1/n})$ converge vers $L^{1/k}$.

(1,31) EXERCICE. – Soient (a_n) et (b_n) deux suites de nombres réels strictement positifs telles que $\log (a_n)/n$ (resp. $\log (b_n)/n$) converge, lorsque n tend vers l'infini, vers a (resp. b). Montrer que $\log (a_n+b_n)/n$ converge vers sup (a, b). Étendre le résultat en remplaçant les limites par des limites supérieures.

(1,32) EXERCICE. – Si (a_n) est une suite de nombres réels $\geqslant 0$ telle que pour tout $c > 0$, la suite $(a_n \wedge c)$ soit convergente alors (a_n) est convergente.

*(1,33) EXERCICE. – Soit (a_n) une suite de nombres réels tels que

$$1 > a_1 > a_2 > a_n > \ldots > 0.$$

1) Montrer qu'on peut construire par récurrence une suite (E_n) de sous-ensembles de $[0, 1]$ ayant les propriétés suivantes :

i) $E_0 = [0, 1]$;

ii) $E_n \supseteq E_{n+1}$;

iii) E_n est la réunion de 2^n intervalles fermés disjoints de longueur $2^{-n}a_n$.

Montrer que l'ensemble $E = \bigcap_0^\infty E_n$ est un compact d'intérieur vide et sans points isolés.

2) Si $a_n = (2/3)^n$, et si les intervalles ouverts retirés à E_n pour obtenir E_{n+1} sont symétriques par rapport aux milieux des intervalles de E_n, l'ensemble obtenu s'appelle *l'ensemble triadique* C *de Cantor.* En d'autres termes

$$C = [0, 1] \setminus (\,]1/3, 2/3[\, \cup \,]1/9, 2/9[\, \cup \,]7/9, 8/9[\, \cup \,]1/27, 2/27[\, \cup \ldots).$$

Montrer que C est l'ensemble des points $[0, 1]$ ayant un de ses développements triadiques (propre ou impropre) ne comportant pas de 1. Ou encore, l'ensemble de Cantor est l'ensemble des sommes des séries $\sum \alpha_n 3^{-n}$ où (α_n) décrit l'ensemble $\mathcal{F}(\mathbb{N}\setminus\{0\}, \{0, 2\})$ des suites de 0 et de 2.

3) Montrer que l'ensemble $C + C = \{x + y : x \in C, y \in C\}$ est un intervalle.

(1,34) Exercice. – 1) Quel est le nombre dont le développement dyadique est 0,100100100... et ainsi de suite ?

2) On dit qu'un développement décimal $a_0, a_1a_2 \ldots a_n \ldots$ est périodique s'il existe deux entiers n_0 et k tels que $a_n = a_{n+k}$ pour tout $n \geqslant n_0$. Montrer qu'un nombre réel a un développement décimal périodique ssi c'est un nombre rationnel.

2. Espaces de fonctions réelles

Dans cette section nous allons considérer un ensemble E fixe et étudier l'ensemble $\mathcal{F}(E, \mathbb{R})$ (resp:$\mathcal{F}(E, \overline{\mathbb{R}})$) des applications de E dans R (resp:dans $\overline{\mathbb{R}}$). Le premier est évidemment contenu dans le second.

Ces ensembles peuvent être munis de plusieurs structures en utilisant l'idée générale suivante : toute opération définie sur $\mathbb{R}$ peut être transportée sur $\mathcal{F}(E, \mathbb{R})$ en procédant point par point. Ainsi, si f et g sont deux éléments de $\mathcal{F}(E, \mathbb{R})$ on définit leur somme f + g en posant pour $x \in E$,

$$(f + g)(x) = f(x) + g(x),$$

et de même si $\lambda \in \mathbb{R}$ on définit λf par

$$(\lambda f)(x) = \lambda f(x).$$

Il est facile de vérifier que $\mathcal{F}(E, \mathbb{R})$ est un espace vectoriel sur $\mathbb{R}$ pour ces deux opérations. C'est même une algèbre unitaire si la multiplication est également définie point par point, i.e.

$$(fg)(x) = f(x)\, g(x).$$

On rappelle qu'une algèbre est un espace vectoriel muni d'une deuxième opération interne, notée multiplicativement, associative et distributive par rapport à l'addition et telle que pour tout scalaire λ et des éléments x et y de l'ensemble on ait $(\lambda x)y = x(\lambda y) = \lambda(xy)$. De plus c'est une algèbre unitaire s'il existe une unité pour la multiplication. Ici, l'unité est la fonction, notée 1_E ou tout simplement 1, qui vaut identiquement 1 sur E. Évidemment, ceci ne s'étend pas à $\mathcal{F}(E, \overline{\mathbb{R}})$, puisque les opérations algébriques ne sont pas partout définies sur $\overline{\mathbb{R}}$ et a fortiori n'y définissent pas une structure de corps.

L'ensemble $\mathcal{F}(E, \mathbb{R})$ est de la même façon, muni d'un ordre qui est défini par

$$f \leqslant g \text{ si } f(x) \leqslant g(x) \text{ pour tout } x \in E.$$

Et on définit pareillement $f \vee g$, $f \wedge g$, $|f|$, f^+, f^-. Par exemple

$$(f \vee g)(x) = f(x) \vee g(x),$$

$$f^+(x) = \sup(f(x), 0),\ f^-(x) = -\inf(f(x), 0),$$

et l'on a

$$|f| = f^+ + f^-,\ f = f^+ - f^-.$$

Toujours de la même façon on dira qu'une fonction f est positive si $f(x) \geqslant 0$ pour tout $x \in E$. Par exemple f^+ et f^- sont deux fonctions positives. On dira que f est strictement positive si $f(x) > 0$ pour tout x de E.

Dans la suite on s'intéressera à des sous-ensembles de $\mathcal{F}(E, \mathbb{R})$, notamment à des sous-espaces vectoriels $\mathcal{V}$ de $\mathcal{F}(E, \mathbb{R})$. Si $\mathcal{V}$ est un tel sous-espace, on désignera par $\mathcal{V}_+$ l'ensemble des fonctions de $\mathcal{V}$ qui sont positives. L'ensemble $\mathcal{V}_+$ est un *cone*, c'est-à-dire que toute combinaison linéaire à coefficients positifs d'éléments de $\mathcal{V}_+$ est encore un élément de $\mathcal{V}_+$.

Donnons une autre définition liée à la notion d'ordre.

(2,1) Définition. – Un ensemble $\mathcal{H}$ de fonctions sur E est dit *réticulé inférieurement* (resp. :*supérieurement*) si pour tout couple (f, g) d'éléments de $\mathcal{H}$ la fonction $f \wedge g$ (resp. $f \vee g$) est dans $\mathcal{H}$. Il est dit *réticulé* s'il est à la fois réticulé inférieurement et supérieurement.

Remarquons qu'un espace vectoriel réticulé supérieurement est réticulé ($).

Si (f_i) est une famille d'éléments de $\mathcal{F}(E, \mathbb{R})$ on définit la *borne supérieure* ou *enveloppe supérieure* de la famille comme la fonction $\sup_i f_i$ définie par

$$\left(\sup_i f_i\right)(x) = \sup_i f_i(x).$$

Cette fonction peut être un élément de $\mathcal{F}(E, \overline{\mathbb{R}})$ et n'est dans $\mathcal{F}(E, \mathbb{R})$ que ssi l'ensemble $\{f_i(x)\}$ est borné supérieurement pour tout $x \in E$. On procède de même pour définir la borne inférieure ou enveloppe inférieure de la famille.

Une autre notion liée à l'ordre est celle *d'application positive* ; on appelle ainsi une application d'un espace vectoriel $\mathcal{V}$ de fonctions réelles dans un autre qui transforme les fonctions positives en fonctions positives. En particulier, une *forme linéaire positive* sur $\mathcal{V}$ est une application linéaire de $\mathcal{V}$ dans $\mathbb{R}$ qui envoie $\mathcal{V}_+$ dans $\mathbb{R}_+$.

Une fonction f de $\mathcal{F}(E, \mathbb{R})$ est dite *bornée* si il existe un nombre M tel que $|f(x)| \leq M$ pour tout x de E. L'ensemble des fonctions bornées, noté $\mathcal{B}(E, \mathbb{R})$, est un sous-espace vectoriel et même une sous-algèbre de $\mathcal{F}(E, \mathbb{R})$ ($).

Soit maintenant (f_n) une suite de fonctions de $\mathcal{F}(E, \mathbb{R})$; on définit la fonction *limite inférieure (resp. supérieure)* de la suite en posant

$$\left(\underline{\lim}_n f_n\right)(x) = \underline{\lim}_n f_n(x),$$

(resp. la formule analogue pour la limite supérieure). Ici encore les fonctions ainsi obtenues ne sont a priori que des éléments de $\mathcal{F}(E, \overline{\mathbb{R}})$ et non de $\mathcal{F}(E, \mathbb{R})$.

(2,2) Définition. – Si (f_n) est une suite de fonctions l'*ensemble de convergence* de la suite est le sous-ensemble de E sur lequel on a

$$\underline{\lim}\, f_n = \overline{\lim}\, f_n.$$

Si l'ensemble de convergence est E tout entier on dit que la suite converge *simplement* ou *ponctuellement*.

En d'autres termes la suite converge simplement si la suite $(f_n(x))$ est convergente pour tout x de E ; la fonction f (à valeur dans $\overline{\mathbb{R}}$) définie alors par $f(x) = \lim f_n(x)$ est la limite simple ou ponctuelle de la suite.

Les propriétés des limites inférieures et supérieures dans le cas des nombres réels s'étendent aux fonctions aussi longtemps que l'on peut raisonner point par point ; ainsi

$$\overline{\lim}\,(f_n + g_n) \leq \overline{\lim}\, f_n + \overline{\lim}\, g_n.$$

En revanche, il n'est pas vrai que l'on puisse extraire de (f_n) une sous-suite convergeant vers la limite supérieure ; il est vrai que pour chaque x on peut extraire une sous-suite n_k telle que $f_{n_k}(x)$ converge vers $\overline{\lim}\, f_n(x)$ mais cette sous-suite peut dépendre de x.

Si f est une fonction bornée, on pose

$$\| f\| = \inf \{M : |f(x)| \leqslant M \ \forall x \in E\}.$$

L'application $f \to \| f\|$ ainsi définie est une norme sur $\mathcal{B}(E, \mathbb{R})$ qui est complet pour cette norme. Si (f_n) est convergente au sens de cette norme on dit que (f_n) converge *uniformément.* Une suite qui converge uniformément converge a fortiori ponctuellement.

Parmi les éléments de $\mathcal{F}(E, \mathbb{R})$ il y a la classe très importante des fonctions indicatrices.

(2,3) DÉFINITION. – La *fonction indicatrice* ou *caractéristique* d'un sous-ensemble A de E est la fonction qui vaut 1 sur A et 0 sur le complémentaire A^c de A. Elle sera notée 1_A.

Les opérations sur les ensembles peuvent se traduire sur les fonctions indicatrices. On a ainsi par exemple

$$1_{A\cup B} = \sup(1_A, 1_B),\ 1_{A\cap B} = \inf(1_A, 1_B),\ 1_{A^c} = 1 - 1_A.$$

Ces opérations seront importantes dans les chapitres suivants. Le lecteur est renvoyé aux exercices (2,12) à (2,15) pour quelques rappels et de la gymnastique sur les ensembles. Dans la résolution de ces exercices on a le choix entre faire des raisonnements "ensemblistes" ou calculer sur les fonctions indicatrices.

Rappelons qu'une *partition* de E est une famille (A_i), $i \in I$, de sous-ensembles de E deux à deux disjoints et de réunion E. En utilisant les fonctions indicatrices, on peut dire que les A_i forment une partition de E ssi $\sum_i 1_{A_i} = 1$.

En appliquant les définitions des limites inférieures et supérieures aux fonctions indicatrices on obtient les notions analogues pour les ensembles.

(2,4) DÉFINITION. – Si (A_n) est une suite de sous-ensembles de E, on appelle *limite supérieure* (resp. *inférieure*) de cette suite l'ensemble noté $\overline{\lim}\, A_n$ (resp. $\underline{\lim}\, A_n$) tel que

$$1_{\overline{\lim}\, A_n} = \overline{\lim}\, 1_{A_n} \quad (\text{resp. } 1_{\underline{\lim}\, A_n} = \underline{\lim}\, 1_{A_n})$$

La suite (A_n) est *convergente* si sa limite inférieure est égale à sa limite supérieure et cet ensemble est alors la *limite* de la suite (A_n).

Le lecteur observera que cette définition a bien un sens car les limites inférieures et supérieures de fonctions ne prenant que les valeurs 0 et 1 ne prennent que les valeurs 0 et 1 et sont donc des fonctions indicatrices d'ensembles ; il pourra se familiariser avec ces notions, particulièrement utiles en théorie des probabilités, en cherchant les exercices (2,16)-(2,19).

La suite (A_n) est *monotone croissante* (resp. *décroissante*) si $A_n \subseteq A_{n+1}$ (resp. $A_n \supseteq A_{n+1}$) pour tout n. Il est facile de voir qu'une suite monotone est convergente et que sa limite est égale à la réunion (resp. l'intersection) des A_n($).

(2,5) Exercice. – Une fonction réelle sur E est dite simple si elle ne prend qu'un nombre fini de valeurs. Montrer que l'ensemble $\mathcal{E}$ des fonctions simples est égal à l'espace vectoriel engendré par la classe des indicatrices de sous-ensembles de E. Montrer que $\mathcal{E}$ est une algèbre réticulée.

(2,6) Exercice. – Quelles sont les enveloppes inférieure et supérieure de la famille des fonctions $1_{\{x\}}$ lorsque x décrit E ou lorsque x décrit un sous-ensemble A de E ?

*(2,7) Exercice. – Sur $E = \mathbb{R}$, quelles sont les enveloppes supérieure et inférieure de la famille des fonctions $f_n(x) = \sin(2\pi nx)$.

(2,8) Exercice. – 1) Montrer que l'enveloppe supérieure f d'une famille de fonctions affines sur un intervalle I de $\mathbb{R}$, est *convexe*, c'est-à-dire que pour tout $\alpha \in [0, 1]$ et tout couple (x, y) de points de I,

$$f(\alpha x + (1 - \alpha)y) \leqslant \alpha f(x) + (1 - \alpha)f(x).$$

En particulier, une fonction deux fois dérivable sur I et dont la dérivée seconde est positive est convexe. Les questions 2) et 3) qui suivent ainsi que l'exercice (II,2,32) vont en sens inverse.

2) Montrer que f est convexe ssi, pour x fixé, l'application $y \rightarrow ((f(y) - f(x))/(y - x)$ est croissante ; en déduire que f a, en tout point de l'intérieur $\mathring{I}$ de I, une dérivée à droite f'_d et une dérivée à gauche f'_g et que si $x < y$,

$$f'_g(x) \leqslant f'_d(x) \leqslant f'_g(y).$$

Montrer que f'_g (resp. f'_d) est continue à gauche (resp. à droite) sur $\mathring{I}$. Finalement, f est continue sur $\mathring{I}$. Réciproquement, si f est une fonction admettant partout une dérivée à droite (ou à gauche) et si cette fonction est croissante, alors f est convexe. Pour $p \geqslant 1$, la fonction $x \rightarrow |x|^p$ est convexe.

3) En déduire également que toute fonction convexe est sur $\mathring{I}$ l'enveloppe supérieure des fonctions affines qu'elle domine.

4) L'ensemble des fonctions convexes sur un intervalle I ouvert est un cône qui est réticulé supérieurement, mais pas inférieurement. Montrer que la limite supérieure (supposée finie) d'une suite de fonctions convexes est convexe.

*(2,9) Exercice. – Une fonction réelle définie sur un espace topologique E est dite semi-continue inférieurement (resp. supérieurement) – en abrégé SCI (resp. SCS) – si pour tout réel a, l'ensemble $\{f > a\}$ (resp. $\{f < a\}$) est ouvert.

1) Une fonction à la fois SCI et SCS est continue. La fonction caractéristique d'un ouvert (resp. fermé) est SCI (resp. SCS).

2) Montrer que l'enveloppe supérieure de toute famille de fonctions SCI (en particulier continues) est SCI.

3) Si E est métrique, montrer que f est SCI ssi pour tout x de E et toute suite (x_n) convergeant vers x, on a

$$f(x) \leq \underline{\lim}\, f(x_n).$$

Énoncer les versions « supérieures » des deux résultats précédents.

4) Montrer que la fonction f définie sur $\mathbb{R}$ par $f(x) = 0$ si x est irrationnel et $f(x) = 1/q$ si x est la fraction irréductible p/q, est SCS.

**5) En revenant au cas général d'un espace métrique E dont la distance est notée d, montrer que si f est SCI et bornée inférieurement, les fonctions f_n définies par

$$f_n(x) = \inf \{f(y) + nd(x, y) : y \in E\}$$

sont uniformément continues et croissent vers f.

(2,10) Exercice. – Une fonction F de $\mathbb{R}$ dans $\mathbb{R}$ est dite à *variation finie* si pour tout intervalle]a, b], la quantité

$$V(a, b) = \sup \left\{ \sum_i |F(x_i) - F(x_{i-1})| \right\}$$

où le sup est étendue à toutes les subdivisions finies (x_i) de]a, b] telles que $a < x_0 < x_1 < \ldots < x_n = b$, est finie. Toute fonction monotone, en particulier, est à variation finie.

1) Si F est a variation finie on pose $V_F(x) = V(0, x)$ pour $x > 0$, $V_F(x) = -V(x, 0)$ pour $x < 0$ et $V_F(0) = 0$. Montrer que V_F est croissante et que pour $a < x < y \leq b$,

$$|F(y) - F(x)| \leq V_F(y) - V_F(x).$$

Si les limites de V_F en $\pm \infty$ sont finies, on dit que F est à *variation bornée*.

2) En considérant $(V_F \pm F)/2$, montrer qu'une fonction à variation finie est la différence de deux fonctions croissantes.

3) Une fonction F sur $\mathbb{R}$ est dite *absolument continue* si pour tout $\varepsilon > 0$, il existe un δ tel que $\Sigma(\beta_i - \alpha_i) < \delta$ entraîne

$$\Sigma |F(\beta_i) - F(\alpha_i)| < \varepsilon,$$

pour toute suite finie d'intervalles $[\alpha_i, \beta_i]$ disjoints deux à deux. Montrer qu'une telle fonction est uniformément continue et à variation finie.

(2,11) Exercice. – 1) Trouver les limites, inférieure et supérieure, et l'ensemble de convergence de la suite définie sur]0, 1] par

$$f_n(x) = (\cos(1/x))^n.$$

2) Traiter la même question pour la suite définie sur [0, 1] par

$$f_n(x) = (-1)^n x^n.$$

(2,12) Exercice. – 1) Montrer que l'opération de passage au complémentaire échange les réunions et les intersections, i.e.

$$\left(\bigcap_i A_i\right)^c = \bigcup_i A_i^c, \quad \left(\bigcup_i A_i\right)^c = \bigcap_i A_i^c.$$

2) Montrer les propriétés de distributivité de la réunion vis-à-vis de l'intersection et vice-versa, par exemple,

$$A \cup (B_1 \cap B_2 \cap \ldots \cap B_k) = \bigcap_{i=1}^{k} (A \cup B_i).$$

3) Mettre $(A_1 \cap A_2 \ldots \cap A_k) \cup (B_1 \cap B_2 \ldots \cap B_n)$ sous forme d'une intersection de réunions.

*4) Si I et J sont deux ensembles d'indices (qui peuvent être infinis) et si (A_i^j) est une famille de parties de E indexées par I × J, montrer que

$$\bigcup_{j \in J} \bigcap_{i \in I} A_i^j = \bigcap_{f \in \mathcal{F}(J, I)} \bigcup_{j \in J} A_{f(j)}^j.$$

Énoncer et démontrer la formule analogue obtenue en intervertissant les rôles des réunions et intersections.

*5) De façon plus générale si pour chaque $j \in J$, il existe un ensemble d'indices I_j et si la famille (A_i^j) est indexée par $\bigcup_j I_j$ la formule de 4) reste valable à condition de remplacer $\mathcal{F}(J, I)$ par l'ensemble des applications f de J dans $\bigcup_j I_j$ telles que pour tout j on ait toujours f(j) dans I_j.

(2,13) Exercice. – On rappelle que si A, B sont des sous-ensembles de E, on appelle *différence* de A et B l'ensemble $A \setminus B = A \cap B^c$ où B^c est le complémentaire de B ; cette différence est dite *propre* si $A \supseteq B$. La *différence symétrique* de A et B est l'ensemble $A \Delta B = A \cup B \setminus A \cap B$. On observe que $A \Delta B = A^c \Delta B^c$.

1) Montrer que $1_{A \setminus B} = 1_A(1 - 1_B)$ et que

$$1_{A \Delta B} = |1_A - 1_B| = 1_A + 1_B \text{ (modulo 2)} = 1_A + 1_B - 2 1_A 1_B.$$

2) Montrer que $\mathcal{P}(E)$ est un anneau, au sens algébrique du terme, pour les opérations de différence symétrique et d'intersection.

(2,14) EXERCICE. – Soient A, B, C trois sous-ensembles de E ; montrer que

i) $(A\setminus B)\setminus C = A\setminus(B \cup C)$;

ii) $A\setminus(B\setminus C) = (A\setminus B) \cup (A \cap C)$;

iii) $(A \cup B \cup C)\setminus(A \cap B \cap C) = (A\Delta B) \cup (B\Delta C)$.

(2,15) EXERCICE. – Soit (A_i), $i = 1, \dots n$, une suite de parties de E. Montrer que $1_{\cup A_i} = \sum\limits_i 1_{A_i} - \sum\limits_{i<j} 1_{A_i} 1_{A_j} + \sum\limits_{i<j<k} 1_{A_i} 1_{A_j} 1_{A_k} - \dots + (-1)^{n-1} 1_{A_1} 1_{A_2} \dots 1_{A_n}$.

(2,16) EXERCICE. – 1) Pour une suite (A_n) de sous-ensembles de E, montrer que

$$\overline{\lim}\, A_n = \bigcap_n \bigcup_{k \geqslant n} A_k, \quad \underline{\lim}\, A_n = \bigcup_n \bigcap_{k \geqslant n} A_k.$$

2) Montrer aussi que la limite inférieure (resp. supérieure) est égale à l'ensemble des points de E qui appartiennent à tous les A_n sauf peut-être un nombre fini (dépendant du point !) (resp. à une infinité de A_n).

3) Retrouver l'inclusion entre les deux limites à partir des caractérisations des questions 1) et 2).

4) Montrer que $(\overline{\lim}\, A_n)^c = \underline{\lim}\, A_n^c$.

5) Trouver les limites, inférieure et supérieure, des suites suivantes :

i) $A_{2n} = A$, $A_{2n+1} = B$ où A et B sont deux sous-ensembles de E ;

ii) $E = \mathbb{R}$, $A_{2n} =]-1, 2 + 1/n]$, $A_{2n+1} =]-2 - 1/n, 1]$;

iii) $E = \mathbb{R}$, $A_n =]-\infty, a_n]$ où (a_n) est une suite de nombres réels. [On prendra garde qu'il y a deux réponses possibles suivant le comportement de (a_n).]

6) Montrer que

$$\overline{\lim}\, A_n \setminus \underline{\lim}\, A_n \subseteq \overline{\lim}\, (A_n \Delta A_{n+1}).$$

(2,17) EXERCICE. – Montrer qu'une suite d'ensembles est convergente ssi il n'existe pas de points qui appartiennent à la fois a une infinité d'A_n et à une infinité d'A_n^c.

(2,18) EXERCICE. – Trouver la CNS portant sur la suite (A_n) pour que la suite $(A_1 \Delta A_2 \Delta \dots \Delta A_n)$ soit convergente.

(2,19) EXERCICE. – Soient (A_n) et (B_n) deux suites de sous-ensembles de E. Montrer que

$$\overline{\lim}\, A_n \cap \underline{\lim}\, B_n \subseteq \overline{\lim}\, (A_n \cap B_n) \subseteq \overline{\lim}\, A_n \cap \overline{\lim}\, B_n.$$

3. Cardinaux

La notion de cardinal s'introduit lorsqu'on veut comparer le nombre d'éléments de deux ensembles infinis.

(3,1) DÉFINITION. – Deux ensembles E et F sont dits avoir même *puissance* ou même *cardinal* si il existe une bijection de l'un sur l'autre. On écrira alors card (E) = card (F).

Un ensemble peut avoir même cardinal qu'une de ses parties propres. Par exemple l'ensemble $\mathbb{N}$ des entiers a même cardinal que l'ensemble des entiers pairs comme cela résulte de l'existence de la bijection $n \to 2n$. Un ensemble fini ne peut avoir même cardinal qu'une de ses parties propres ; en fait on définit les ensembles finis comme ceux qui ne possèdent pas de partie propre ayant même cardinal.

(3,2) DÉFINITION. – On dira que card (E) $\leqslant$ card (F) s'il existe une injection de E dans F, ou encore si E a même puissance qu'une partie de F. On dira que card (E) $<$ card (F) si de plus il n'existe pas de bijection de E sur F.

La relation $\leqslant$ a les propriétés d'une relation d'ordre (cf. Lecture 2). La propriété d'« antisymétrie » fait l'objet du Théorème de Cantor-Bernstein.

(3,3) THÉORÈME. – Si card (E) $\leqslant$ card (F) et card (F) $\leqslant$ card (E), les ensembles E et F ont même puissance.

Démonstration. – Soit f (resp. g) une injection de E dans F (resp. de F dans E). On a

$$g(f(E)) \subseteq g(F) \subseteq E.$$

Comme card (F) = card (g (F)), il suffit de montrer que ce dernier est égal à card (E). Comme $g \circ f$ est une injection de E dans E, il revient au même de supposer que $F \subseteq E$ et qu'il existe une injection f de E dans lui-même telle que $f(E) \subseteq F$. On définit alors par récurrence

$$E_0 = E, \ldots, E_{n+1} = f(E_n),$$
$$F_0 = F, \ldots, F_{n+1} = f(F_n).$$

A chaque rang on a $E_{n+1} \subseteq F_n \subseteq E_n$, et si l'on définit une fonction h par

$$h(x) = \begin{cases} f(x) & \text{si } x \in E_n \backslash F_n \text{ pour un } n, \\ x \text{ sinon,} \end{cases}$$

la fonction h est injective ($) sur E et a pour image F. □

La proposition suivante montre qu'il existe une suite infinie strictement croissante de cardinaux d'ensembles infinis.

(3,4) PROPOSITION. – L'ensemble $\mathcal{P}(E)$ a un cardinal strictement supérieur à celui de E.

Démonstration. – Si f est une application de E dans $\mathcal{P}$ (E), on pose

$$B = \{x \in E : x \notin f(x)\}.$$

L'ensemble B n'a pas d'antécédent pour f. En effet, si l'on avait B = f(z), z ne pourrait être dans B par définition de cet ensemble, donc n'étant pas dans f(z) il serait dans B ce qui est contradictoire. Aucune fonction de E dans $\mathcal{P}$(E) ne peut donc être surjective.

La définition suivante sera fondamentale dans toute la suite de ce livre.

(3,5) Définition. – Un ensemble est dit *dénombrable* s'il a le cardinal de $\mathbb{N}$. On note card ($\mathbb{N}$) = $\aleph_0$.

On rappelle qu'une suite d'éléments de E est une application f de $\mathbb{N}$ dans E ; on note en général $x_n = f(n)$. Un sous-ensemble dénombrable de E peut être écrit comme une suite d'éléments de E. Le mot « dénombrable » est souvent utilisé, en particulier dans les chapitres à venir à la place de « fini ou dénombrable ».

Le résultat qui suit sera d'un usage fréquent.

(3,6) Proposition. – La réunion d'une famille dénombrable de sous-ensembles dénombrables de E est un sous-ensemble dénombrable de E.

Ceci s'énonce de façon plus cursive par : une réunion dénombrable de dénombrables est dénombrable.

Démonstration. – Soit (A_j) une suite de sous-ensembles dénombrables de E. Pour chaque j il existe une bijection f_j de $\mathbb{N}$ sur A_j ; on pose $x_{jn} = f_j(n)$. La réunion des A_j est l'ensemble des x_{jn} qui sont donc indexés par $\mathbb{N} \times \mathbb{N}$. Or on peut établir une bijection de $\mathbb{N}$ sur $\mathbb{N} \times \mathbb{N}$ en faisant correspondre le couple (n, j) à l'entier $((n + j)(n + j + 1)/2) + j$ si $n + j > 0$ et (0, 0) à 0. De façon plus parlante cette bijection est définie par

$$0 \to (0, 0),\ 1 \to (1, 0),\ 2 \to (0, 1),\ 3 \to (2, 0),\ 4 \to (1, 1),\ 5 \to (0, 2),\ 6 \to (3, 0), \ldots$$

et ainsi de suite. Le résultat annoncé en découle alors immédiatement. □

(3,7) Corollaire. – L'ensemble $\mathbb{Q}$ des nombres rationnels est dénombrable.

Démonstration. – Il suffit de le montrer pour l'ensemble $\mathbb{Q}_+$ des nombres rationnels positifs. Comme $\mathbb{N} \subseteq \mathbb{Q}_+$ on a card ($\mathbb{N}$) $\leqslant$ card ($\mathbb{Q}_+$) mais comme $\mathbb{Q}_+$ a même puissance que l'ensemble des fractions irréductibles on a card ($\mathbb{Q}_+$) $\leqslant$ card ($\mathbb{N} \times \mathbb{N}$) = card ($\mathbb{N}$) ce qui termine la démonstration.

La proposition (3,4) dit que $\mathcal{P}(\mathbb{N})$ n'est pas dénombrable. Nous donnons maintenant un autre exemple important d'ensemble non dénombrable.

(3,8) Proposition. – L'intervalle]0, 1[de la droite réelle n'est pas dénombrable.

Démonstration. – Comme on l'a rappelé au paragraphe précédent,]0, 1[peut être mis en correspondance bijective avec les développements décimaux impropres de ses éléments. Supposons que]0, 1[soit dénombrable et que ses éléments aient été rangés en une suite (x_n) ; le développement décimal impropre de x_n s'écrit

$$x_n = 0,\ a_n^1 a_n^2 \dots a_n^k \dots .$$

Pour chaque n, on fait choix d'un entier b_n où $0 < b_n \leqslant 9$ et $b_n \neq a_n^n$. Il existe alors un nombre y dont le développement est

$$0,\ b_1 b_2 \dots b_n \dots ;$$

ce nombre est par construction différent de tous les x_n et par suite l'hypothèse que la suite (x_n) épuisait]0, 1[est absurde. □

(3,9) Définition. – On dit que]0, 1[a la puissance du *continu* et on note

$$\text{card}\ (\,]0, 1[\,) = c.$$

La proposition (3,8) peut s'énoncer : $\aleph_0 < c$. On remarque d'autre part que $\mathbb{R}$ a aussi la puissance du continu puisque il est facile de le mettre en correspondance bijective avec]0, 1[en utilisant par exemple la fonction Arctg.

La fin de ce paragraphe va être consacré à quelques remarques à propos des *opérations* sur les cardinaux qui ne seront pas nécessaires dans la suite.

(3,10) Définition. – Si $E \cap F = \varnothing$, on pose card (E) + card (F) = card ($E \cup F$).

Pour que cette définition ait un sens il faut vérifier que si (E′, F′) est une autre paire d'ensembles disjoints tels que E(resp. F) ait même puissance que E′(resp. F′), alors $E \cup F$ et $E' \cup F'$ ont même puissance ($). On remarque que cette définition prolonge la définition habituelle de l'addition des nombres entiers. De la même façon et avec les mêmes remarques on pose

(3,11) Définition. – i) card (E) × card (F) = card (E × F) ;

ii) $\text{card}\ (F)^{\text{card}(E)} = \text{card}\ (F^E) = \text{card}\ (\mathscr{F}\ (E, F))$.

Nous allons donner quelques exemples de calculs sur les cardinaux.

(3,12) Proposition. – Si a est un cardinal strictement supérieur à $\aleph_0$, on a

$$a + \aleph_0 = a.$$

Démonstration. – Soit E un ensemble de cardinal a et D un ensemble dénombrable disjoint de E. Par hypothèse E contient un ensemble dénombrable D′. D'après la Proposition (3,6), $D \cup D'$ a même cardinal que D′ et par suite $E \cup D = (E \setminus D') \cup (D \cup D')$ a même cardinal que $(E \setminus D') \cup D' = E$. □

Le résultat de la proposition (3,6) peut s'énoncer :

$$\aleph_0 \times \aleph_0 = \aleph_0.$$

Dans le même ordre d'idées, on a la

(3,13) Proposition. – $c \times c = c$.

Démonstration. – Il faut montrer qu'il y a une bijection entre $I =]0, 1[$ et I^2. On représente chaque nombre t de I par son développement décimal propre et l'idée est de faire correspondre à t le couple (x, y) où le développement de x(resp. y) est constitué des termes de rangs impairs (resp. pairs) du développement de t. Le problème est que l'application ainsi obtenue n'est pas injective car on peut obtenir un développement impropre (par exemple

$$0{,}11101010... \quad \text{et} \quad 0{,}1019191919...$$

ont la même image) Pour tourner cette difficulté on découpe le développement de t en tranches dont le premier terme est toujours différent de 9 ; ainsi on écrira par exemple

$$t = 0{,}09 \quad 3 \quad 7 \quad 899 \quad 1 \quad 39 \quad 29...$$

On définit alors l'application cherchée en définissant x(resp. y) comme le nombre dont le développement – nécessairement propre – est obtenu en mettant bout à bout les tranches de rangs impairs (resp. pairs) ; dans l'exemple précédent on obtient ainsi

$$x = 0{,}097129..., \; y = 0{,}389939...$$

Cette application est visiblement surjective et elle est injective car si $t \neq t'$, une des tranches au moins des développements de t et t′ sera différente et donc on aura $x \neq x'$ ou $y \neq y'$. □

(3,14) Proposition. – $2^{\aleph_0} = c$.

Démonstration. – Le cardinal $2^{\aleph_0}$ est celui de $\mathcal{F}(\mathbb{N}, \{0, 1\})$ (ou encore celui de $\mathcal{P}(\mathbb{N})$) c'est-à-dire celui des suites de 0 et de 1. A chacune de ces suites (α_n) on fait correspondre le développement dyadique

$$0, \alpha_1\alpha_2... \alpha_n... .$$

On obtient ainsi tous les développements dyadiques, donc tous les nombres de [0, 1], mais certains d'entre eux, les nombres dyadiques, sont obtenus deux fois. Cependant comme l'ensemble des dyadiques est dénombrable (Ex. (3,18)), $\mathcal{F}(\mathbb{N}, \{0, 1\})$ est en bijection avec la réunion de [0, 1] et d'un ensemble dénombrable et d'après la proposition (3,12), on a donc

$$2^{\aleph_0} = c + \aleph_0 = c.$$

On a encore

(3,15) Proposition. – $c^{\aleph_0} = c$.

Démonstration. – Cette fois-ci c'est le cardinal de l'ensemble des suites de nombres de [0, 1]. Soit (x^n) une telle suite ; le nombre x^n a un développement décimal propre

$$x^n = 0,\ \alpha_1^n\alpha_2^n \ldots\ \alpha_n^n \ldots$$

où les α_i^n sont des tranches commençant par un nombre différent de 9 comme précédemment. A (x^n) on fait correspondre le nombre

$$x = 0,\ \alpha_1^1\alpha_2^1\alpha_1^2 \ldots,$$

suivant le même schéma que dans la démonstration de la proposition (3,6). Cette application est bijective. □

(3,16) Exercice. – Si f est une application surjective de E dans F, montrer que card $(\mathcal{P}(F)) \leqslant$ card $\mathcal{P}(E))$. [Utiliser l'application f^{-1} de (I, 3).]

(3,17) Exercice. – Montrer que l'ensemble des parties finies de $\mathbb{N}$ est dénombrable. La correspondance bijective avec $\mathbb{N}$ peut être réalisée par l'application $A \to \sum_{k \in A} 2^k$.

(3,18) Exercice. – Pour tout entier $r > 1$, l'ensemble des nombres r-adiques est dénombrable.

(3,19) Exercice. – Un nombre complexe est dit algébrique s'il est solution d'une équation algébrique à coefficients entiers. Par exemple les rationnels, les racines carrées de rationnels sont algébriques. Montrer que l'ensemble des nombres algébriques est dénombrable. [Il n'y a qu'une infinité dénombrable d'équations algébriques à coefficients entiers.] Un nombre qui n'est pas algébrique est dit transcendant ; quel est le cardinal de l'ensemble des nombres transcendants ?

*(3,20) Exercice. – Soit ϕ une bijection de $\mathbb{N}$ sur les rationnels de [0, 1]. Trouver les limites inférieures et supérieures de la suite $(\phi(n))$.

(3,21) Exercice. – 1) Montrer qu'une fonction f croissante de $\mathbb{R}$ dans $\mathbb{R}$ a en tout point une limite à droite et à gauche i.e. les limites

$$f(x-) = \lim_{y \to x,\ y<x} f(y),\ f(x+) = \lim_{y \to x,\ y>x} f(y),$$

existent pour tout x de $\mathbb{R}$.

2) Montrer que l'ensemble des points de discontinuité de f est dénombrable. [Il y a au plus n points x entre 0 et 1 tels que $f(x+) - f(x-) \geqslant (f(1) - f(0))/n$.]

*3) Soit (x_n) une énumération de $\mathbb{Q}$, et soit α la fonction définie sur $\mathbb{R}$ par

$$\alpha(x) = \sum 2^{-n},$$

où la sommation est étendue à tous les n tels que $x_n < x$. Montrer que α est strictement croissante, continue à gauche et que l'ensemble de ses points de discontinuité est $\mathbb{Q}$. De plus $\lim_{x \to -\infty} \alpha(x) = 0$, et $\lim_{x \to \infty} \alpha(x) = 1$.

(3,22) Exercice. – 1) Montrer qu'une fonction convexe (Ex. (2,8)) est dérivable sauf peut-être aux points d'un ensemble dénombrable. [On se servira de l'exercice précédent.]

2) Montrer qu'une fonction convexe est l'enveloppe supérieure d'une famille dénombrable de fonctions affines.

(3,23) Exercice. – 1) Montrer que la relation $f \simeq g$ si $f = g$ sauf aux points d'un ensemble dénombrable, est une relation d'équivalence sur $\mathcal{F}(E, \mathbb{R})$. Montrer que les opérations algébriques sont régulières pour cette relation d'équivalence et que l'espace quotient a une structure d'algèbre réticulée.

(3,24) Exercice. – Montrer que $\mathcal{F}(\mathbb{N}, \mathbb{N})$ a la puissance du continu.

(3,25) Exercice. – 1) Montrer que l'ensemble des ouverts de $\mathbb{R}$ a la puissance du continu. [Tout ouvert est réunion d'intervalles à extrémités rationnelles et l'ensemble de ces intervalles est dénombrable.]

2) Trouver le cardinal de l'ensemble des fonctions continues de $\mathbb{R}$ dans $\mathbb{R}$. [Une fonction continue est déterminée par ses valeurs sur $\mathbb{Q}$.]

*(3,26) Exercice. – 1) Montrer que l'ensemble C de Cantor (Ex. (1,33)) a la puissance du continu. [On établira une bijection entre les développements triadiques des points de C et des développements dyadiques convenables des points de [0, 1].] En déduire que tous les ensembles construits dans Ex. (1,33) 1) ont la puissance du continu.

**2) Plus généralement tout ensemble métrique compact sans points isolés a la puissance du continu.

(3,27) Exercice. – Soit $\mathcal{C}$ une classe de sous-ensembles d'un ensemble E. On appelle $\mathcal{C}_s$ (resp. $\mathcal{C}_d$, $\mathcal{C}_\sigma$, $\mathcal{C}_\delta$) la classe des réunions finies (resp. intersections finies, réunions dénombrables, intersections dénombrables) d'éléments de $\mathcal{C}$. On dit que $\mathcal{C}$ est *stable* ou fermée pour les réunions finies (resp. intersections finies, ...) si $\mathcal{C}_s = \mathcal{C}$ (resp. $\mathcal{C}_d = \mathcal{C}$,...).

1) Dans chacun des quatre cas, montrer que la classe en question est la plus petite famille d'ensembles contenant $\mathcal{C}$ et stable par l'opération correspondante.

2) On pose $\mathcal{C}_{sd} = (\mathcal{C}_s)_d$, $\mathcal{C}_{s\delta} = (\mathcal{C}_s)_\delta$ et ainsi de suite pour toutes les paires possibles d'opérations. Montrer que $\mathcal{C}_{sd} = \mathcal{C}_{ds}$ et que cette classe est la plus petite classe contenant $\mathcal{C}$ et stable pour les réunions et les intersections finies (cf. Ex. (0,2,12)).

*3) Montrer par un exemple que $\mathcal{C}_{\sigma\delta}$ (resp. $\mathcal{C}_{\delta\sigma}$) n'est pas forcément stable par les réunions (resp. :intersections) dénombrables. [Si on prend pour $\mathcal{C}$ la classe des intervalles ouverts de $\mathbb{R}$, l'ensemble $\mathbb{Q}$ est dans $\mathcal{C}_{\sigma\delta\sigma}$ et n'est pas dans $\mathcal{C}_{\sigma\delta}$.]

*(3,28) Exercice. – Un espace topologique est dit *séparable* s'il possède un sous-ensemble dénombrable partout dense.

1) Montrer que l'espace c_0 des suites tendant vers zéro, muni de la topologie de la convergence uniforme est séparable mais qu'il contient un système de vecteurs linéairement indépendants ayant la puissance du continu.

2) Montrer que l'espace l^∞ des suites bornées muni de la topologie de la convergence uniforme n'est pas séparable. [Considérer les indicatrices des parties de $\mathbb{N}$.]

3) Montrer qu'un sous-espace d'un espace métrique séparable est séparable.

(3,29) Exercice. – Un espace topologique E est dit à *base dénombrable* s'il existe une suite $\mathcal{B} = \{O_n\}$ d'ouverts de E telle que tout ouvert de E soit réunion d'éléments de $\mathcal{B}$.

1) Montrer que si E est à base dénombrable, alors E est séparable (Ex. (3,28)).

2) Montrer que $\mathbb{R}$ muni de la topologie usuelle est à base dénombrable en prenant pour $\mathcal{B}$ la famille des intervalles ouverts d'extrémités rationnelles. Plus généralement, tout ouvert de $\mathbb{R}^d$ est un espace localement compact à base dénombrable, ce que nous abrégerons en LCBD. On montre en topologie qu'un LCBD est métrisable i.e. sa topologie peut être définie par une distance. Inversement un espace localement compact métrisable peut ne pas être à base dénombrable comme le prouve l'exemple d'un espace non dénombrable muni de la topologie discrète ($).

CHAPITRE I

Espaces mesurés

1. Tribus

Si on pense, par exemple, à la surface des ensembles plans la classe des ensembles que l'on sait «mesurer» par un procédé où par un autre n'est pas quelconque. En effet, si deux ensembles disjoints sont mesurables leur réunion doit l'être aussi et cette remarque s'étend à d'autres opérations. C'est pourquoi on introduit la définition suivante où l'exigence de pouvoir faire des opérations dénombrables sera justifiée ultérieurement.

(1,1) Définition. – Une classe $\mathcal{A}$ de parties d'un ensemble E est appelée *tribu* ou *σ-algèbre* de parties de E si

i) $E \in \mathcal{A}$;

ii) $A \in \mathcal{A}$ ssi $A^c \in \mathcal{A}$;

iii) si (A_i) est une famille dénombrable d'éléments de $\mathcal{A}$, leur réunion $\bigcup_i A_i$ est un élément de $\mathcal{A}$.

On dira aussi que $\mathcal{A}$ est une tribu sur E et un couple $(E, \mathcal{A})$ formé d'un ensemble et d'une tribu sur cet ensemble est appelé un *espace mesurable* ; on dira également que les éléments de $\mathcal{A}$ sont *mesurables* ou que ce sont les *ensembles mesurables*.

En d'autres termes une classe $\mathcal{A}$ est une tribu si elle contient la partie pleine E et si elle est stable (Ex. (0,3,27)) pour les opérations de passage au complémentaire et de réunions dénombrables. Les axiomes i) et ii) entraînent immédiatement qu'une tribu contient $\varnothing$ et ii) et iii) conjointement entraînent la stabilité par les intersections dénombrables. Plus généralement $\mathcal{A}$ est évidemment stable pour les opérations de limites supérieures et inférieures. Bien entendu les réunions (resp. intersections) finies sont obtenues comme cas particulier des opérations dénombrables en prenant $A_i = \varnothing$ (resp. $A_i = E$) sauf pour un ensemble fini d'indices i.

Il est évident que $\mathcal{P}(E)$ est une tribu, mais il n'y a pas beaucoup d'exemples intéressants de tribus que l'on puisse décrire explicitement dès que E est tant soit peu compliqué. C'est pourquoi la proposition qui va suivre est fondamentale. Remarquons auparavant que dire que la classe $\mathscr{C}$ de sous-ensembles de E est contenue dans la classe $\mathscr{D}$ signifie que tout ensemble de $\mathscr{C}$ est aussi un ensemble de $\mathscr{D}$; il s'agit d'une inclusion dans l'ensemble $\mathscr{P}(E)$. De même $\mathscr{C} \cap \mathscr{D}$ est la famille des sous-ensembles de E qui sont à la fois dans $\mathscr{C}$ et $\mathscr{D}$; c'est une intersection dans $\mathscr{P}(E)$. Ceci s'applique en particulier aux tribus. La tribu $\mathscr{P}(E)$ contient toutes les autres tribus ; la tribu *grossière*, à savoir celle qui ne comprend que les ensembles $\emptyset$ et E est contenue dans toutes les autres. Si la tribu $\mathscr{A}$ est contenue dans la tribu $\mathscr{B}$ on dira encore que $\mathscr{A}$ est une *sous-tribu* de $\mathscr{B}$.

(1,2) Proposition. – i) L'intersection d'une famille quelconque de tribus de parties de E est une tribu de parties de E.

ii) Pour toute classe $\mathscr{C}$ de parties de E, il existe une plus petite tribu contenant $\mathscr{C}$; on l'appellera la tribu *engendrée* par $\mathscr{C}$ et on la notera $\sigma(\mathscr{C})$.

Démonstration. – Soit τ_i, $i \in I$, une famille de tribus sur E ; on a

$$\bigcap \tau_i = \{A \subseteq E ; A \in \tau_i \quad \forall i \in I\}$$

(répétons : c'est une intersection dans l'ensemble $\mathscr{P}(E)$!). Comme $\emptyset \in \tau_i$ pour tout i, on a $\emptyset \in \bigcap \tau_i$. De même si A_n est dans τ_i pour tout n et tout i, alors $\bigcup A_n$ est dans τ_i pour tout i et donc $\bigcup A_n$ est dans $\bigcap \tau_i$. La classe $\bigcap \tau_i$ est donc stable par les réunions dénombrables et en procédant de la même façon pour le passage au complémentaire on finit de démontrer que $\bigcap \tau_i$ est une tribu, c'est-à-dire i).

Soit maintenant $\mathscr{C} \subset \mathscr{P}(E)$. La famille des tribus qui contiennent $\mathscr{C}$ n'est pas vide puisqu'elle contient au moins $\mathscr{P}(E)$. L'intersection de toutes les tribus contenant $\mathscr{C}$ est d'après i) une tribu qui contient $\mathscr{C}$ et qui est clairement contenue dans toutes les tribus contenant $\mathscr{C}$, donc qui est la plus petite tribu contenant $\mathscr{C}$. □

Le raisonnement qui vient d'être fait est valable pour toutes les structures stables par intersection. On peut l'appliquer à la génération des topologies, des sous-espaces vectoriels d'un espace vectoriel, des sous-groupes d'un groupe, etc... Mais si dans de nombreux cas on peut donner une description constructive de la structure engendrée – ainsi le sous-espace vectoriel engendré par la partie A de l'espace vectoriel E est l'ensemble des combinaisons linéaires d'éléments de A – il n'en est pas de même pour les tribus.

On pourrait penser à construire $\sigma(\mathscr{C})$ à partir de $\mathscr{C}$ la façon suivante. Si $\mathscr{F}$ est une classe de sous-ensembles de E, on appelle $\mathscr{F}_\sigma$ la classe des réunions dénombrables d'ensembles de $\mathscr{F}$ puis $\mathscr{F}_{\sigma c}$ la classe obtenue en saturant $\mathscr{F}_\sigma$ par passage au complémentaire. Enfin on appelle $\mathscr{F}_n$ la classe obtenue en faisant n fois ces deux opérations, soit

$$\mathscr{F}_n = (((\ldots(\mathscr{F}_{\sigma c})_{\sigma c})\ldots)_{\sigma c}.$$

On pourrait penser que $\sigma(\mathscr{C}) = \bigcup_n \mathscr{F}_n$ mais il n'en est rien en général car cette classe est bien fermée par passage au complémentaire et contient $\emptyset$ comme union de la famille vide mais elle n'est pas forcément stable par réunions dénombrables. En effet si dans chaque $\mathcal{F}_n$ il existe un A_n qui n'est pas dans $\mathcal{F}_{n-1}$, la réunion des A_n n'est pas nécessairement dans $\bigcup \mathcal{F}_n$. Pour obtenir la tribu il faudrait en fait prolonger le procédé décrit ci-dessus de manière transfinie comme cela est expliqué dans la Lecture 2.

Pour manipuler les tribus il faudra donc utiliser le théorème de la classe monotone qui sera démontré dans la section 4 ou utiliser la définition même de tribu engendrée. Si $\mathscr{C}_1$ et $\mathscr{C}_2$ sont deux classes de sous-ensembles de E et si $\mathscr{C}_1 \subseteq \sigma(\mathscr{C}_2)$ on a $\sigma(\mathscr{C}_1) \subseteq \sigma(\mathscr{C}_2)$. Ceci permet souvent de montrer l'égalité de deux tribus. Par exemple, $\mathscr{C}_1$ et $\mathscr{C}_2$ engendrent la même tribu ssi on a les deux inclusions

$$\mathscr{C}_1 \subseteq \sigma(\mathscr{C}_2),\ \mathscr{C}_2 \subseteq \sigma(\mathscr{C}_1).$$

(1,3) Définition. – Si E est un espace topologique, on appelle *tribu borélienne* de E la tribu engendrée par la topologie de E ou en d'autres termes par la classe $\mathcal{O}$ des ouverts de E. La tribu borélienne de E sera notée $\mathscr{B}$ (E) lorsqu'il n'y a pas d'ambiguïté sur la topologie considérée. Les ensembles de $\mathscr{B}$ (E) sont dits *boréliens*; on parle aussi de parties boréliennes de E.

La tribu borélienne est engendrée aussi bien par la classe des fermés que par la classe des ouverts ($). Dans le cas de $\mathbb{R}^d$ – qui sera toujours muni de la topologie euclidienne – on peut exhiber de nombreuses classes engendrant $\mathscr{B}(\mathbb{R}^d)$; on a par exemple la

(1,4) Proposition. – La tribu $\mathscr{B}(\mathbb{R}^d)$ est engendrée par la classe $\mathscr{C}$ des pavés ouverts à extrémités rationnelles, i.e. les ensembles $\prod_{i=1}^{d}]a_i, b_i[$ où a_i, b_i sont dans $\mathbb{Q}$ pour chaque i.

Démonstration. – Comme les ensembles de $\mathscr{C}$ sont ouverts, on a évidemment $\mathscr{C} \subseteq \mathscr{B}(\mathbb{R}^d)$. D'autre part, tout ouvert de $\mathbb{R}^d$ est réunion des ensembles de $\mathscr{C}$ qu'il contient et cette réunion est forcément dénombrable puisque $\mathscr{C}$ est dénombrable. On a donc $\mathcal{O} \subseteq \sigma(\mathscr{C})$ et par suite $\mathscr{B}(\mathbb{R}^d) = \sigma(\mathscr{C})$ □

Dans le cas d = 1 on peut donner beaucoup d'autres classes génératrices qui sont souvent utiles.

(1,5) Proposition. – Si S est un ensemble dense dans $\mathbb{R}$, la tribu $\mathscr{B}(\mathbb{R})$ est engendrée par chacune des classes suivantes d'ensembles

i) $\{]-\infty, a[, a \in S\}$; ii) $\{]-\infty, a], a \in S\}$;

iii) $\{[a, \infty[, a \in S\}$; iv) $\{]a, \infty[, a \in S\}$.

Démonstration. – Soit $\mathscr{C}$ la classe définie dans i) ; il est clair que $\sigma(\mathscr{C}) \subseteq \mathscr{B}(\mathbb{R})$. Par ailleurs $\sigma(\mathscr{C})$ contient les ensembles $[a, b[\ = \ ]-\infty, b[\setminus]-\infty, a[$ avec a et b dans S.

Comme S est dense, pour x et y réels et $x < y$, on peut trouver une suite (a_n) (resp. (b_n)) contenue dans S et décroissant vers x (resp. croissant vers y) ($) et l'on a

$$]x, y[= \bigcup_n [a_n, b_n[;$$

il en résulte que $\sigma(\mathscr{C})$ contient les intervalles ouverts et donc que $\sigma(\mathscr{C}) \supseteq \mathscr{B}(\mathbb{R})$. le lecteur traitera des autres cas ainsi que des résultats analogues pour $\overline{\mathbb{R}}$. □

Remarquons pour finir que si la topologie n'est pas très pauvre il y a « beaucoup » d'ensembles boréliens. En fait, dans le cas de $\mathbb{R}^d$ par exemple, tous les ensembles que l'on sait décrire explicitement sont boréliens. On montrera dans la Lecture 2 qu'il y a aussi « beaucoup » d'ensembles non boréliens sans toutefois pouvoir en exhiber un explicitement.

(1,6) Exercice. – Soit f une application de E dans lui-même. Montrer que la classe des ensembles A tel que $f^{-1}(f(A)) = A$ est une tribu sur E (on pourra voir le début de (I, 3) pour les propriétés de l'application f^{-1}).

(1,7) Exercice. – Soit A un sous-ensemble de E ; trouver la tribu engendrée par la classe $\mathscr{C} = \{B \subseteq E ; B \supseteq A\}$. A quelle condition obtient-on $\mathscr{P}(E)$ ou la tribu grossière ?

(1,8) Exercice. – Si f est une bijection de E, montrer que la classe des $A \subseteq E$ tels que

$$x \in A \text{ ssi } f(x) \in A \text{ et } f^{-1}(x) \in A,$$

est une tribu sur E.

(1,9) Exercice. – Dans $\mathbb{R}^2$ soit $\mathscr{C}$ la classe des sous-ensembles contenus dans une réunion dénombrable de droites. Décrire la tribu $\sigma(\mathscr{C})$. Est-ce une sous-tribu de $\mathscr{B}(\mathbb{R}^2)$?

(1,10) Exercice. – Un σ-anneau de parties de E est une classe $\mathscr{F}$ de parties de E telle que

i) $\emptyset \in \mathscr{F}$;

ii) si $A, B \in \mathscr{F}$ et $B \supseteq A$ alors $B \setminus A \in \mathscr{F}$;

iii) $\mathscr{F}$ est stable par les réunions dénombrables.

1) Montrer qu'un σ-anneau est stable par les intersections dénombrables.

2) Montrer que pour tout classe $\mathscr{C}$ de parties de E, il existe un plus petit σ-anneau contenant $\mathscr{C}$.

3) Quel est le σ-anneau engendré par les singletons de E ?

4) Si $\mathscr{F}$ est un σ-anneau, décrire $\sigma(\mathscr{F})$. Cette question est indépendante des deux précédentes.

(1,11) Exercice. – Montrer que $\mathscr{B}(\mathbb{R}^d)$ est engendrée par la classe des boules ouvertes (ou fermées) telles que les coordonnées du centre et le rayon appartiennent à un ensemble S dense dans $\mathbb{R}$.

(1,12) Exercice. – On rappelle que la topologie droite (resp. gauche) sur $\mathbb{R}$ est la topologie engendrée par les intervalles semi-ouverts [a, b[(resp.]a, b]). Montrer que les tribus boréliennes correspondantes sont toutes deux égales à $\mathscr{B}(\mathbb{R})$. On a ainsi trois topologies, dont deux non comparables, qui donnent la même tribu borélienne.

(1,13) Exercice. – 1) Soit $\mathscr{A}$ une tribu sur E et F un sous-ensemble de E. Montrer que la classe des ensembles $F \cap A$ où A décrit $\mathscr{A}$, est une tribu sur F qu'on appelle la *tribu trace* de $\mathscr{A}$ sur F.

2) Si E est un espace topologique et $\mathscr{A} = \mathscr{B}(E)$, montrer que la tribu trace sur F est la tribu borélienne engendrée par la topologie trace sur F. En particulier si F est un borélien de E, cette tribu trace est égale à la classe des boréliens de E contenus dans F.

(1,14) Exercice. – Si dans le iii) de la définition d'une tribu on exige seulement la stabilité par les réunions finies, on obtient la notion d'*algèbre de Boole* de parties de E ou plus simplement d'algèbre. Toute tribu est évidemment une algèbre et la réciproque est non moins évidemment fausse, mais une algèbre finie est une tribu.

1) Montrer qu'une algèbre est fermée pour l'opération de différence symétrique Δ et que c'est un anneau – au sens algébrique du terme – pour les opérations Δ et $\cap$.

2) Pour toute classe $\mathscr{C}$, il existe une plus petite algèbre contenant $\mathscr{C}$. Montrer que cette algèbre s'obtient – à la différence de ce qui se passe pour les tribus – par une succession finie d'opérations d'agrandissement.

3) Soit $(\mathscr{A}_n)$ une suite croissante (i.e. $\mathscr{A}_n \subseteq \mathscr{A}_{n+1}$) de tribus sur E. La classe $\bigcup \mathscr{A}_n$ est une algèbre de parties de E, mais n'est pas en général une tribu. Exhiber une suite d'algèbres finies de parties de [0, 1] dont la réunion engendre $\mathscr{B}([0, 1])$.

(1,15) Exercice. – 1) Si E est muni d'une partition, décrire la tribu engendrée par la partition (i.e. par la classe constituée des ensembles de la partition).

2) Si E est dénombrable toute tribu sur E est engendrée par une partition.

3) Montrer que toute tribu a un cardinal soit fini soit strictement supérieur au dénombrable.

4) Si une tribu est engendrée par une classe dénombrable d'ensembles, alors ou bien elle est finie ou bien elle a une puissance au moins égale au continu.

5) Si E est muni d'une tribu $\mathcal{A}$ et d'une partition $\mathcal{P}$ telle que $\mathcal{P}$ ne soit pas contenue dans $\mathcal{A}$, décrire $\sigma(\mathcal{A} \cup \mathcal{P})$. Cette question est indépendante des questions 2) à 4).

*(1,16) Exercice. – Dans un espace topologique un ensemble est dit non-dense si l'intérieur de sa fermeture est vide et de première catégorie s'il est réunion dénombrable d'ensembles non-denses. Par exemple sur $\mathbb{R}$ l'ensemble $\mathbb{Q}$ est de première catégorie (et pas non-dense !). Soit $\mathcal{C}$ la classe des ensembles égaux à un ouvert à un ensemble de première catégorie près i.e. qui s'écrivent $(O \cap P_1^c) \cup P_2$ où O est ouvert et P_1 et P_2 sont de première catégorie.

1) Montrer que $\mathcal{C}$ est une tribu sur E.

2) Montrer que $\mathcal{B}(E) \subseteq \mathcal{C}$. Les mêmes arguments que ceux utilisés à la fin de la section (II,4) montrent que cette inclusion peut être stricte.

2. Mesures

Nous donnons maintenant la définition de la notion mathématique qui doit servir de modèle aux notions physiques de longueur, volume, masse, etc.

(2,1) Définition. – Une *mesure positive* sur l'espace mesurable $(E, \mathcal{A})$ est une application m de $\mathcal{A}$ dans $[0, \infty]$ telle que $m(\varnothing) = 0$ et jouissant de la propriété de *σ-additivité* suivante : pour toute suite finie ou infinie (A_n) d'ensembles deux à deux disjoints,

$$m\left(\bigcup_n A_n\right) = \sum_n m(A_n).$$

On dit que le triplet $(E, \mathcal{A}, m)$ est un *espace mesuré* et pour $A \in \mathcal{A}$, le nombre $m(A)$ est la *mesure* de A.

La définition ci-dessus est légèrement redondante car on peut toujours considérer une suite finie comme une suite infinie en la complétant avec $\varnothing$ une infinité de fois. D'autre part l'additivité entraîne que $m(\varnothing) = m(\varnothing) + m(\varnothing)$ donc que $m(\varnothing)$ vaut 0 ou ∞ et le cas $m(\varnothing) = \infty$ correspond à la mesure identiquement infinie qui n'a aucun intérêt.

De la définition on déduit immédiatement la

(2,2) Proposition. – Une mesure positive m sur $(E, \mathcal{A})$ jouit des propriétés suivantes : pour A et B dans $\mathcal{A}$ on a

i)
$$m(A) = m(A \setminus B) + m(A \cap B),$$

ii) (additivité forte)

$$m(A \cup B) + m(A \cap B) = m(A) + m(B),$$

iii) (sous-additivité)

$$m(A \cup B) \leqslant m(A) + m(B),$$

iv) (croissance) si de plus $B \subseteq A$, on a $m(B) \leqslant m(A)$.

Démonstration. – La propriété i) résulte immédiatement de ce que A est la réunion disjointe de $A \setminus B$ et $A \cap B$. On en déduit iv) car si $B \subseteq A$ on a $A \cap B = B$. Pour montrer ii) observons que

$$A \cup B = (A \setminus B) \cup (A \cap B) \cup (B \setminus A)$$

et que ces trois ensembles étant disjoints on a

$$m(A \cup B) = m(A \setminus B) + m(A \cap B) + m(B \setminus A);$$

en ajoutant $m(A \cap B)$ aux deux membres et en utilisant i) on obtient ii). La propriété iii) s'en déduit facilement.

Dans la suite nous dirons simplement *mesure* au lieu de mesure positive. L'exemple des charges électriques ou des masses magnétiques indique bien que l'on ne devrait pas pouvoir se contenter de cette notion, mais on verra plus tard comment on peut s'y ramener pour traiter les cas plus généraux et pour le moment la notion ci-dessus nous suffira.

On pourrait aussi se demander pourquoi on ne s'est pas contenté des suites finies dans la définition (2,1) ; il semblerait a priori que cela dusse suffire pour modéliser les longueurs, aires, volumes, etc. La réponse est double. D'une part une vieille idée est que l'on va essayer de calculer, par exemple, l'aire d'un domaine compliqué en passant à la limite à partir de domaines simples. Or c'est précisément la possibilité de faire ce passage à la limite qui est en germe dans la propriété de σ-additivité ; en fait c'est cette propriété qui va s'étendre dans les fondamentales propriétés de continuité de l'intégrale sans lesquelles la théorie ne pourrait ni se développer ni s'appliquer. D'autre part on montrera que les modélisations « naturelles » de notions comme la longueur ou la surface possèdent la propriété de σ-additivité.

Énonçons précisément un premier résultat de « continuité ».

(2,3) Proposition. – Une application de $\mathscr{A}$ dans $[0, \infty]$ est une mesure ssi

i) $m(\varnothing) = 0$;

ii) m est *finiment additive*, i.e. pour toute suite finie (A_i), $i \in I$, d'ensembles deux à deux disjoints,

$$m\left(\bigcup_i A_i\right) = \sum_i m(A_i);$$

iii) pour toute suite croissante (A_n) d'ensembles de $\mathscr{A}$, on a

$$m\left(\lim_n A_n\right) = \lim_n m(A_n).$$

Remarque. – Il suffit de postuler ii) pour card (I) = 2.

Démonstration. – Pour montrer la nécessité, il suffit de montrer qu'une mesure satisfait iii). Or si on pose $B_0 = A_0$, $B_n = A_n \setminus A_{n-1}$ pour $n > 0$, les ensembles B_n sont deux à deux disjoints et $A_n = \bigcup_0^n B_k$. Il en résulte que

$$m\left(\lim_n A_n\right) = m\left(\bigcup_{n=0}^{\infty} A_n\right) = m\left(\bigcup_{n=0}^{\infty} B_n\right) = \sum_{n=0}^{\infty} m(B_n) = \lim \sum_0^n m(B_k)$$

$$= \lim m\left(\bigcup_0^n B_k\right) = \lim m(A_n).$$

Pour montrer la suffisante considérons une suite (A_n) d'ensembles deux à deux disjoints et posons $B_n = \bigcup_0^n A_k$. La suite (B_n) est une suite croissante ; la propriété iii) entraîne donc que

$$m\left(\bigcup_0^{\infty} A_n\right) = m\left(\lim_n B_n\right) = \lim_n m(B_n),$$

mais la propriété ii) entraîne que $m(B_n) = \sum_0^n m(A_k)$, et l'on a donc bien

$$m\left(\bigcup_0^{\infty} A_k\right) = \sum_0^{\infty} m(A_k). \qquad \square$$

(2,4) Corollaire. – (Sous-σ-additivité des mesures) Pour toute suite (A_n) d'éléments de $\mathcal{A}$, on a

$$m\left(\bigcup_n A_n\right) \leqslant \sum_n m(A_n).$$

Démonstration. – La suite $(B_n) = \left(\bigcup_{k=0}^n A_k\right)$ est une suite croissant vers $\bigcup_0^{\infty} A_n$ et $m(B_n) \leqslant \sum_{k=0}^n m(A_k)$ d'après la sous-additivité de m. $\square$

Il serait temps maintenant de donner des exemples de mesures. Malheureusement, il ne s'agit pas là d'une tache facile dès que la tribu est tant soit peu compliquée. La « logique » voudrait que l'on se consacre maintenant à montrer l'existence de mesures non triviales et modélisant en particulier les notions familières du monde physique. Nous allons reporter ce travail au chapitre IV ; le lecteur sera alors peut-être plus convaincu de l'intérêt qu'il y a à le faire et sera aussi plus habitué aux types de raisonnements utilisés. Une autre raison de ce report est que l'intérêt de certains sous-produits des démonstrations sera alors beaucoup plus clair. Mais le lecteur peut aussi dès maintenent lire les sections (I, 5) et (IV, 1) s'il n'est pas prêt à faire cette entorse à la logique.

Il est toutefois possible de donner dès maintenant l'exemple suivant. Soit (E, $\mathcal{A}$) un espace mesurable et x un point de E. En posant $m(A) = 1$ si $x \in A$ et $m(A) = 0$ si $x \notin A$ ou en d'autres termes $m(A) = 1_A(x)$, on obtient une mesure qu'on appelle *la masse de Dirac au point x* et qu'on note δ_x ou ε_x. C'est la formalisation mathématique de la notion de masse ponctuelle ou de charge ponctuelle unité ou encore d'impulsion unité et il n'est pas vraiment surprenant qu'elle porte le nom d'un physicien célèbre.

Pour généraliser cet exemple nous nous servirons de la proposition suivante qui montre en particulier que les mesures sur un espace (E, $\mathcal{A}$) forment un cône.

(2,5) Proposition. – Toute combinaison linéaire dénombrable à coefficients positifs de mesures sur (E, $\mathcal{A}$) est une mesure sur (E, $\mathcal{A}$). Autrement dit, si (α_n) est une suite de nombres positifs et (m_n) une suite de mesures, on définit une nouvelle mesure, soit m, en posant $m(A) = \sum_n \alpha_n m_n(A)$. On écrira $m = \sum \alpha_n m_n$.

Démonstration. – Les conditions i) et ii) de la proposition (2,3) sont clairement vérifiés ; montrons que la condition iii) l'est aussi. On peut écrire

$$m(A) = \lim_j \sum_0^j \alpha_n m_n(A).$$

Si (A_k) est une suite croissante d'éléments de $\mathcal{A}$, on a donc

$$m(\cup A_k) = \lim_j \sum_0^j \alpha_n m_n(\cup A_k)$$

$$= \lim_j \sum_0^j \alpha_n \left(\lim_k m_n(A_k) \right) = \lim_j \lim_k \sum_0^j \alpha_n m_n(A_k),$$

et comme on peut intervenir des limites croissantes,

$$m(\cup A_k) = \lim_k \lim_j \sum_0^j \alpha_n m_n(A_k) = \lim_k m(A_k),$$

ce qu'il fallait démontrer. □

Cette proposition entraîne que si (x_n) est une suite de points de l'espace mesurable (E, $\mathcal{A}$), $\sum \alpha_n \delta_{x_n}$ est une mesure sur (E, $\mathcal{A}$).

Si E est un ensemble, on définit une mesure m sur $\mathcal{P}(E)$ en posant $m(A) = \text{card}(A)$ si A est fini et $m(A) = \infty$ sinon ; on dira alors que m est la mesure *de comptage* de E. Dans le cas où l'espace est dénombrable cet exemple est un cas particulier du précédent où on a pris $\alpha_n \equiv 1$ et où (x_n) est une énumération complète des points de E.

On a enfin le résultat fondamental suivant qui sera admis pour le moment et démontré dans le chapitre IV.

(2,6) Théorème. – Pour tout entier d, il existe une unique mesure sur $(\mathbb{R}^d, \mathcal{B}(\mathbb{R}^d))$ telle que la mesure de tout pavé $\prod_1^d]a_i, b_i[$ soit égale à $\prod_1^d (b_i - a_i)$. Cette mesure s'appelle la *mesure de Lebesgue* sur $\mathbb{R}^d$.

Le lecteur observera que l'on obtient ainsi une modélisation des notions de longueur, surface et volume dans l'espace euclidien. Ceci sera encore rendu plus clair ultérieurement en montrant que la mesure de Lebesgue est invariante par de nombreuses transformations géométriques de cet espace, en particulier, les déplacements.

Les mesures telles que nous les avons définies jusqu'à présent peuvent être très grandes. Ainsi l'application identiquement infinie (en dehors de $\emptyset$!) est une mesure... sans grand intérêt. C'est pourquoi les notions que nous introduisons maintenant sont importantes.

(2,7) Définition. – Une mesure m sur $(E, \mathcal{A})$ est dite *bornée* ou *finie* si $m(E) < \infty$. Il revient au même de dire que l'image de l'application m est un ensemble borné de $\mathbb{R}$. Le nombre $m(E)$ s'appelle la *masse totale* de la mesure m. Si $m(E) = 1$, on dira que m est une *probabilité* ou une mesure de masse 1. Une mesure est dite *σ-finie* si il existe une suite (E_n) d'ensembles mesurables tels que $E = \bigcup E_n$ et $m(E_n) < \infty$ pour tout n ; la suite (E_n) peut toujours être supposée croissante ($). L'espace mesuré $(E, \mathcal{A}, m)$ sera dit fini ou σ-fini si m est finie ou σ-finie.

Les mesures bornées sont évidemment σ-finies et si m est bornée et non nulle la mesure $m/m(E)$ est une probabilité. La mesure de Lebesgue est σ-finie ; il suffit pour le voir de considérer les pavés de côtés égaux à $]-n, n[$. Plus généralement, une mesure m définie sur la tribu borélienne d'un LCBD est appelée *mesure de Radon* si $m(K) < \infty$ quel que soit le compact K ; une mesure de Radon est σ-finie car un tel espace est réunion d'une suite de compacts.

La mesure de comptage sur $\mathcal{P}(E)$ n'est σ-finie que si l'espace E est dénombrable. La mesure $\sum \alpha_n \delta_{x_n}$ est bornée si $\sum \alpha_n < \infty$ et σ-finie sinon.

L'importance de ces notions tient au fait que les mesures bornées jouissent de propriétés spéciales qui les rendent faciles à manier et que l'étude des mesures σ-finies peut souvent se ramener à celle des mesures bornées grâce à l'opération de trace décrite dans l'exercice (2,9).

(2,8) Proposition. – Si m est une mesure bornée, pour toute suite (A_n) d'ensembles mesurables on a

$$m\left(\underline{\lim}_n A_n\right) \leqslant \underline{\lim}_n m(A_n) \leqslant \overline{\lim}_n m(A_n) \leqslant m\left(\overline{\lim}_n A_n\right).$$

En particulier, si la suite (A_n) est convergente, la suite $m(A_n)$ est convergente et

$$m\left(\lim_n A_n\right) = \lim_n m(A_n).$$

Démonstration. – Si la suite (A_n) est décroissante, il suffit d'appliquer la propriété iii) de la proposition (2,3) à la suite $B_n = A_n^c$ en remarquant que $m(B_n) = m(E) - m(A_n)$. Dans le cas général, on a

$$\sup_{k \geqslant n} m(A_k) \leqslant m\left(\bigcup_{k \geqslant n} A_k\right),$$

et comme la suite $\bigcup_{k \geqslant n} A_k$ décroît vers $\overline{\lim_n} A_n$, ce que nous venons de voir entraîne que

$$\overline{\lim}\, m(A_n) \leqslant m(\overline{\lim}\, A_n).$$

L'inégalité pour les limites inférieures se montre de façon très semblable.

Enfin, si la suite (A_n) est convergente, les deux termes extrêmes des inégalités de l'énoncé sont égaux et par suite les quatre termes sont égaux. □

Remarque. – Le lecteur constatera que l'inégalité concernant les limites inférieures est vraie si m n'est pas bornée. En revanche l'inégalité pour les limites supérieures peut être fausse ainsi que l'égalité pour les suites convergentes comme le prouve l'exemple de la mesure de Lebesgue sur $\mathbb{R}$ et des ensembles $]n, \infty[$. Le lecteur est invité à résoudre l'exercice (2,9).

(2,9) Exercice. – (mesures traces) 1) Soit $(E, \mathcal{A}, m)$ un espace mesuré et F un sous-ensemble mesurable de E. Montrer que l'application

$$A \to m(A \cap F)$$

est une mesure sur $\mathcal{A}$; on l'appellera la *trace* de m sur F. Si $m(F) < \infty$, cette mesure trace est une mesure bornée.

2) Si m est une mesure non bornée et (A_n) une suite décroissante telle que $m(A_0) < \infty$, montrer que $m(\lim A_n) = \lim m(A_n)$. Étendre la proposition (2,8) aux mesures non bornées en faisant des hypothèses convenables sur la suite (A_n). Ceci est un cas particulier du théorème de Fatou qui sera énoncé dans le chapitre suivant.

*3) Dans la situation de 1) on suppose désormais que m est une probabilité et que F n'est plus dans $\mathcal{A}$, mais jouit de la propriété suivante :

$$\text{si } A \in \mathcal{A} \text{ et } A \subset F \text{ (resp. } A \supset F) \quad \text{alors} \quad m(A) = 0 \text{ (resp. } m(A) = 1).$$

Si B est un ensemble de la tribu $\mathcal{F}$ trace de $\mathcal{A}$ sur F (cf. Ex. (1,13)), on pose

$$\mu(B) = m(A)$$

où A est un des éléments de $\mathcal{A}$ tel que $A \cap F = B$. Montrer que μ est définie sans ambiguïté et que c'est une probabilité sur $\mathcal{F}$. Cette question est indépendante de 2).

(2,10) Exercice. – Si m est une mesure bornée et si $A_n \supset B_n$ pour tout n, on a

$$m\left(\bigcup_n A_n\right) - m\left(\bigcup_n B_n\right) \leqslant \sum_n (m(A_n) - m(B_n))$$

[On montre que $\bigcup A_n \setminus \bigcup B_n \subseteq \bigcup (A_n \setminus B_n)$.]

(2,11) Exercice. – Si m est une probabilité sur $(E, \mathcal{A})$ et (A_n) une suite d'éléments de $\mathcal{A}$ tels que $m(A_n) = 1$ pour tout n, alors $m(\bigcap A_n) = 1$.

*(2,12) Exercice. – (Lemme de Borel-Cantelli). Si m est une mesure et (A_n) une suite d'ensembles mesurables tels que $\sum m(A_n) < \infty$, on a

$$m(\overline{\lim} A_n) = 0.$$

(2,13) Exercice. – 1) Montrer que les ensembles ouverts de $\mathbb{R}^d$ sont nécessairement de mesure de Lebesgue strictement positive.

2) Montrer que l'ensemble de Cantor (Exercice (0,1,33)) est de mesure nulle et en déduire à nouveau qu'il est d'intérieur vide.

3) Plus généralement trouver la mesure de Lebesgue des ensembles décrits dans l'exercice (0,1,33). En déduire, pour tout $\varepsilon > 0$, l'existence d'un ouvert dense de $[0, 1]$ de mesure de Lebesgue ε. Ceci peut se voir directement comme dans l'exercice (2,21) ci-dessous.

(2,14) Exercice. – Construire, pour tout entier $d \geqslant 1$, un ensemble ouvert de $\mathbb{R}^d$ non borné et de mesure de Lebesgue finie. Montrer que de plus cet ensemble peut être choisi connexe pour $d > 1$ mais pas pour $d = 1$.

(2,15) Exercice. – Montrer que les ensembles de mesures bornées et σ-finies sur $(E, \mathcal{A})$ forment deux cônes contenus l'un dans l'autre. Si E est un LCBD et $\mathcal{A} = \mathcal{B}(E)$, l'ensemble des mesures de Radon est un cône intermédiaire entre les deux.

(2,16) Exercice. – 1) Si $(E, \mathcal{A}, m)$ est un espace mesuré et si $\mathcal{B}$ est une sous-tribu de $\mathcal{A}$, la restriction de m à $\mathcal{B}$ est une mesure sur $(E, \mathcal{B})$. Est-elle nécessairement bornée (resp. σ-finie) lorsque m est bornée (resp. σ-finie) ?

On verra en (III,2,32) comment on peut inversement prolonger m à des tribus plus grandes que $\mathcal{A}$. On peut déjà résoudre la question suivante.

2) Un sous-ensemble N de E est dit m-négligeable si il existe $B \in \mathscr{A}$ tel que $N \subseteq B$ et $m(B) = 0$. Montrer que la classe $\overline{\mathscr{A}}$ des ensembles de la forme $A \cup N$ avec A dans $\mathscr{A}$ et N m-négligeable est une tribu sur E qui contient $\mathscr{A}$. Si on pose $\overline{m}(A \cup N) = m(A)$ on définit une mesure sur $\overline{\mathscr{A}}$ dont la restriction à $\mathscr{A}$ est m. L'espace $(E, \overline{\mathscr{A}}, \overline{m})$ s'appelle le *complété* de $(E, \mathscr{A}, m)$ et est étudié en (II,4).

3) La famille $\mathscr{S}$ des boréliens de $\mathbb{R}$ symétriques par rapport à l'origine est une sous-tribu de $\mathscr{B}(\mathbb{R})$. Peut-on prolonger une mesure sur $\mathscr{S}$ en une mesure sur $\mathscr{B}(\mathbb{R})$? Si la réponse est positive, le prolongement est-il toujours unique ? (Suite dans l'exercice (II,1,26).)

(2,17) Exercice. – Soit $(E, \mathscr{A})$ un espace mesurable tels que tous les singletons soient mesurables, i.e. $\{x\} \in \mathscr{A}$ pour tout $x \in E$. On dit qu'une mesure m sur $\mathscr{A}$ est *diffuse* si elle ne charge aucun singleton ou en d'autres termes si pour tout x de E, on a $m(\{x\}) = 0$.

1) Montrer que la mesure de Lebesgue dans $\mathbb{R}^d$ est diffuse.

2) Si m est diffuse, tous les ensembles dénombrables sont de mesure nulle.

3) Montrer que toute mesure σ-finie m sur $(E, \mathscr{A})$ peut se décomposer en la somme d'une mesure diffuse et d'une suite finie ou dénombrable de masses ponctuelles. [Pour une probabilité il existe au plus n singletons dont la mesure soit $\geqslant 1/n$.] Si m est bornée il existe un singleton dont la mesure est supérieure ou égale à la mesure de tous les autres singletons. Montrer que ceci n'est pas forcément vrai si m est seulement σ-finie.

(2,18) Exercice. – Soit E un ensemble dont le cardinal est strictement supérieur au dénombrable.

1) Montrer que la plus petite tribu, soit $\mathscr{A}$, engendrée sur E par la classe des singletons est la classe des ensembles qui sont soit dénombrable soit de complémentaire dénombrable (ceci a déjà été fait dans l'exercice (1,10)). Dans le cas où $E = \mathbb{R}$, comparer $\mathscr{A}$ et $\mathscr{B}(\mathbb{R})$.

2) Pour $A \in \mathscr{A}$, on pose $\Pi(A) = 0$ si A est dénombrable et $\Pi(A) = 1$ si A^c est dénombrable. Montrer que ceci définit une probabilité Π sur $(E, \mathscr{A})$.

*3) Décrire toutes les probabilités sur $(E, \mathscr{A})$.

[On pourra se servir de l'exercice précédent.]

(2,19) Exercice. – Soit P une probabilité sur l'espace mesurable $(E, \mathscr{A})$.

1) Montrer que la relation $A \simeq B$ si $P(A \Delta B) = 0$, est une relation d'équivalence sur $\mathscr{A}$. On notera $\overline{\mathscr{A}}$ l'ensemble quotient et $\overline{A}$ la classe d'équivalence de A.

2) Montrer que les opérations sur les ensembles sont régulières pour cette relation d'équivalence et sont donc définies sur $\overline{\mathscr{A}}$ qui a ainsi une structure de σ-algèbre de Boole. Montrer qu'en posant $\overline{P}(\overline{A}) = P(A)$ on définit sans ambiguïté une probabilité sur $\overline{A}$.

3) Prouver qu'en posant $d(\overline{A}, \overline{B}) = \overline{P}(\overline{A} \Delta \overline{B})$ on définit une distance sur $\overline{\mathscr{A}}$. Si (A_n) est une suite d'éléments de $\mathscr{A}$ convergeant vers $A \in \mathscr{A}$, la suite $d(\overline{A}_n, \overline{A})$ tend vers 0.

*4) Si (A_n) est telle que $\sum_n P(A_n \Delta A_{n+1}) < \infty$, montrer que la suite $(\overline{A}_n)$ a une limite dans $\overline{\mathscr{A}}$ au sens de d. [On se servira de l'exercice (0,2,16).]

*5) Montrer que $(\overline{A}, d)$ est un espace métrique complet.

*(2,20) Exercice. – Pour une probabilité P sur $(N, \mathscr{P}(\mathbb{N}))$ on note I(P) l'image de P i.e. le sous-ensemble $\{P(A) : A \in \mathscr{P}(\mathbb{N})\}$ de [0, 1].

1) Montrer que I(P) est toujours un ensemble compact donc fermé dans [0, 1] et qu'il est soit fini, soit de puissance c.

[On pourra se servir du résultat de l'exercice (0,3,26).]

2) Montrer que si $P(\{n\}) = 2^{-n-1}$, on a I(P) = [0, 1]. Donner une probabilité P telle que I(P) soit l'ensemble de Cantor. Peut-on, de façon semblable obtenir les ensembles décrits dans la première question de l'exercice (0,1,33) ?

3) Si $P(\{n\}) \geqslant P(\{n+1\})$ pour tout n, la condition

$$\forall n \in \mathbb{N}, \quad P(\{n\}) \leqslant P([n+1, \infty[)$$

est nécessaire et suffisante pour que I(P) = [0, 1].

(2,21) Exercice. – Si λ est la mesure de Lebesgue sur [0, 1], montrer que pour tout $\varepsilon > 0$ il existe un ouvert O dense dans [0, 1] et tel que $\lambda(O) < \varepsilon$.

[Prendre autour de chaque rationnel un intervalle de longueur suffisamment petite.]

*(2,22) Exercice. – Si A est un borélien de $\mathbb{R}$ on pose, pour $x \in E$,

$$A + x = \{x + y : y \in A\}.$$

1) Soit λ une mesure sur $\mathscr{B}(\mathbb{R})$ telle que $\lambda(I) = \lambda(I + x)$ pour tout intervalle I et tout x de $\mathbb{R}$, et telle que de plus $\lambda([0, 1]) = 1$. Montrer que $\lambda(\{x\}) = 0$ pour tout x de $\mathbb{R}$, i.e. λ est diffuse (Exercice (2,17)).

2) En déduire que λ est la mesure de Lebesgue. [On pourra découper [0, 1[en q intervalles de longueur 1/q.] Le lecteur est invité à voir dans la section 4 les propriétés d'invariance par translation de la mesure de Lebesgue.

*(2,23) EXERCICE. – Soit m une mesure bornée sur la tribu borélienne $\mathscr{B}(E)$ d'un espace métrisable E. Montrer que $\mathscr{B}(E)$ est engendrée par la classe des ouverts dont la frontière est de mesure nulle pour m.

(2,24) EXERCICE. – Soit m une mesure sur $\mathscr{B}(\mathbb{R}^d)$. Montrer qu'il existe un plus grand ouvert de mesure nulle pour m. L'ensemble fermé complémentaire de cet ouvert s'appelle le *support* de m. [Considérer la famille des pavés à extrémités rationnelles qui sont de mesure nulle pour m.]

*(2,25) EXERCICE. – On appelle *atome* d'un espace mesuré $(E, \mathscr{A}, m)$ un ensemble $A \in \mathscr{A}$ tel que $m(A) > 0$ et pour tout $B \in \mathscr{A}$, $B \subseteq A$, on a ou bien $m(B) = 0$ ou bien $m(A \setminus B) = 0$ (cf. par exemple la probabilité Π de (2,18)).

1) Montrer que deux atomes sont soit disjoints, soit égaux à un ensemble de mesure nulle près. Si m ne prend qu'un nombre fini de valeurs montrer que E est réunion, à un ensemble de mesure nulle près, d'un nombre fini d'atomes.

2) Si m est σ-finie montrer que l'espace E peut se décomposer en la réunion d'une famille dénombrable d'atomes et une partie sans atomes. Cette deuxième partie s'appelle la partie *non atomique.* Si E est réunion d'atomes on dit qu'il est *purement atomique* ; par exemple un ensemble dénombrable muni de la mesure de comptage est purement atomique. Une mesure σ-finie sur $\mathscr{B}(\mathbb{R})$ est sans atomes ssi elle est diffuse.

3) Montrer que si l'espace est non atomique, pour tout réel $x \in [0, m(E)]$ il existe $A \in \mathscr{A}$ tel que $m(A) = x$. [Cette question nécessite d'utiliser le lemme de Zorn ou une récurrence transfinie ; le lecteur pourra cependant montrer de manière élémentaire qu'il existe une suite d'ensembles dont les mesures sont strictement positives et décroissent vers zéro.]

*(2,26) EXERCICE. – On considère un espace métrique E et une mesure bornée m sur $\mathscr{B}(E)$. On appelle $\mathscr{C}$ la classe des $A \in \mathscr{A}$ ayant la propriété suivante : pour tout $\varepsilon > 0$, il existe un ouvert O et un fermé F tels que

$$F \subseteq A \subseteq O, \ m(O \setminus F) \leqslant \varepsilon.$$

1) Montrer que $\mathscr{C}$ est stable par passage au complémentaire et contient les fermés. [Dans un espace métrique tout fermé est intersection d'une suite décroissante d'ouverts.]

2) Montrer que $\mathscr{C}$ est stable par les intersections finies. [Si $A_i \subseteq B_i$, $(A_1 \cap A_2)\setminus(B_1 \cap B_2) \subseteq (A_1 \setminus B_1) \cup (A_2 \setminus B_2)$.]

3) Montrer que $\mathscr{C}$ est une tribu. [Si (A_n) est une suite décroissante d'ensembles de $\mathscr{C}$, pour tout $\varepsilon > 0$, il existe une suite (F_n) de fermés et une suite décroissante (O_n) d'ouverts tels que pour tout n,

$$F_n \subseteq A_n \subseteq O_n, \ m(O_n \setminus F_n) \leqslant \varepsilon 2^{-n}.]$$

4) En déduire que m est *régulière* i.e. : pour tout borélien A de E,

$$m(A) = \sup\{m(F) : F \text{ fermé et } F \subseteq A\}$$
$$= \inf\{m(O) : O \text{ ouvert et } A \subseteq O\}.$$

3. Fonctions mesurables

Dans cette section nous étudions les applications qui « respectent » les structures mesurables et qui permettent de « transporter » les mesures d'un espace dans un autre (cf. Exercice (3,18)). On verra plus tard que ce sont aussi celles que l'on peut intégrer, leur définition étant précisément faite pour que l'on puisse mesurer leur « taille ». Si la notion de tribu rappelle celle de topologie, la notion que nous allons définir est parallèle à celle de fonction continue.

Si f est une application de E dans F, on rappelle que f^{-1} est l'application de $\mathcal{P}(F)$ dans $\mathcal{P}(E)$ définie par

$$f^{-1}(A) = \{x \in E : f(x) \in A\}.$$

Il est facile de vérifier que f^{-1} commute avec les opérations sur les ensembles, à savoir,

$$f^{-1}\left(\bigcup_i A_i\right) = \bigcup_i f^{-1}(A_i),\ f^{-1}(A^c) = (f^{-1}(A))^c, \text{ etc...}.$$

En particulier si $\mathcal{B}$ est une tribu sur F, la classe

$$f^{-1}(\mathcal{B}) = \{f^{-1}(A), A \in \mathcal{B}\}$$

est une tribu sur E ($).

(3,1) Définition. – Une application f de l'espace mesurable $(E, \mathcal{A})$ dans l'espace mesurables $(F, \mathcal{B})$ est dite *mesurable* (par rapport à $\mathcal{A}$ et $\mathcal{B}$) si $f^{-1}(\mathcal{B}) \subseteq \mathcal{A}$. On notera $\mathcal{F}(\mathcal{A}, \mathcal{B})$ la famille des applications mesurables de $(E, \mathcal{A})$ dans $(F, \mathcal{B})$; c'est un sous-ensemble de l'ensemble $\mathcal{F}(E, F)$ de toutes les applications de E dans F.

On pourrait aussi bien dire que f est mesurable si pour tout $A \in \mathcal{B}$, l'ensemble $f^{-1}(A)$ est dans $\mathcal{A}$. Remarquons encore que si f est une application de E dans F et si F est muni d'une tribu $\mathcal{B}$, la tribu $f^{-1}(\mathcal{B})$ est la plus petite (on dit aussi la moins fine) des tribus sur E pour lesquelles f est mesurable ; on la notera $\sigma(f)$.

De manière analogue à ce qu'on sait pour les fonctions continues, on a la

(3,2) Proposition. – La composée de deux applications mesurables est mesurable, autrement dit si $f \in \mathcal{F}(\mathcal{A}, \mathcal{B})$ et $g \in \mathcal{F}(\mathcal{B}, \mathcal{C})$ alors $g \circ f \in \mathcal{F}(\mathcal{A}, \mathcal{C})$.

Démonstration. – Laissée au lecteur.

Vu que les tribus sont de « grandes » familles d'ensembles, la mesurabilité d'une fonction serait en général difficile à vérifier si l'on ne disposait pas du critère fondamental suivant.

(3,3) PROPOSITION. – Pour toute application f de E dans F et toute classe $\mathcal{C}$ de sous-ensembles de F, on a

$$\sigma(f^{-1}(\mathcal{C})) = f^{-1}(\sigma(\mathcal{C})).$$

Démonstration. – On a évidemment l'inclusion $f^{-1}(\mathcal{C}) \subseteq f^{-1}(\sigma(\mathcal{C}))$, d'où il résulte que $\sigma(f^{-1}(\mathcal{C})) \subseteq f^{-1}(\sigma(\mathcal{C}))$.

Pour montrer l'inclusion inverse, considérons la classe $\mathcal{G}$ des sous-ensembles A de F tels que $f^{-1}(A) \in \sigma(f^{-1}(\mathcal{C}))$. Toujours à cause des propriétés de l'application f^{-1} il est facile de voir que $\mathcal{G}$ est une tribu et $f^{-1}(\mathcal{G}) = \sigma(f^{-1}(\mathcal{C}))$. Or, $\mathcal{G} \supseteq \mathcal{C}$, donc $\mathcal{G} \supseteq \sigma(\mathcal{C})$ et donc $f^{-1}(\sigma(\mathcal{C})) \subseteq f^{-1}(\mathcal{G}) = \sigma(f^{-1}(\mathcal{C}))$.

Ce critère va s'appliquer en particulier aux tribus boréliennes.

(3,4) DÉFINITION. – Si E et F sont deux espaces topologiques, une application mesurable relativement aux tribus $\mathcal{B}$ (E) et $\mathcal{B}$ (F) sera dite *borélienne.*

Dans la situation de cette définition la proposition précédente s'applique pour donner

(3,5) PROPOSITION. – Toute fonction continue est borélienne.

Démonstration. – On prend pour $\mathcal{C}$ la classe des ouverts de F. Si f est continue, on a $f^{-1}(\mathcal{C}) \subseteq \mathcal{O}$, où $\mathcal{O}$ est la classe des ouverts de E, et l'on a donc

$$f^{-1}(\mathcal{B}(F)) = f^{-1}(\sigma(\mathcal{C})) = \sigma(f^{-1}(\mathcal{C})) \subseteq \sigma(\mathcal{O}) = \mathcal{B}(E). \qquad \square$$

Nous allons maintenant étudier plus spécialement le cas fondamental où l'espace d'arrivée est ($\mathbb{R}$, $\mathcal{B}$ ($\mathbb{R}$)). On parlera alors de *fonctions mesurables* ou *$\mathcal{A}$-mesurable* sans autre précision et on écrira $f \in \mathcal{F}(\mathcal{A})$; ainsi les énoncés $A \in \mathcal{A}$ et $1_A \in \mathcal{F}(\mathcal{A})$ ont la même signification, à savoir que l'ensemble A est un élément de la tribu $\mathcal{A}$ ($) et on voit que la notion de fonction mesurable généralise celle d'ensemble mesurable. D'autre part pour une fonction f à valeur dans $\mathbb{R}$ (où $\overline{\mathbb{R}}$) on notera $\{f < a\}$ l'ensemble $\{x \in E : f(x) < a\} = f^{-1}(]-\infty, a[)$ et de même $\{f \leqslant a\}$, $\{f > a\}$, ..., pour les ensembles définis de manière analogue. Compte-tenu de la proposition (1,5), la proposition (3,3) entraîne dans ce cas la

(3,6) PROPOSITION. – Pour que la fonction f de (E, $\mathcal{A}$) dans $\mathbb{R}$ soit mesurable il faut et il suffit que l'une des conditions suivantes où S est un ensemble dense pour $\mathbb{R}$, soit vérifiée :

i) $\{f < a\} \in \mathcal{A}$ pour tout $a \in S$; ii) $\{f \leqslant a\} \in \mathcal{A}$ pour tout $a \in S$;

iii) $\{f > a\} \in \mathcal{A}$ pour tout $a \in S$; iv) $\{f \geqslant a\} \in \mathcal{A}$ pour tout $a \in S$.

Démonstration. – Laissée au lecteur.

On voit que si $f \in \mathcal{F}(\mathcal{A})$, pour $a < b$ l'ensemble $\{a < f < b\}$ est dans $\mathcal{A}$, et si $(E, \mathcal{A})$ est muni d'une mesure on peut donc « mesurer » la « taille » de f. La proposition suivante décrit la structure algébrique de $\mathcal{F}(\mathcal{A})$.

(3,7) Proposition. – L'ensemble $\mathcal{F}(\mathcal{A})$ des fonctions mesurables sur $(E, \mathcal{A})$ est une sous-algèbre réticulée de $\mathcal{F}(E, \mathbb{R})$. En particulier, si $f \in \mathcal{F}(\mathcal{A})$, les fonctions f^+ et f^- sont mesurables.

Démonstration. – Si f et g sont dans $\mathcal{F}(\mathcal{A})$, l'application

$$\Psi : x \to (f(x), g(x))$$

de E dans $\mathbb{R}^2$ est mesurable car pour tout pavé $P =]a, b[\times]c, d[$ de $\mathbb{R}^2$ on a $\Psi^{-1}(P) = \{a < f < b\} \cap \{c < g < d\}$, or les pavés ouverts engendrent $\mathcal{B}(\mathbb{R}^2)$ (cf. (1,4)). Les quatre applications de $\mathbb{R}^2$ dans $\mathbb{R}$ qui à (u, v) font correspondre $u + v$, uv, $\inf(u, v)$, $\sup(u, v)$ sont continues donc boréliennes ; la proposition (3,2) entraîne donc que $f + g$, fg, $\sup(f, g)$ et $\inf(f, g)$ sont mesurables. Si en particulier on prend $g \equiv a \in \mathbb{R}$, on voit que af est mesurable. □

Remarques. – 1) Si on remplace $\mathbb{R}$ par $\overline{\mathbb{R}}$, on a des résultats similaires aussi longtemps que les opérations considérées ont un sens.

2) Une conséquence de la proposition précédente est que l'ensemble $\{f = g\}$ où deux fonctions mesurables sont égales est dans $\mathcal{A}$. Si on applique ceci aux fonctions boréliennes de $\mathbb{R}^d$, on voit que les surfaces définies dans $\mathbb{R}^d$ par des équations continues, ou plus généralement boréliennes, sont des ensembles boréliens.

Nous étudions la stabilité de $\mathcal{F}(\mathcal{A})$ par passages à la limite.

(3,8) Proposition. – Si (f_n) est une suite de fonctions mesurables, les fonctions

$$\sup_n f_n, \quad \inf_n f_n, \quad \underline{\lim}_n f_n, \quad \overline{\lim}_n f_n$$

sont mesurables (de $(E, \mathcal{A})$ dans $(\overline{\mathbb{R}}, \mathcal{B}(\overline{\mathbb{R}}))$). En particulier la limite d'une suite convergeant simplement (ou ponctuellement) de fonctions mesurables est mesurable.

Démonstration. – On a $\{\sup_n f_n > a\} = \bigcup_n \{f_n > a\}$ ce qui prouve que $\sup_n f_n$ est mesurable ; il en est clairement de même pour $\inf_n f_n$ et donc, d'après leur définition pour les limites inférieures et supérieures. □

Remarque. – Il résulte en particulier des deux propositions précédentes que l'ensemble de convergence (cf. (0,2,2)) d'une suite de fonctions mesurables est mesurable.

Nous allons terminer cette section en introduisant un sous-ensemble important de $\mathcal{F}(\mathcal{A})$.

(3,9) Définition. – Une fonction mesurable est dite *étagée* si elle ne prend qu'un nombre fini de valeurs.

Cette définition peut encore s'exprimer de la façon suivante. Une partition (A_i) de E est dite *mesurable* si les ensembles A_i qui la constituent sont des éléments de $\mathcal{A}$. Une fonction f est étagée si il existe une partition finie mesurable sur E, soit (A_i), $i = 1, \ldots, n$, et des réels α_i, $i = 1, \ldots, n$, tels que

$$f = \sum_{i=1}^{n} \alpha_i 1_{A_i}.$$

Remarquons qu'une telle représentation n'est pas unique, car on peut toujours raffiner la partition. D'autre part on peut aussi dire que l'espace $\mathcal{E}$ des fonctions étagées est le sous-espace vectoriel de $\mathcal{F}(E, \mathbb{R})$ engendré par les fonctions indicatrices des éléments de $\mathcal{A}$ ($). On a même plus :

(3,10) Proposition. – L'espace $\mathcal{E}$ est une sous-algèbre réticulée de $\mathcal{F}(\mathcal{A})$.

Démonstration. – Laissée en exercice au lecteur.

Les fonctions étagées ont une propriété fondamentale de « densité » dans $\mathcal{F}(\mathcal{A})$. Conformément à la règle édictée en (0, 2) on note $\mathcal{F}(\mathcal{A})_+$ l'ensemble des fonctions mesurables et positives.

(3,11) Proposition. – Toute fonction f de $\mathcal{F}(\mathcal{A})_+$ est la limite d'une suite croissante (f_n) de fonctions étagées. Si de plus f est bornée, la suite (f_n) peut être choisie de façon que la limite soit uniforme.

Démonstration. – Si pour $n > 0$, on pose

$$f_n = \sum_{k=1}^{n2^n} ((k-1)2^{-n})\, 1_{\{(k-1)2^{-n} < f \leq k2^{-n}\}} + n 1_{\{f > n\}},$$

on obtient une suite de fonctions étagées dont le lecteur vérifiera qu'elle est bien croissante et de limite f. Si f est bornée, le dernier terme dans la définition de f_n est nul pour n assez grand et on a alors $|f - f_n| \leq 2^{-n}$ partout, ce qui entraîne l'uniformité. □

(3,12) Exercice. – Si f est une application de E dans F, comparer les sous-ensembles B et $f(f^{-1}(B))$ de F et les sous-ensembles A et $f^{-1}(f(A)$ de E. Dire à quelle condition sur f on a égalité.

(3,13) Exercice. – 1) Montrer que la classe $\mathcal{A}$ des sous-ensembles A de $\mathbb{Z}$ tels que :

$$\text{pour } n > 0, \quad 2n \in \mathcal{A} \quad \text{ssi} \quad 2n+1 \in \mathcal{A},$$

est une tribu sur $\mathbb{Z}$.

2) Montrer que l'application $n \to n + 2$ est une bijection de $\mathbb{Z}$ mesurable (i.e. dans $\mathcal{F}(\mathcal{A}, \mathcal{A})$) mais que son inverse n'est pas mesurable.

(3,14) Exercice. – Si A est un ensemble de $\mathcal{A}$ tel que $B \in \mathcal{A}$ et $B \subseteq A$ implique $B = \varnothing$ ou $B = A$, montrer que toute fonction $\mathcal{A}$-mesurable est constante sur A. En particulier si $\mathcal{A}$ est engendrée par une partition (cf. Ex. (1,15)) une fonction mesurable est constante sur chaque ensemble de la partition.

(3,15) Exercice. – On considère ci-dessous des applications f de E dans $(\mathbb{R}, \mathcal{B}(\mathbb{R}))$.

1) Décrire $\sigma(f)$ dans chacun des cas suivants :

i) $E = \mathbb{R}$, et $f(x) = x$ ou $f(x) = x^2$ ou $f(x) = |x|$;

ii) $E = \mathbb{R}^2$, et $f(x, y) = x + y$ ou $f(x, y) = x^2 + y^2$.

2) Dans le cas général, montrer qu'une fonction g de E dans $\mathbb{R}$ est $\sigma(f)$-mesurable ssi il existe une fonction borélienne ϕ de $\mathbb{R}$ dans $\mathbb{R}$ telle que $g = \phi \circ f$. Montrer que l'on peut toujours trouver une fonction bornée g telle que $\sigma(g) = \sigma(f)$. [On pourra commencer par le cas où g est étagée, puis utiliser la proposition (3,11).]

3) Montrer que les singletons sont tous dans $\sigma(f)$ ssi f est injective (cette question est indépendante de 2)).

(3,16) Exercice. – Montrer qu'une fonction de $\mathbb{R}$ dans $\mathbb{R}$ continue à droite ou à gauche est borélienne.

(3,17) Exercice. – Montrer qu'une fonction semi-continue inférieurement (ou supérieurement) sur un espace topologique est borélienne.

(3,18) Exercice. – 1) Dans la situation de la définition (3,1) et si m est une mesure sur $\mathcal{A}$, montrer qu'on définit une mesure μ sur $\mathcal{B}$ en posant

$$\mu(B) = m(f^{-1}(B)).$$

Cette mesure s'appelle la *mesure image de m par f* et est notée f(m). Est-ce que f(m) est forcément bornée (resp. σ-finie) lorsque m est bornée (resp. σ-finie) ? Est-ce que f(m) est diffuse si m est diffuse ?

2) Si m est la mesure de Lebesgue sur $\mathbb{R}$ et $f(x) = |x|$ calculer f(m).

3) Si f est une fonction continue de $\mathbb{R}^d$ dans $\mathbb{R}^{d'}$ et m une mesure sur $\mathcal{B}(\mathbb{R}^d)$, montrer que le support de f(m) (cf. Ex. (2,24)) est la fermeture de l'image par f du support de m.

(3,19) Exercice. – Soit (f_t), $t \in \mathbb{R}$, une famille de fonctions mesurables sur $(E, \mathcal{A})$ telle que pour tout x de E, l'application $t \to f_t(x)$ soit continue à droite (ou à gauche). Montrer que la fonction

$$x \to \sup\{f_t(x) : t \in \mathbb{R}\}$$

est mesurable.

(3,20) Exercice. – Montrer que l'espace $b\mathcal{F}(\mathcal{A})$ des fonctions bornées $\mathcal{A}$-mesurables est un sous-espace fermé de l'espace de Banach des fonctions bornées sur E muni de la norme de la convergence uniforme et que l'espace des fonctions étagées est dense dans $b\mathcal{F}(\mathcal{A})$ pour cette topologie.

(3,21) Exercice. – Déduire la proposition (3,7) des propositions (3,10) et (3,11).

*(3,22) Exercice. – Pour toute suite (ε_p) de nombres > 0 et tendant vers 0, l'ensemble de convergence de la suite de fonctions (f_n) est égal à

$$\bigcap_p \bigcup_n \bigcap_k \{|f_{n+k} - f_n| \leq \varepsilon_p\}.$$

Retrouver la mesurabilité de cet ensemble lorsque les f_n sont mesurables sans se servir des notions de limites inférieures et supérieures.

*(3,23) Exercice. – 1) Soit (f_i), $i \in I$, une famille d'applications d'un espace E dans des espaces mesurables $(F_i, \mathcal{B}_i)$. Montrer qu'il existe une plus petite tribu sur E, notée $\sigma(f_i, i \in I)$, qui rende toutes les f_i mesurables. Montrer qu'une application g de $(F, \mathcal{B})$ dans E muni de $\sigma(f_i, i \in I)$ est mesurable ssi toutes les applications $f_i \circ g$ sont mesurables.

2) Montrer que

$$\sigma(f_i, i \in I) = \bigcup \sigma(f_i, i \in J)$$

où la réunion est étendue à tous les sous-ensembles dénombrables J de I.

3) On suppose désormais que pour tout i, on a $(F_i, \mathcal{B}_i) = (\mathbb{R}, \mathcal{B}(\mathbb{R}))$. Si $\mathcal{O}$ est la topologie la moins fine rendant les f_i continues comparer $\mathcal{B}(\mathcal{O})$ et $\sigma(f_i, i \in I)$. Montrer qu'il y a égalité si I est dénombrable ; montrer par des exemples qu'il peut y avoir égalité ou inclusion stricte lorsque I n'est pas dénombrable. Montrer également que les singletons sont dans $\sigma(f_i, i \in I)$ ssi la famille (f_i) sépare les points, c'est-à-dire si pour tout couple (x, y) de points de E, il existe un indice i tel que $f_i(x) \neq f_i(y)$.

4) On suppose que $E = \mathcal{F}(\mathbb{R}_+, \mathbb{R}) = \mathbb{R}^{\mathbb{R}_+}$ et que les applications f_i sont les applications coordonnées, c'est-à-dire que

$$f_i(x) = x(i)\,;$$

si on préfère, f_i est l'application qui a la fonction x de $\mathbb{R}_+$ dans $\mathbb{R}$, fait correspondre sa valeur au point i. Montrer que l'ensemble $C(\mathbb{R}_+, \mathbb{R})$ des fonctions continues n'est pas dans la tribu $\sigma(f_i, i \in \mathbb{R}_+)$.

5) On peut de la même façon définir les f_i sur l'espace $E = C([0, 1], \mathbb{R})$. Montrer que $\sigma(f_i, i \in [0, 1])$ est égale à la tribu borélienne de E lorsque celui-ci est muni de la topologie de la convergence uniforme.

(3,24) Exercice. – 1) Montrer que toute application croissante ϕ de $\mathbb{R}$ dans $\mathbb{R}$ est borélienne. Quelle est la CNS pour que $\sigma(\phi) = \mathcal{B}(\mathbb{R})$?

2) Soit ϕ une application croissante de [0, 1] dans $\mathbb{R}$. Montrer que pour tout n, l'application f_n définie par $f_n(x) = \phi(x^n)$ est borélienne sur [0, 1].

3) Si ϕ est strictement croissante sur un voisinage de 0, montrer que la tribu $\sigma(f_n, n > 0)$ (cf. Exercice (3,23)) est la tribu borélienne de [0, 1].

**(3,25) Exercice. – Si (E, $\mathscr{A}$) est l'espace mesurable de l'exercice (2,18) décrire toutes les fonctions de $\mathscr{F}(\mathscr{A})$. [On pourra considérer sup $\{a : \{f \leqslant a\}$ est dénombrable$\}$.]

*(3,26) Exercice. – Montrer que sur [0, 1], il existe des fonctions boréliennes ϕ_j à valeur dans $\{-1, 1\}$ et telles que pour tout t de [0, 1] on ait

$$t = \sum_{1}^{\infty} 2^{-j} \phi_j(t).$$

(3,27) Exercice. – (Suite de (2,16)) Montrer qu'une fonction réelle f sur E est $\overline{\mathscr{A}}$-mesurable ssi il existe deux fonctions $\mathscr{A}$-mesurables g et h telles que $g \leqslant f \leqslant h$ et $m(\{g \neq h\}) = 0$. [On commencera avec f étagée puis on utilisera la proposition (3,11).]

*(3,28) Exercice. – Soit (E, $\mathscr{A}$) un espace mesurable et (X, d) un espace métrique. On dit qu'une fonction est *fortement mesurable* si elle est limite en tout point d'une suite de fonctions étagées mesurables, i.e. de fonctions de $\mathscr{F}(\mathscr{A}, \mathscr{B}(X))$ ne prenant qu'un nombre fini de valeurs.

1) Si (X_i, d_i), i = 1, ..., n, sont des espaces métriques et u une application continue de ΠX_i dans un espace métrique Y, montrer que pour toute famille (f_i) de fonctions fortement mesurables de (E, $\mathscr{A}$) dans $(X_i, \mathscr{B}(X_i))$, la fonction $u(f_1, ..., f_n)$ est fortement mesurable. En particulier, si f_1 et f_2 sont fortement mesurables à valeurs dans (X, d), alors $d(f_1, f_2)$ est mesurable.

2) Une application f de E dans X est fortement mesurable ssi les deux conditions suivantes sont réalisées :

i) il existe une suite S dans X telle que la fermeture $\overline{S}$ de S contient f(E) ;

ii) $f^{-1}(B) \in \mathscr{A}$, quelle que soit la boule ouverte B de X.

En particulier si X est séparable (cf. (0,3,28)), toute fonction borélienne est fortement mesurable.

4) On suppose désormais que X est un espace de Banach dont la norme est notée $\| \ \|$ et le dual topologique X*. Une application f de (E, $\mathscr{A}$) dans X est dite *faiblement mesurable* si pour tout $x^* \in X^*$, l'application $x^* \circ f$ est mesurable. Montrer que f est fortement mesurable ssi

i) la condition i) de 2) est réalisée ;

ii) f est faiblement mesurable.

[On pourra se servir de la propriété suivante : « si un espace de Banach est séparable, la boule unité de X* admet un sous-ensemble dénombrable faiblement dense » et en déduire que $\| f \|$ est mesurable.]

*(3,29) Exercice. – 1) Soit (A_n) une classe dénombrable d'ensembles qui engendre la tribu $\mathcal{A}$ sur E. Montrer que si

$$f = \sum_0^\infty 2^{-2n} 1_{A_n},$$

on a $\sigma(f) = \mathcal{A}$.

2) Montrer que si (f_n) est une suite de fonctions à valeurs réelles, on peut trouver une fonction g sur E telle que $\sigma(g) = \sigma(f_n, n \geq 0)$ (cf. Ex. (3,23)).

3) Soit (f_t), $t \in [0, 1]$, une famille de fonctions de E dans $\mathbb{R}$, telle que pour tout x de E, l'application $t \to f_t(x)$ soit continue à droite (ou à gauche) ; montrer qu'il existe une fonction g sur E telle que $\sigma(g) = \sigma(f_t, t \in [0, 1])$.

*(3,30) Exercice. – (Tribu de Baire) 1) Soit E un espace topologique. On appelle tribu de Baire sur E, la plus petite tribu pour laquelle les fonctions continues sont mesurables. Montrer que la tribu de Baire est contenue dans la tribu borélienne $\mathcal{B}(E)$

2) Si E est métrisable montrer que la tribu de Baire est égale à $\mathcal{B}(E)$. On verra dans la Lecture 2 un exemple ou l'inclusion est stricte.

3) Si E est compact, montrer qu'une partie compacte K de E est dans la tribu de Baire ssi K est l'intersection d'une suite d'ouverts. [Pour montrer la nécessité on pourra se servir du fait qu'un ensemble de la tribu de Baire est dans la tribu engendrée par une suite de fonctions continues (cf. (3,23).]

*(3,31) Exercice. – Soit $\mathcal{H}$ un espace vectoriel réticulé de fonctions bornées sur E, contenant les constantes et tel que si (f_n) est une suite croissante de fonctions de $\mathcal{H}$ majorée par une constante fixe, alors $\lim f_n$ est dans $\mathcal{H}$. Montrer qu'il existe une tribu $\mathcal{A}$ sur E telle que $\mathcal{H}$ soit l'espace des fonctions $\mathcal{A}$-mesurables et bornées. [On peut poser $\mathcal{A} = \{A : 1_A \in \mathcal{H}\}$. D'autre part pour une fonction f et un réel a,

$$1_{\{f > a\}} = \lim_n \inf(1, n(f - a)^+).]$$

*(3,32) Exercice. – (Théorème d'Egorov) Soit $(E, \mathcal{A}, m)$ un espace mesuré fini et (f_n) une suite dans $\mathcal{F}(\mathcal{A})$ convergeant ponctuellement vers f. Pour k entier fixé, on pose

$$B(n, k) = \bigcup_{i=n}^{\infty} \{|f_i - f| > 1/k\}.$$

1) Montrer que $\bigcap_n B(n, k) = \varnothing$ et en déduire que pour tout $\varepsilon > 0$, il existe un entier n(k) tel que $m(B(n(k), k) \leq \varepsilon 2^{-k}$.

2) Montrer que pour tout $\varepsilon > 0$, il existe $A \in \mathcal{A}$ tel que $m(A) \leqslant \varepsilon$ et que (f_n) converge uniformément vers f sur A^c. Montrer que la propriété s'étend aux familles (f_t), $t \in \mathbb{R}_+$, convergeant vers f lorsque t tend vers l'infini, si pour tout x, l'application $t \to f_t(x)$ est continue. Ces propriétés subsistent-elles si m n'est plus supposée bornée ?

3) (Théorème de Lusin) On reprend la situation de l'exercice (2,26) et on suppose que tout fermé est réunion d'une suite de compacts ; montrer que pour toute fonction $\mathcal{B}(E)$-mesurable f et tout $\varepsilon > 0$, il existe un compact F_ε tel que $m(F_\varepsilon^c) \leqslant \varepsilon$ et la restriction de f à F_ε est continue.

4. Théorème de la classe monotone

Dans cette section nous introduisons une méthode annoncée dans la section 1, qui permet de manipuler plus facilement les tribus et de donner de nombreuses démonstrations de mesurabilité. Elle sera également très importante dans le chapitre V.

(4,1) Définition. – Une famille $\mathcal{M}$ de parties d'un ensemble E est appelée une *classe monotone* si

i) $E \in \mathcal{M}$;

ii) si A et B sont dans $\mathcal{M}$ et $A \subseteq B$ alors $B \setminus A \in \mathcal{M}$;

iii) si (A_n) est une suite croissante d'éléments de $\mathcal{M}$, alors $\bigcup A_n$ est dans $\mathcal{M}$.

Une tribu est une classe monotone ; nous allons donner une condition suffisante sous laquelle une classe monotone est une tribu. Le même raisonnement que celui fait pour les tribus montre que pour toute classe $\mathcal{C}$ de sous-ensembles de E il existe une plus petite classe monotone contenant $\mathcal{C}$ et qui sera notée $\mathcal{M}(\mathcal{C})$. On a évidemment $\mathcal{M}(\mathcal{C}) \subseteq \sigma(\mathcal{C})$ et réciproquement on a le

(4,2) Théorème. – (Théorème de la classe monotone) Si $\mathcal{C}$ est stable par les intersections finies, on a $\mathcal{M}(\mathcal{C}) = \sigma(\mathcal{C})$.

Démonstration. – Il suffit de démontrer que $\mathcal{M}(\mathcal{C})$ est une tribu ($) et pour ce faire il suffit de montrer que $\mathcal{M}(\mathcal{C})$ est stable par les intersections finies ; en effet grâce aux propriétés i) et ii) elle sera alors stable par les réunions finies, puis grâce à iii) par les réunions dénombrables.

Posons alors

$$\mathcal{M}_1 = \{A \in \mathcal{M}(\mathcal{C}) : A \cap B \in \mathcal{M}(\mathcal{C}) \text{ pour tout } B \in \mathcal{C}\}.$$

On vérifie facilement que $\mathcal{M}_1$ est une classe monotone, qui contient $\mathcal{C}$ puisque $\mathcal{C}$ est stable par les intersections finies, et qui est donc égale à $\mathcal{M}(\mathcal{C})$. On pose alors

$$\mathcal{M}_2 = \{A \in \mathcal{M}(\mathcal{C}) : A \cap B \in \mathcal{M}(\mathcal{C}) \text{ pour tout } B \in \mathcal{M}(\mathcal{C})\}.$$

On vérifie encore que $\mathcal{M}_2$ est une classe monotone et puisque $\mathcal{M}_1 = \mathcal{M}(\mathscr{C})$ on a $\mathcal{M}_2 \supseteq \mathscr{C}$ et donc $\mathcal{M}_2 = \mathcal{M}(\mathscr{C})$. Mais dire que $\mathcal{M}_2 = \mathcal{M}(\mathscr{C})$, c'est précisément dire que $\mathcal{M}(\mathscr{C})$ est stable par les intersections finies.

Nous allons maintenant donner quelques exemples importants d'applications de ce résultat ; le lecteur en trouvera d'autres dans les exercices.

(4,3) Corollaire. – (Lemme d'unicité des mesures) Si $\mathscr{C}$ est une classe stable par intersections finies et engendrant $\mathscr{A}$,

i) deux mesures bornées sur $\mathscr{A}$ de même masse totale et égales sur $\mathscr{C}$ sont égales ;

ii) deux mesures σ-finies μ et ν sur $\mathscr{A}$ égales sur $\mathscr{C}$ et telles qu'il existe une suite (E_n) dans $\mathscr{C}$ pour laquelle $E = \bigcup E_n$ et

$$\mu(E_n) = \nu(E_n) < \infty$$

quel que soit n, sont égales.

Démonstration. – Soient μ et ν deux mesures bornées de même masse totale. La classe

$$\mathcal{M} = \{A \in \mathscr{A} \; ; \; \mu(A) = \nu(A)\}$$

est une classe monotone comme il résulte facilement des propositions (2,2) et (2,3). Comme $\mathcal{M}$ contient $\mathscr{C}$, le théorème de la classe monotone entraîne que $\mathcal{M}$ contient $\sigma(\mathscr{C})$ ce qu'il fallait démontrer. Le cas des mesures σ-finies s'obtient en considérant pour chaque n la trace de μ et ν sur E_n ; les détails sont laissés au lecteur. □

La classe des pavés ouverts de $\mathbb{R}^d$ étant stable par intersections finies et engendrant $\mathscr{B}(\mathbb{R}^d)$, le résultat précédent montre l'unicité de la mesure de Lebesgue définie dans le théorème (2,6). On a de plus le

(4,4) Corollaire. – La mesure de Lebesgue λ est invariante par translation.

Avant de passer à la démonstration précisons ce qu'il faut entendre par l'énoncé ci-dessus. Pour tout $x \in \mathbb{R}^d$, la translation $\tau_x : y \to x + y$ est une bijection continue donc mesurable de $\mathbb{R}^d$ dans lui-même. Le corollaire dit que l'image $\tau_x\lambda$ (Ex. (3,18)) de λ par τ_x est égale à λ elle-même. Une autre façon d'énoncer le Corollaire (4,4) est de poser pour un sous-ensemble A de $\mathbb{R}^d$,

$$A + x = \{y + x : y \in A\},$$

et de dire que $\lambda(A) = \lambda(A + x)$ pour tout x de $\mathbb{R}^d$ et tout $A \in \mathscr{B}(\mathbb{R}^d)$.

Démonstration. – Les mesures $\tau_x\lambda$ et λ sont égales sur la classe des pavés ouverts et on peut donc appliquer le résultat précédent en prenant par exemple pour E_n le pavé de côtés $]-n, n[$. Ceci montre l'invariance de λ par translation. □

La mesure de Lebesgue est en fait la seule mesure – à un facteur multiplicatif près – finie sur les compacts et qui possède cette propriété. Plus précisément

(4,5) Proposition. – Si une mesure de Radon m sur $\mathcal{B}(\mathbb{R}^d)$ est invariante par translation, il existe une constante C telle que $m = C\lambda$.

Démonstration. – Soit Ω_n l'ensemble des pavés qui sont produits d'intervalles dyadiques de la forme $[k2^{-n}, (k+1)2^{-n}[$, $k \in \mathbb{Z}$. On pose $C = m(A)$ pour un ensemble A arbitraire de Ω_0; comme m est invariante par translation, la constante C ne dépend pas du choix de A dans Ω_0 et comme A est relativement compact on a $C < \infty$. L'ensemble A est la réunion disjointe de 2nd éléments de Ω_n. Comme tous ces éléments se déduisent les uns des autres par translation, ils ont la même m-mesure, soit $m(B)$, et on a donc

$$2^{nd} m(B) = m(A) = C\,;$$

il en résulte que pour tout $B \in \Omega_n$, on a

$$m(B) = C\,2^{-nd} = C\,\lambda(B).$$

Les mesures m et $C\lambda$ coïncident donc sur la classe $\bigcup \Omega_n$ qui est stable par intersection finie et qui engendre la tribu $\mathcal{B}(\mathbb{R}^d)$ ($), ce qui termine la démonstration. □

Le théorème de la classe monotone peut aussi s'appliquer aux espaces de fonctions mesurables. Nous donnons ci-dessous un échantillon du type de résultats que l'on peut obtenir de cette façon.

(4,6) Proposition. – Soit $\mathcal{H}$ un espace vectoriel de fonctions réelles sur E, contenant les constantes, réticulé inférieurement et stable par limite simple croissante. Si $\mathcal{H}$ contient les fonctions indicatrices des ensembles d'une classe $\mathcal{C}$ de sous-ensembles de E, il contient toutes les fonctions $\sigma(\mathcal{C})$-mesurables.

Démonstration. – Comme $\mathcal{H}$ est réticulé inférieurement il contient aussi les indicatrices des ensembles de la classe $\mathcal{C}_d$ obtenue à partir de $\mathcal{C}$ par saturation par intersections finies. Soit alors

$$\mathcal{M} = \{A \subseteq E : 1_A \in \mathcal{H}\}.$$

Comme $1 \in \mathcal{H}$, on a $E \in \mathcal{M}$. Comme $\mathcal{H}$ est un espace vectoriel, si $A, B \in \mathcal{M}$ et $A \subseteq B$, alors $B \setminus A \in \mathcal{M}$. Comme $\mathcal{H}$ est stable par limites croissantes, $\mathcal{M}$ est également stable par limites croissantes. Par conséquent $\mathcal{M}$ est une classe monotone qui d'après le théorème (4,2) contient $\sigma(\mathcal{C}_d) = \sigma(\mathcal{C})$.

Il est maintenant clair, puisque $\mathcal{H}$ est un espace vectoriel, qu'il contient toutes les fonctions $\sigma(\mathcal{C})$-mesurables étagées, puis en utilisant les limites croissantes et la proposition (3,11), toutes les fonctions $\sigma(\mathcal{C})$-mesurables positives; finalement grâce à la décomposition $f = f^+ - f^-$, $\mathcal{H}$ contient bien toutes les fonctions $\sigma(\mathcal{C})$-mesurables. □

Remarque. – Si dans le résultat précédent $\mathcal{C}$ est stable par les intersections finies, il n'est pas nécessaire de supposer que $\mathcal{H}$ est réticulé inférieurement.

Nous allons maintenant donner une version fonctionnelle du théorème de la classe monotone qui sera utilisée dans quelques exercices. Si $\mathscr{G}$ est une classe de fonctions réelles sur E, on notera $\sigma(g, g \in \mathscr{G})$ la plus petite tribu qui rende mesurable tous les éléments de $\mathscr{G}$ (cf. Ex. (3,23)).

(4,7) Proposition. – Soit $\mathscr{H}$ un espace vectoriel de fonctions bornées sur E, contenant les constantes et possèdant la propriété (p) suivante : si (f_n) est une suite croissante d'éléments de $\mathscr{H}$ dont la limite f est bornée, alors f est dans $\mathscr{H}$.

Si $\mathscr{G}$ est un sous-ensemble de $\mathscr{H}$ stable par multiplication alors $\mathscr{H}$ contient toutes les fonctions $\sigma(g, g \in \mathscr{G})$-mesurables et bornées.

Démonstration. – On commence par montrer que (p) entraîne que $\mathscr{H}$ est fermé pour la convergence uniforme. Soit en effet (f_n) une suite d'éléments de $\mathscr{H}$ convergeant uniformément vers f. On pose $\varepsilon_n = \|f_{n+1} - f_n\|$ et, quitte à considérer une sous-suite, nous pouvons supposer que la série $\sum\varepsilon_n$ est convergente. On appelle a_n le reste d'ordre n de cette série et on pose $g_n = f_n - a_n$. Les fonctions g_n sont dans $\mathscr{H}$ puisque $\mathscr{H}$ contient les constantes, et comme $g_{n+1} - g_n = f_{n+1} - f_n + \varepsilon_n$, la suite (g_n) est croissante; comme (g_n) tend vers f, la propriété (p) entraîne que $f \in \mathscr{H}$, ce qu'il fallait démontrer.

Soit alors $f_1, f_2, ..., f_d$ une suite finie d'éléments de $\mathscr{G}$ et Φ une fonction continue de $\mathbb{R}^d$ dans $\mathbb{R}$. Soit K un nombre réel tel que $\sup\{\|f_i\| : i = 1, 2, ..., d\} < K$; la fonction Φ est d'après le théorème de Stone-Weierstrass, limite uniforme sur la boule fermée de rayon K d'une suite de polynômes P_n. Or pour tout n, $P_n(f_1, ..., f_d)$ est dans $\mathscr{H}$ puisque $\mathscr{G}$ est stable par multiplication et par suite $\Phi(f_1, f_2, ..., f_d)$ est dans $\mathscr{H}$.

Si on applique ce qui précède à la fonction

$$\Phi_r(x_1, ..., x_d) = \prod_1^d \inf(1, r(x_i - a_i)^+)$$

avec $r > 0$ et $a_i \in \mathbb{R}$, et que l'on fait tendre r vers l'infini on trouve que la fonction indicatrice de $\{f_1 > a_1, f_2 > a_2, ..., f_d > a_d\}$ est dans $\mathscr{H}$. On conclut alors par la proposition précédente ou par la remarque qui la suit. □

(4,8) Exercice. – (Invariance de la mesure de Lebesgue par homothétie) Si α est un scalaire non nul et si on pose

$$\alpha A = \{\alpha x : x \in A\},$$

montrer que αA est borélien ssi A est borélien et que si λ est la mesure de Lebesgue,

$$\lambda(\alpha A) = |\alpha|^d \lambda(A).$$

(4,9) Exercice. – Montrer qu'une mesure de Radon μ sur $\mathbb{R}^d$ est de la forme $\sum k_n \varepsilon_{x_n}$ avec $k_n \in \mathbb{N}$, ssi $\mu(I) \in \mathbb{N} \cup \{\infty\}$ pour tout pavé ouvert I à extrémités rationnelles.

[On pourra montrer que si $\mu(I)$ est entier pour tout I, alors, pour tout x de $\mathbb{R}^d$, il existe un voisinage V_x de x tel que $\mu(\{x\}) = \mu(V_x)$.]

(4,10) EXERCICE. – Montrer que l'ensemble des mesures bornées sur la tribu borélienne de $\mathbb{R}^d$ a la puissance du continu.

*(4,11) EXERCICE. – 1) (Théorème d'approximation) Soit (E, $\mathcal{A}$, m) un espace mesuré fini, et $\mathcal{B}$ une algèbre de Boole de parties de E (cf. Ex. (1,14)) telle que $\sigma(\mathcal{B}) = \mathcal{A}$. Montrer que pour tout $\varepsilon > 0$ et tout $A \in \mathcal{A}$, il existe $B \in \mathcal{B}$ tel que $m(A \Delta B) < \varepsilon$. [On montrera que

$$\mathscr{C} = \{A \in \mathcal{A} : \forall \varepsilon > 0, \quad \exists B \in \mathcal{B} \qquad m(A \Delta B) < \varepsilon\}$$

est une classe monotone.]

2) En déduire que tout élément de $\mathcal{A}$ ne diffère d'un élément de $\mathcal{B}_{\sigma\delta}$ (ou $\mathcal{B}_{\delta\sigma}$) (f. (0,3,27)) que par un ensemble de mesure nulle.

3) Montrer que si $(E, \mathcal{A}) = (\mathbb{R}^d, \mathcal{B}(R^d))$, un ensemble A est de mesure nulle ssi pour tout $\varepsilon > 0$, il existe une suite de pavés P_i recouvrant A et telle que $m(\bigcup P_i) \leqslant \varepsilon$.

4) Si μ et ν sont deux mesures bornées sur (E, $\mathcal{A}$) montrer que pour tout $A \in \mathcal{A}$ et $\varepsilon > 0$, il existe $B \in \mathcal{B}$ tel que $\mu(A \Delta B) < \varepsilon$ et $\nu(A \Delta B) < \varepsilon$.

5) Soit (E, $\mathcal{A}$) un espace mesurable ; pour $x \in E$, on pose

$$A(x) = \bigcap \{B \in \mathcal{A} : x \in B\}.$$

Si $\mathcal{A}$ est engendrée par une algèbre dénombrable, prouver que A(x) est mesurable. [On démontrera que l'on peut remplacer $\mathcal{A}$ par l'algèbre dans la définition de A(x).] Les questions 4) et 5) sont indépendantes de 2) et 3).

*(4,12) EXERCICE. – Soit P une probabilité sur (E, $\mathcal{A}$). Des sous-tribus $\mathcal{B}_i$, i = 1, 2, ..., n, de $\mathcal{A}$, sont dites *indépendantes* si

$$P\left(\bigcap_1^n B_i\right) = \prod_1^n P(B_i)$$

pour tout choix de B_i dans $\mathcal{B}_i$. Il s'agit là d'une notion fondamentale en théorie des probabilités.

1) Si pour chaque i, on a $\mathcal{B}_i = \sigma(\mathscr{C}_i)$ où $\mathscr{C}_i$ est une classe stable par intersection finie et contenant E, les tribus $\mathcal{B}_i$ sont indépendantes ssi

$$P\left(\bigcap_1^n C_i\right) = \prod_1^n P(C_i)$$

pour tout choix de C_i dans $\mathscr{C}_i$.

2) Si (E, $\mathcal{A}$, P) est le cube unité de $\mathbb{R}^d$ muni de la mesure de Lebesgue, montrer que les tribus engendrées par les applications coordonnées (cf. (3,23)) sont indépendantes.

3) Si $\mathcal{B}_1$, $\mathcal{B}_2$ et $\mathcal{B}_3$ sont trois sous-tribus indépendantes montrer que $\mathcal{B}_1$ et $\sigma(\mathcal{B}_2 \cup \mathcal{B}_3)$ sont indépendantes.

(4,13) Exercice. – Soit (E, $\mathcal{A}$, m) un espace mesuré fini, $\mathcal{C}$ une classe stable par intersection finie et engendrant $\mathcal{A}$, et θ une application mesurable de (E, $\mathcal{A}$) dans lui-même. Montrer que si $m(C) = m(A^{-1}(C))$ pour tout C de $\mathcal{C}$, alors $m(A) = m(\theta^{-1}(A))$ pour tout A de $\mathcal{A}$. On dit alors que m est invariante par θ.

*(4,14) Exercice. – 1) Soit $\mathcal{K}$ un cône réticulé inférieurement de fonctions bornées positives sur un ensemble E contenant la constante 1_E. Montrer que le plus petit espace vectoriel contenant $\mathcal{K}$ et fermé pour la convergence uniforme est réticulé.

2) Si $\mathcal{K} \subset \mathcal{H}$ où $\mathcal{H}$ satisfait aux hypothèses de la proposition (4,7), alors $\mathcal{H}$ contient toutes les fonctions $\sigma(f, f \in \mathcal{K})$ -mesurables et bornées.

5. Première approche du problème de l'existence des mesures

Les théorèmes généraux d'existence de mesures seront donnés dans le chapitre IV, mais nous allons donner ici quelques premières idées de façon à faire saisir l'étendue de la classe des mesures. Cette section peut néanmoins être sautée sans que cela entrave la compréhension des sections (II, 1) à (II, 4).

La définition d'une algèbre de Boole de parties de E a été donnée dans l'exercice (1,14). La famille des réunions finies d'intervalles de $\mathbb{R}$ disjoints, ouverts à gauche et fermés à droite, i.e. d'une des trois formes $]-\infty, x]$, $]x, y]$, $]x, \infty[$, est une algèbre de parties de $\mathbb{R}$ que l'on notera $\mathcal{B}$.

On définit une *mesure* sur une algèbre exactement comme pour une σ-algèbre, la propriété d'additivité dénombrable devant se comprendre : si (A_n) est une suite d'éléments de l'algèbre deux à deux disjoints et dont la réunion est encore dans l'algèbre alors

$$m\left(\bigcup_n A_n\right) = \sum_n m(A_n).$$

On dira encore que m est bornée si $m(E) < \infty$ et par un raisonnement semblable à celui de la proposition (2,3) on obtient la

(5,1) Proposition. – Si m est une fonction additive définie sur une algèbre de parties de E telle que $m(E) < \infty$, alors m est une mesure ssi : pour toute suite (A_n) d'éléments de l'algèbre décroissant vers $\emptyset$, on a $\lim_n m(A_n) = 0$.

Un outil fondamental pour prouver l'existence de mesures sur les tribus est le théorème suivant dû à Caratheodory.

(5,2) Théorème. – (Théorème de prolongement) Si m est une mesure bornée sur une algèbre $\mathscr{B}$, il existe une mesure sur la tribu $\sigma(\mathscr{B})$ qui coïncide avec m sur $\mathscr{B}$.

Ce théorème sera démontré dans la section (IV,1) et nous allons illustrer son utilisation en caractérisant les mesures de Radon sur $\mathbb{R}$. Observons auparavant que, grâce au théorème de la classe monotone (Corollaire (4,3)), le prolongement dont le théorème de Caratheodory assure l'existence est unique.

Soit m une mesure de Radon sur $\mathbb{R}$. On appelle *fonction de répartition* ou *primitive* de m la fonction F_m définie sur $\mathbb{R}$ par

$$F_m(x) = m(]0, x]) \quad \text{pour} \quad x \geqslant 0,$$
$$F_m(x) = -\, m(]x, 0]) \quad \text{pour} \quad x < 0.$$

(5,3) Proposition. – La fonction F_m est finie partout, nulle en zéro, croissante et continue à droite et c'est la seule fonction ayant ces propriétés et telle que pour tous $a, b \in \mathbb{R}$, $a < b$, on ait

$$m(]a, b]) = F_m(b) - F_m(a).$$

Démonstration. – Laissée en exercice au lecteur.

On remarque que puisque F_m est croissante il existe une limite à gauche $F_m(x-)$ en tout point x et que $F_m(x) - F_m(x-) = m(\{x\})$. En particulier, F_m est continue ssi m est diffuse (Ex. (2,17)). Pareillement, il existe une limite $F_m(-\infty)$ (resp. $F_m(\infty)$) en $-\infty$ (resp. $+\infty$) et ces limites sont finies ssi m est bornée ($). Nous allons maintenant démontrer le

(5,4) Théorème. – Toute fonction F, finie partout sur $\mathbb{R}$, nulle en zéro, croissante et continue à droite, est la fonction de répartition d'une unique mesure de Radon sur $\mathbb{R}$.

Démonstration. – On commence par supposer que $F(-\infty)$ et $F(\infty)$ sont finies. On définit alors une fonction m sur l'algèbre $\mathscr{B}$ définie plus haut en posant $m(]a, b]) = F(b) - F(a)$, $m(]-\infty, a]) = F(a) - F(-\infty)$ et $m(]a, \infty[) = F(\infty) - F(a)$ et en étendant m à l'algèbre $\mathscr{B}$ par additivité. La fonction m ainsi définie est positive parce que F est croissante, additive par construction ($), et $m(\mathbb{R}) = F(\infty) - F(-\infty) < \infty$. Vu le théorème de prolongement et puisque $\sigma(\mathscr{B}) = \mathscr{B}(\mathbb{R})$, il ne reste plus à montrer que la σ-additivité de m sur $\mathscr{B}$.

Soit (A_n) une suite d'éléments de $\mathscr{B}$ décroissant vers $\emptyset$. A cause de la continuité à droite, on peut, pour tout $\varepsilon > 0$, trouver des ensembles A'_n de $\mathscr{B}$ tels que $\overline{A'_n} \subseteq A_n$, $\overline{A'_n}$

soit compact et $m(A_n \setminus A'_n) < \varepsilon 2^{-n}$ ($). On a a fortiori $\bigcap \bar{A}'_n = \varnothing$, et par la compacité des $\bar{A}'_n$, il existe un entier N tel que $\bigcap_1^N A'_n = \varnothing$. Il en résulte ($) l'inclusion

$$A_N \subseteq \bigcup_1^N (A_n - A'_n),$$

et par suite que

$$m(A_N) \leqslant \sum_1^N \varepsilon 2^{-n} \leqslant \varepsilon.$$

Comme ε est arbitraire ceci entraîne, via la proposition (5,1), que m est σ-additive sur $\mathcal{B}$. Le cas général des mesures de Radon se traite facilement à partir de celui des mesures bornées.

L'unicité résulte du théorème de la classe monotone. □

On voit en particulier qu'en prenant F(x) = x dans le résultat précédent on obtient l'existence de la mesure de Lebesgue sur $\mathbb{R}$.

Remarque. – Si dans l'énoncé précédent on omet la condition de nullité en zéro, on a toute une famille de fonctions F qui redonnent la mesure m, ces fonctions se déduisant les unes les autres par addition d'une constante. Dans le cas des probabilités il est habituel de prendre celle qui s'annule en $-\infty$ plutôt que celle qui s'annule en zéro.

(5,6) Exercice. – Soit E un ensemble infini et $\mathcal{A}$ l'algèbre engendrée par les singletons. La fonction υ définie par υ(A) = 0 si A est fini et υ(A) = 1 si A^c est fini, est σ-additive ssi E a une puissance supérieure au dénombrable. Décrire dans ce cas le prolongement à $\sigma(\mathcal{A})$. [Revoir l'exercice (2,18)]

(5,7) Exercice. – Sur l'algèbre des sommes finies d'intervalles de $\mathbb{R}$ (Ex. (1,14)) on définit une fonction d'ensembles υ par

$$\upsilon(A) = \begin{cases} 1 & \text{si} \quad 0 \in \mathring{\bar{A}}, \\ 1/2 & \text{si} \quad 0 \in \bar{A} \quad \text{et} \quad 0 \notin \mathring{\bar{A}} \\ 0 & \text{si} \quad 0 \notin \bar{A}. \end{cases}$$

Montrer que υ est additive mais pas σ-additive.

*(5,8) Exercice. – Étendre à $\mathbb{R}^d$ les résultats du Théorème (5,4). Démontrer notamment l'existence de la mesure de Lebesgue dans $\mathbb{R}^d$.

(5,9) Exercice. – Soit m une fonction additive définie sur une algèbre $\mathcal{B}$ de parties de E. Si μ est une mesure bornée telle que $m(A) \leqslant \mu(A)$ pour tout $A \in \mathcal{B}$, alors m est une mesure.

(5,10) Exercice. – Si μ est une mesure sur $\mathcal{B}(\mathbb{R})$ on peut résoudre (2,25) 3) sans avoir recours au lemme de Zorn. Plus précisément, on peut trouver pour tout a tel que $0 < a < \mu(\mathbb{R})$, un intervalle I de $\mathbb{R}$ tel que $\mu(I) = a$.

**(5,11) Exercice. – Soit μ une probabilité diffuse sur $\mathcal{B}(\mathbb{R})$ et F_μ sa fonction de répartition nulle en $-\infty$.

1) Montrer que l'ensemble $A = \{t : F_\mu(t) < 1\}$ porte μ, i.e. $\mu(A^c) = 0$.

2) Si υ est une deuxième probabilité sur $\mathcal{B}(\mathbb{R})$, montrer que la fonction τ définie par

$$\tau(t) = \inf\{s : F_\upsilon(s) \geqslant F_\mu(t)\}$$

est bien définie et finie sur A. Montrer que τ est croissante donc mesurable et que υ est l'image par τ (Ex. (3,18)) de la trace de μ sur A.

3) Si μ et υ sont deux mesures bornées sur $\mathcal{B}(\mathbb{R})$ telle que μ soit diffuse et $\upsilon(\mathbb{R}) \leqslant \mu(\mathbb{R})$, alors il existe une application croissante τ de $\mathbb{R}$ dans $\mathbb{R} \cup \{\infty\}$ telle que υ soit la restriction à $\mathbb{R}$ de l'image de μ par τ.

Lecture 1. – La théorie des probabilités

Il existe toute une théorie mathématique, la théorie des probabilités, qui est basée sur le modèle $(E, \mathcal{A}, m)$ décrit dans ce chapitre et qui fournit – s'il en était besoin – une autre justification de son étude.

Cette théorie vise à fournir et à étudier un modèle des phénomènes où intervient le hasard. Nous entendons par là un processus ou expérience de la vie quotidienne, scientifique ou autre, qui va produire un résultat dont on peut a priori dire deux choses :

i) ce sera un résultat bien déterminé choisi dans un ensemble bien fixé de résultats possibles ;

ii) on ne sait pas à l'avance avec certitude quel est le résultat que l'on va obtenir.

Les exemples de telles situations sont innombrables ; le lecteur pourra penser aux jeux de hasard, au sexe d'un enfant à naître, au point d'impact d'un projectile, au temps d'attente d'un client au guichet d'une banque, à la courbe des puissances appelées sur le réseau EDF pendant une période donnée, à la durée de vie d'un atome radioactif, etc.

Traditionnellement on désigne par Ω l'ensemble des résultats possibles. Cet ensemble peut être très grand. Par exemple, une particule de pollen en suspension dans un liquide suit pendant un intervalle de temps unité, un trajet erratique appelé mouvement brownien, du nom de son découvreur, et qui satisfait bien aux deux conditions de plus haut. Dans ce cas Ω est l'espace $C([0, 1], \mathbb{R}^2)$ et il est difficile pour un observateur de dire exactement quelle courbe continue dans le plan a été suivie par la particule. Ce qu'un observateur pourra dire, c'est que cette courbe appartient ou non à certaines familles de courbes autrement dit à certains sous-ensembles de Ω, ces ensembles étant d'autant plus fins que l'observateur est plus malin ou mieux outillé. Un moment de réflexion montre que la famille de ces ensembles n'est pas quelconque ; elle est stable par passage au complémentaire car si on est capable de dire si la courbe choisie appartient ou non à A on peut dire la même chose pour A^c et de la même façon elle est stable par réunion finie. De plus elle contient évidemment Ω, bref, c'est une algèbre $\mathcal{B}$ de parties de Ω. Cette analyse est valable pour toutes les situations du type décrit plus haut, et donc on munit l'ensemble Ω des résultats possibles d'une algèbre $\mathcal{B}$ correspondant, pour employer le langage traditionnel, aux *événements* dont un observateur fixé peut dire s'ils sont réalisés ou non. Même dans le cas des jeux de hasard, on n'a pas toujours $\mathcal{B} = \mathcal{P}(\Omega)$, car il se peut qu'on ne dispose que d'une information partielle sur le résultat de l'expérience.

Maintenant, à un ensemble $A \in \mathcal{B}$, on a envie d'associer un nombre qui mesure la « chance » que le résultat de l'expérience a de se trouver dans l'ensemble A ou, en d'autres termes, que l'événement A a d'être réalisé. Appelons ce nombre p(A). Intuitivement, on a $0 < p(A) < 1$, $p(\Omega) = 1$ et si A et B sont deux ensembles disjoints on doit avoir $p(A \cup B) = p(A) + p(B)$, autrement dit la fonction p définie sur $\mathcal{B}$ est additive. Une autre justification de ceci est la *loi empirique des grands nombres.* Si on peut répéter la même expérience $\mathcal{E}$ un grand nombre de fois dans des conditions identiques et qu'on appelle n(A) le nombre de fois où le résultat a appartenu à A au cours de n répétitions de $\mathcal{E}$, on observe que le rapport n(A)/n tend vers une limite p(A) lorsque n augmente. Or d'une part il est clair que l'on a alors $p(A \cup B) = p(A) + p(B)$ et d'autre part on peut effectivement penser que ce nombre représente bien la « chance » que l'on a de voir le résultat appartenir à A dans une réalisation de l'expérience. L'expérience est alors modélisée par le triplet $(\Omega, \mathcal{B}, p)$ qui rend compte de l'ensemble des résultats possibles, des parties de Ω dans lesquelles l'observateur de l'expérience est capable de dire si le résultat se trouve ou non et des « chances » de chacune de ces parties.

Ce modèle se révèle vite insuffisant dès que l'expérience à modéliser est tant soit peu compliquée. D'autre part pour être cohérents il faut être capables de démontrer un résultat théorique qui explique la loi empirique des grands nombres et qu'on appellera la loi des grands nombres. Par exemple, dans une partie « infinie » de jeux de pile ou face, on voudra que la fréquence f(n) des piles au cours des n premières parties converge vers 1/2. Pour faire ceci on va être amenés à considérer pour $\varepsilon > 0$, l'ensemble A des jeux infinis ω tels que $|f(n)(\omega) - 1/2| < \varepsilon$ à partir d'un certain rang et se poser la question de trouver le nombre p(A). On écrira

$$A = \bigcup_n \bigcap_{m \geq n} \{\omega : |f(m)(\omega) - 1/2| < \varepsilon\}$$

et le calcul de p(A) va donc impliquer des passages à la limite. Ceci n'est possible que si $\mathcal{B}$ est stable par les opérations dénombrables et si p a de bonnes propriétés relativement à ces passages à la limite, donc en fait si p est σ-additive. Notre modèle définitif sera donc un triplet $(\Omega, \mathcal{B}, P)$ où $\mathcal{B}$ sera une tribu de parties de Ω et P une probabilité sur $\mathcal{B}$. Ce modèle qui a été mis au point dans les années 20, notamment par le mathématicien russe A. N. Kolmogorov, s'est révélé tout à fait bien adapté à la modélisation et à l'étude des phénomènes où le hasard intervient. C'est le modèle de base de la *théorie des probabilités* ainsi que de la *statistique mathématique* disciplines indispensables dans de nombreuses branches de l'activité scientifique et professionnelle. Il a permis en particulier de fonder et de développer la très importante théorie des *processus stochastiques*, c'est-à-dire des phénomènes qui dépendent à la fois du temps et du hasard dont le jeu de pile ou face est l'exemple le plus simple et le mouvement brownien l'exemple le plus fameux. Ces phénomènes se rencontrent quotidiennement et leur étude comporte de nombreuses branches de caractères théoriques ou appliquées plus ou moins marqués : processus de Markov, martingales, processus stationnaires, séries chronologiques, files d'attentes, théorie du signal, etc.

CHAPITRE II

Intégration

Ce chapitre est fondamental puisque nous y construisons dans les sections 1 et 2 l'intégrale d'une fonction par rapport à une mesure. L'idée de la construction est d'étendre la mesure par linéarité aux combinaisons linéaires d'indicatrices, autrement dit aux fonctions étagées, puis en utilisant la proposition (I,3,11) et un passage à la limite croissant, aux fonctions mesurables positives. (En fait on obtient un exposé un peu plus simple en remplaçant la limite croissante par une enveloppe supérieure.) On remarque que ceci correspond bien à ce qu'on a vu de manière intuitive dans l'introduction à propos de l'exemple du moment d'inertie. Par linéarité, on passe ensuite aux fonctions de signe quelconque. La section 2 contient le fondamental théorème de passage à la limite pour les intégrales.

Dans la section 3 on donne des méthodes de calcul effectifs des intégrales dans le cas de la mesure de Lebesgue, puis dans la section 4 on étudie l'ensemble des fonctions intégrables. Finalement, la section 5 traite des rapports avec l'intégrale de Riemann.

1. Intégrale des fonctions positives

Dans cette section on considère un espace mesuré (E, $\mathcal{A}$, m) donné une fois pour toutes ; en particulier, « mesurable » y signifiera « mesurable par rapport à $\mathcal{A}$ ».

(1,1) Définition. – Si f est une fonction étagée positive, on appelle *intégrale de* f (par rapport à m) et on note $\int f\,dm$, le nombre (éventuellement + ∞)

$$\sum \alpha\, m(\{f = \alpha\}),$$

avec la convention que $0 \times (+\infty) = 0$.

Cette convention sera justifiée plus loin. La somme dans la définition est une somme finie puisque f ne prend qu'un nombre fini de valeurs ; d'autre part, pour toute écriture de f sous la forme $\sum_i \alpha_i 1_{A_i}$ où $\alpha_i \in \mathbb{R}_+$, on a

$$\int f\,dm = \sum_i \alpha_i m(A_i).$$

L'intégrale des fonctions étagées est donc définie à partir de la mesure par « linéarité » ; mais insistons encore sur le fait que l'intégrale peut être infinie, ce qui se produit si on a $\alpha_i > 0$ et $m(A_i) = \infty$ pour au moins un i.

(1,2) Proposition. – L'application $f \to \int f\,dm$ du cône $\mathscr{E}_+$ des fonctions étagées positives dans $\overline{\mathbb{R}}_+$, jouit des propriétés suivantes :

i) (semi-linéarité) pour tous a, b $\in \mathbb{R}_+$ et f, g $\in \mathscr{E}_+$,

$$\int (af + bg)\,dm = a \int f\,dm + b \int g\,dm\,;$$

ii) (croissance) si f, g $\in \mathscr{E}_+$ et $f \leq g$,

$$\int f\,dm \leq \int g\,dm.$$

Démonstration. – Si f et g sont étagées, on peut les écrire

$$f = \Sigma\,\alpha_i 1_{A_i},\ g = \Sigma\,\beta_j 1_{B_j},$$

où (A_i) et (B_j) sont des partitions finies, mesurables, de E. On a donc

$$\begin{aligned}\int (af + bg)\,dm &= \sum_{i,j} (a\alpha_i + b\beta_j)\,m(A_i \cap B_j)\\ &= a \sum_i \alpha_i \sum_j m(A_i \cap B_j) + b \sum_j \beta_j \sum_i m(A_i \cap B_j)\end{aligned}$$

et puisque (A_i) et (B_j) sont des partitions, ceci vaut encore

$$a \sum_i \alpha_i\,m(A_i) + b \sum_j \beta_j\,m(B_j) = a \int f\,dm + b \int g\,dm.$$

La propriété de croissance résulte immédiatement de la propriété i) en écrivant $g = f + (g - f)$ car $g - f$ est une fonction étagée positive (cf. Proposition (I,3,10).

Voici la définition fondamentale de ce livre.

(1,3) Définition. – Si f est une fonction mesurable et positive (pouvant prendre des valeurs infinies) on appelle *intégrale de f (par rapport à m)* et l'on note $\int f\,dm$ le nombre (éventuellement $+\infty$)

$$\sup\left\{\int g\,dm\,;\ g \text{ étagée, } g \leq f\right\}.$$

La fonction f sera dite *intégrable* si $\int f\,dm < \infty$.

L'intégrale de f par rapport à m, est encore notée de plusieurs autres façons parmi lesquelles on a :

$$\int_E f\,dm,\quad \int f(x)\,m(dx),\quad \int f(x)\,dm(x),\quad < f, m >,\quad < m, f >,\quad m(f).$$

Ces diverses notations ont toutes leur intérêt et correspondent à des points de vues un peu différents sur l'intégrale. Par exemple l'intégrale d'une fonction étagée est donnée par la formule de la définition (1,1) ; en particulier pour $A \in \mathcal{A}$, on a $\int 1_A dm = m(A)$, et l'intégrale apparaît comme un prolongement de la mesure ce qui justifie de conserver la même notation. Soit dit en passant, 1_A est intégrable ssi $m(A) < \infty$. De même les notations $< m, f >$ et $< f, m >$, qui rappellent celle couramment utilisée pour un produit scalaire, correspondent à l'idée qu'il y a une dualité entre fonctions et mesures et que l'application $(f, m) \to \int f\, dm$ est une forme « bilinéaire », idée qui sera précisée dans la suite. Les notations faisant apparaître la variable muette x sont utiles lorsque plusieurs espaces sont en jeu ou lorsqu'on procède à des changements de variable comme on verra dans la section 3 et dans le chapitre V.

L'application $f \to \int f\, dm$ qui vient d'être définie jouit des propriétés de *croissance* et de *continuité monotone séquentielle* suivantes :

(1,4) Proposition. – i) Si $f \leqslant g$, alors $\int f\, dm \leqslant \int g\, dm$;
ii) si (f_n) est une suite croissante de fonctions mesurables positives, alors

$$\int \left(\lim_n f_n\right) dm = \lim_n \int f_n\, dm,$$

et cette deuxième limite est une limite croissante.

Remarque. – La propriété ii), à laquelle on réfère parfois sous le nom de Théorème de *Beppo-Lévi*, dit que pour une suite croissante on peut intervertir les opérations d'intégration et de passage à la limite ; on peut aussi l'énoncer

$$\int (\sup f_n)\, dm = \sup \int f_n\, dm.$$

Démonstration. – La propriété de croissance résulte immédiatement de la définition puisque toute fonction étagée inférieure à f est a fortiori inférieure à g. Il en résulte que si la suite (f_n) est croissante, la suite des intégrales $\int f_n\, dm$ est croissante et converge donc vers $\sup (\int f_n\, dm)$. Comme $f_n \leqslant \sup (f_n)$ pour chaque n, la propriété de croissance entraîne aussi que

$$\lim_n \int f_n\, dm \leqslant \int \left(\lim_n f_n\right) dm.$$

Nous devons montrer l'inégalité inverse.

Posons $f = \lim_n f_n$. Il suffit de montrer que pour toute fonction étagée positive $g \leqslant f$, on a $\int g\, dm \leqslant \lim_n \int f_n\, dm$. Soit alors $a \in [0, 1[$ et posons $E_n = \{x : ag(x) \leqslant f_n(x)\}$.
La suite E_n est croissante et a pour limite E ; en effet, de par le choix de a, pour tout x de $\{f > 0\}$ on a $ag(x) < f(x)$ et comme $f_n(x)$ croît vers $f(x)$, il en résulte que $ag(x) \leqslant f_n(x)$ à partir d'un certain rang.

La définition de E_n entraîne que $a 1_{E_n} g \leqslant f_n$, et d'après la propriété de croissance, on a donc

$$a \int 1_{E_n} g \, dm \leqslant \int f_n \, dm \leqslant \lim_n \int f_n \, dm.$$

Si g s'écrit $\Sigma \alpha_i 1_{A_i}$, on a

$$\int 1_{E_n} g \, dm = \Sigma \alpha_i \, m(E_n \cap A_i).$$

D'après la proposition (I,2,3), et *c'est ici que sert la propriété de σ-additivité de* m, ceci converge vers $\Sigma \alpha_i \, m(A_i) = \int g \, dm$ lorsque n tend vers l'infini. Il en résulte que

$$a \int g \, dm \leqslant \lim_n \int f_n \, dm$$

et comme a est arbitraire dans [0, 1[que

$$\int g \, dm \leqslant \lim_n \int f_n \, dm. \quad \square$$

D'après la Proposition (I,3,11) il existe toujours au moins une suite (f_n) de fonctions étagées croissant vers la fonction mesurable positive f, et le résultat précédent entraîne le

(1,5) Corollaire. – L'intégrale $\int f \, dm$ est la limite des intégrales $\int f_n \, dm$ où (f_n) est une suite arbitraire de fonctions étagées croissant vers f.

On aurait donc pu *définir* $\int f \, dm$ comme la limite des $\int f_n \, dm$ à condition d'avoir montré que cette limite ne dépend pas de la suite (f_n) choisie, ce qui suppose d'avoir démontré la proposition précédente dans le cas des fonctions étagées. Le corollaire précédent est souvent utile pour démontrer des propriétés de l'intégrale en les démontrant d'abord pour les fonctions étagées ; c'est ainsi qu'on obtient par exemple la propriété de semi-linéarité de l'intégrale des fonctions positives.

(1,6) Proposition. – Si f et g sont mesurables et positives et si a et b sont dans $\mathbb{R}_+$,

$$\int (af + bg) \, dm = a \int f \, dm + b \int g \, dm.$$

Démonstration. – Si (f_n) (resp. (g_n)) est une suite de fonctions étagées croissant vers f (resp. g), la suite $(af_n + bg_n)$ est une suite de fonctions étagées croissant vers af + bg, et comme d'après la proposition (1,2),

$$\int (af_n + bg_n) \, dm = a \int f_n \, dm + b \int g_n \, dm,$$

on a le résultat en passant à la limite. $\square$

Remarque. – Ceci montre que si f et g sont intégrables, alors af + bg est intégrable autrement dit, les fonctions intégrables positives forment un cône.

Les propriétés de linéarité et de continuité croissante se conjuguent pour donner la

(1,7) PROPOSITION. – Pour toute suite (f_n) de fonctions mesurables positives,

$$\sum_{n=1}^{\infty} \int f_n \, dm = \int \left(\sum_{n=1}^{\infty} f_n \right) dm.$$

Démonstration. – Si on pose $g_k = \sum_{1}^{k} f_n$, la linéarité de l'intégrale entraîne que

$$\int g_k \, dm = \sum_{1}^{k} \int f_n \, dm,$$

et comme (g_k) croît vers Σf_n, on obtient le résultat cherché en utilisant la propriété ii) de (1,4). □

(1,8) COROLLAIRE. – Pour toute fonction f de $\mathcal{F}(\mathcal{A})_+$, l'application définie sur $\mathcal{A}$ par

$$A \to \int (f \, 1_A) \, dm$$

est une mesure.

Démonstration. – On a $\int (f 1_\varnothing) \, dm = 0$, et si (A_n) est une suite d'ensembles deux à deux disjoints, la proposition précédente entraîne que

$$\int f(\Sigma 1_{A_n}) \, dm = \Sigma \int (f \, 1_{A_n}) \, dm. \quad □$$

(1,9) DÉFINITION. – La mesure exhibée dans le corollaire précédent s'appelle la *mesure de densité f par rapport à m* et est notée fm.

Cette terminologie est tout à fait justifiée si on pense par exemple au cas de la masse gravifique. Si m est la mesure de Lebesgue dans $\mathbb{R}^3$, i.e. le volume, et si on interprète f comme une « densité de masse », la mesure fm représente la répartition des masses et fm (A) est la masse de la partie A de l'espace.

On utilisera aussi la notation $\int_A f \, dm$ pour fm (A) c'est-à-dire $\int (f 1_A) \, dm$. Avec cette notation, on a en particulier

$$\int f \, dm = \int_E f \, dm.$$

Cette dernière notation introduite après la définition (1,3) est ainsi justifiée ; elle est quelquefois utilisée pour lever d'éventuelles ambiguïtés. Remarquons encore, qu'une fois obtenue l'existence d'une mesure, ce corollaire entraîne l'existence d'une foule d'autres mesures ; au chapitre III on caractérisera les mesures obtenues de cette façon. Finalement le lecteur devrait chercher l'exercice (1,14) pour apprendre à les manipuler.

Le résultat qui suit est fondamental.

(1,10) Proposition. – (Lemme de Fatou) Pour toute suite (f_n) d'éléments de $\mathcal{F}(\mathcal{A})_+$,

$$\int \underline{\lim}_n f_n \, dm \leqslant \underline{\lim}_n \int f_n \, dm.$$

Démonstration. – On pose $g_k = \inf \{f_n : n \geqslant k\}$. Pour tout $n \geqslant k$, on a

$$\int g_k \, dm \leqslant \int f_n \, dm,$$

et donc pour tout k,

$$\int g_k \, dm \leqslant \underline{\lim}_n \int f_n \, dm.$$

Mais comme (g_k) croît vers $\underline{\lim}_n f_n$, en passant à la limite dans le membre de gauche grâce à la proposition (1,4) ii) on obtient l'inégalité annoncée. □

Remarques. – Pour se rappeler le sens de l'inégalité ci-dessus on peut remarquer que c'est le même que pour l'enveloppe inférieure pour laquelle il est évident. D'autre part l'inégalité comparable pour les limites supérieures est fausse ; on verra dans la section suivante le résultat correspondant.

Cette section manque cruellement d'exemples. Dans la section 3, nous verrons un certain nombre de méthodes et d'exemples de calcul d'intégrales par rapport à la mesure de Lebesgue. Remarquons déjà ici que si $x \in E$, on a

$$\int f \, d\delta_x = f(x) ;$$

cette formule est en effet vraie si f est étagée ($) et donc si (f_n) est une suite de fonctions étagées croissant vers f, on obtient

$$\int f \, d\delta_x = \lim f_n(x) = f(x).$$

Plus généralement, si $m = \Sigma \, \alpha_n \, \delta_{x_n}$, on a (cf. Ex. (1,17))

$$\int f \, dm = \Sigma \, \alpha_n \, f(x_n).$$

D'autre part un exemple général et important de fonction intégrable est donné par la

(1,11) Proposition. – Si m est bornée, toutes les fonctions mesurables bornées positives sont intégrables.

Démonstration. – La fonction 1_E est intégrable et son intégrable vaut m(E) ! Si f est bornée il existe une constante a telle que $f \leqslant a1_E$ et par la propriété de croissance de l'intégrale (cf. (1,4)) on a

$$\int f \, dm \leqslant am(E) < \infty. \qquad \square$$

Terminons cette section avec quelques remarques relatives à la convention $0 \times \infty = 0$. Elle est justifiée en théorie de l'intégration parce que l'intégrale d'une fonction nulle sur un ensemble de mesure infinie doit être nulle ; par exemple, le travail effectué par une force nulle pendant un temps infini est nul. Plus mathématiquement, cette convention est celle qui est imposée par les passages à la limite. Si (A_n) est une suite d'ensembles de mesure finie croissant vers A, on a $\alpha m(A) = \lim \alpha m(A_n)$ et si $\alpha = 0$ cette limite est nulle même si $m(A) = \infty$. Si f, inversement, est infinie sur A et $m(A) = 0$, la définition de l'intégrale

$$\int_A f\, dm = \sup \left\{ \int_A g\, dm : g \in \mathscr{E}_+, g \leqslant f \right\}$$

entraîne qu'on doit avoir $\int_A f\, dm = 0$.

(1,12) Exercice. – Soit (A_n) une partition dénombrable, mesurable, de E ; montrer que pour toute fonction mesurable positive f,

$$\int f\, dm = \sum_n \int_{A_n} f\, dm.$$

En particulier si f ne prend qu'une infinité dénombrable de valeurs (a_n),

$$\int f\, dm = \sum_n a_n m(\{f = a_n\}).$$

En déduire que si m est σ-finie il existe des fonctions intégrables strictement positives partout sur E.

(1,13) Exercice. – Si E est dénombrable et $\mathscr{A} = \mathscr{P}(E)$, toute mesure s'écrit comme une mesure ayant une densité par rapport à la mesure de comptage m. Montrer qu'il y a correspondance bijective entre les mesures bornées sur E et l'espace $\ell^1_+(m)$ des fonctions positives intégrables par rapport à m.

(1,14) Exercice. – 1) Dans la situation du corollaire (1,8), montrer que (fm) (A) est égal à l'intégrale de la restriction de f à A par rapport à la trace de m sur A (Ex. (I,2,9)).

2) Montrer que si $g \in \mathscr{F}(\mathscr{A})_+$, on a

$$\int g\, d(fm) = \int fg\, dm.$$

(1,15) Exercice. – Si $\mathscr{B}$ est une sous-tribu de $\mathscr{A}$, et si f est $\mathscr{B}$-mesurable, montrer que son intégrale par rapport à la restriction de m à $\mathscr{B}$ (cf. (I,2,16)) est égale à son intégrale par rapport à m.

(1,16) Exercice. – Si f est mesurable positive et finie, montrer que les « sommes de Lebesgue » (par opposition aux sommes de Riemann et Darboux de la section 5)

$$\sum_{k\in\mathbb{N}} k2^{-n}\, m(\{k2^{-n} \leqslant f < (k+1)2^{-n}\})$$

tendent en croissant vers $\int f\, dm$.

(1,17) Exercice. – Si $m = \sum_k \alpha_k m_k$ (cf. (I,2,5) et $f \in \mathcal{F}(\mathcal{A})_+$, montrer que

$$\int f\, dm = \sum_k \alpha_k \int f\, dm_k.$$

(1,18) Exercice. – Soit L une forme linéaire et positive sur $b\mathcal{F}(\mathcal{A})$, telle que si (f_n) est une suite décroissant vers 0 alors $(L(f_n))$ décroît vers 0. Montrer qu'il existe une mesure bornée m sur $\mathcal{A}$ telle que $L(f) = m(f)$, pour toute fonction f de $b\mathcal{F}(\mathcal{A})_+$. [On posera $m(A) = L(1_A)$.] En utilisant l'axiome du choix, on peut montrer qu'il existe sur $b\mathcal{F}(\mathcal{A})$ des formes linéaires et positives qui ne sont pas obtenues de cette façon.

(1,19) Exercice. – Si m est une mesure σ-finie sur $\mathcal{B}(\mathbb{R})$, montrer que pour toute fonction borélienne positive f, l'application

$$x \to \int f\, d(\tau_x m)$$

(cf. (I,4,4)) est borélienne. [On pourra commencer avec le cas où m est bornée et où f est la fonction indicatrice d'un intervalle, puis appliquer le théorème de la classe monotone.]

(1,20) Exercice. – Soit f une fonction mesurable positive. Pour tout $A \in \mathcal{A}$ on pose $a(A) = \inf\{f(x);\ x \in A\}$ et pour toute famille finie $C = \{A_1, ..., A_n\}$ d'ensembles deux à deux disjoints,

$$s(C) = \Sigma\, a(A_i)\, \mu(A_i).$$

Montrer que

$$\int f\, d\mu = \sup_C s(C).$$

*(1,21) Exercice. – Soit (E_n) une suite d'ensembles mesurables et G l'ensemble des points qui appartiennent à au moins k ensembles E_n. Montrer que pour toute mesure μ sur $(E, \mathcal{A})$,

$$k\, \mu(G) < \sum_1^\infty \mu(E_n).$$

$\left[\text{Considérer la somme } \sum_n \int_G 1_{E_n}\, d\mu.\right]$

(1,22) Exercice. – Soit φ une fonction positive définie sur $E \times \Lambda$ où Λ est un espace métrique, telle que

i) pour tout $\lambda \in \Lambda$, l'application $\phi(., \lambda)$ est $\mathcal{A}$-mesurable ;

ii) pour tout $x \in E$, l'application $\phi(x, .)$ est SCI (cf. Ex. (0,2,9)).

Montrer que pour toute mesure μ sur $\mathcal{A}$, l'application

$$\lambda \to \int \phi(x, \lambda)\, d\mu(x)$$

est SCI. [On peut utiliser de plusieurs manières les résultats de l'exercice (0,2,9) ainsi que le lemme de Fatou.]

*(1,23) Exercice. – Soit M l'espace des mesures bornées sur $(E, \mathcal{A})$. On appelle $\mathcal{M}$ la plus petite tribu sur M qui rende mesurables les applications $\mu \to \langle \mu, f \rangle$ où f décrit $b\mathcal{F}(\mathcal{A})_+$. Les questions qui suivent sont indépendantes.

1) Montrer que l'application $x \to \varepsilon_x$ est mesurable de $(E, \mathcal{A})$ dans $(M, \mathcal{M})$.

2) Montrer que $\mathcal{M}$ est déjà la plus petite tribu qui rende mesurables les applications $\mu \to \mu(A)$ lorsque A décrit une classe d'ensembles stable par intersections finies, contenant E et engendrant $\mathcal{A}$. [Utiliser le théorème de la classe monotone.]

3) Si il existe dans $\mathcal{A}$ une suite (C_n) séparant les points de E, montrer que l'ensemble $\{\varepsilon_x : x \in E\}$ est dans $\mathcal{M}$.

4) Si π est une mesure bornée sur $\mathcal{M}$, montrer que l'on définit bien une application ϕ de $b\mathcal{F}(\mathcal{A})_+$ dans $\mathbb{R}_+$, en posant

$$\phi(f) = \int \exp(- \langle \mu, f \rangle)\, \pi(d\mu).$$

Montrer que si (f_n) décroît (resp. croît) vers f alors $(\phi(f_n))$ croît (resp. décroît) vers $\phi(f)$ et que pour toute famille $(f_1, f_2, ..., f_n) \subset b\mathcal{F}(\mathcal{A})_+$, la matrice de terme général $\phi(f_i + f_j)$ est définie-positive.

5) Avec les notations de 4) montrer que l'application ν_π :

$$A \to \int_M \nu(A)\, \pi(d\nu)$$

est bien définie et est une mesure sur $\mathcal{A}$ qu'on appelle le barycentre de π. Montrer que pour $f \in b\mathcal{F}(\mathcal{A})_+$,

$$\nu_\pi(f) = \int_M \nu(f)\, \pi(d\nu).$$

*(1,24) Exercice. – Soit R l'espace des mesures de Radon sur $\mathbb{R}^d$ et $\mathcal{R}$ la plus petite tribu sur R qui rende mesurables les applications $\mu \to \langle \mu, f \rangle$ où f décrit l'ensemble des fonctions boréliennes bornées positives (voir l'exercice précédent).

1) Montrer que $\mathcal{R}$ est déjà la plus petite tribu qui rende mesurable les applications $\mu \to \langle \mu, f \rangle$ où f décrit C_K^+.

2) A quelle condition sur la suite (x_n) les mesures qui s'écrivent $\Sigma k_n \varepsilon_{x_n}$ avec $k_n \in \mathbb{N} \setminus \{0\}$ sont-elles des mesures de Radon ? Montrer que l'ensemble de ces mesures appartient à la tribu $\mathcal{R}$. [On pourra se servir de l'exercice (I,4,9).]

(1,25) Exercice. – On appelle *noyau* sur $(E, \mathscr{A})$ toute application de $E \times \mathscr{A}$ dans $[0, \infty]$ telle que :

i) pour tout x de E, l'application $A \to N(x, A)$ est une mesure sur $\mathscr{A}$ que l'on notera $N(x, .)$,

ii) pour tout $A \in \mathscr{A}$, l'application $x \to N(x, A)$ est $\mathscr{A}$-mesurable.

1) Soit m une mesure sur $\mathscr{A}$; montrer que l'application

$$A \to \int N(x, A)\, dm(x)$$

est une mesure sur $\mathscr{A}$ que l'on notera mN.

2) Si $f \in \mathscr{F}(\mathscr{A})_+$, montrer que la fonction Nf définie par

$$Nf(x) = \int f\, dN(x, .)$$

est aussi dans $\mathscr{F}(\mathscr{A})_+$.

3) Avec les notations de 1) et 2), montrer que

$$\int f\, d(mN) = \int (Nf)\, dm.$$

4) Si $(E, \mathscr{A}) = ([0, 1], \mathscr{B}([0, 1]))$, et $N(x, A) = 1_A(\theta(x))$ où $\theta(x) = 2x$ (modulo 1), montrer que N est un noyau sur $(E, \mathscr{A})$. Calculer mN lorsque m est la mesure de Lebesgue sur $[0, 1]$.

*(1,26) Exercice. – (Suite de (I,2,16) 3)) Soit α une fonction $\mathscr{S}$-mesurable à valeurs dans $[0, 1]$. Pour $A \in \mathscr{B}(\mathbb{R})$, on appelle A_+ (resp. A_-) le plus petit ensemble symétrique contenant $A \cap [0, \infty]$ (resp. $A \cap]-\infty, 0]$). Si m est une mesure sur $\mathscr{S}$, montrer que l'application

$$A \to \int_{A_+} \alpha\, dm + \int_{A_-} (1 - \alpha)\, dm$$

est une mesure sur $\mathscr{B}(\mathbb{R})$ qui prolonge m (un résultat plus général est donné dans l'exercice (4,44)).

2. Fonctions intégrables

Dans cette section nous terminons la construction de l'intégrale en l'étendant aux fonctions de signe quelconque par linéarité.

(2,1) Définition. – Une fonction mesurable est dite *intégrable* si les fonctions positives f^+ et f^- sont intégrables ; on appellera alors *intégrale* de f et on notera $\int f\, dm$ le nombre

$$\int f^+ dm - \int f^- dm.$$

On utilisera aussi pour l'intégrale les autres notations introduites dans la section précédente après la définition (1,3) et on parlera aussi de fonctions m-intégrables lorsqu'on voudra préciser la mesure utilisée. Insistons sur le fait que la définition précédente a bien un sens car les deux nombres $\int f^+ \, dm$ et $\int f^- \, dm$ sont finis et leur différence est donc bien définie et finie. On aurait pu à la rigueur ne supposer la finitude que de l'un des deux (cf. Ex. (2,12)).

(2,2) Proposition. – La fonction mesurable f est intégrable ssi la fonction positive $|f|$ est intégrable et

$$\left|\int f \, dm\right| \leq \int |f| \, dm.$$

Démonstration. – Cela résulte immédiatement de l'égalité $|f| = f^+ + f^-$, et des propriétés de l'intégrale des fonctions positives (cf. Proposition (1,6)).

Remarque. – Le mot mesurable dans la proposition précédente est nécessaire car $|f|$ peut être mesurable sans que f le soit et donc sans qu'on puisse définir les intégrales de f^+ et f^-. C'est le cas si $f = 1_A - 1_{A^c}$ avec $A \notin \mathcal{A}$.

Pour établir qu'une fonction est intégrable, on se servira souvent du critère suivant.

(2,3) Proposition. – Pour qu'une fonction f mesurable soit intégrable il suffit qu'il existe une fonction g intégrable telle que $|f| \leq g$. En particulier les fonctions bornées nulles en dehors d'un ensemble de mesure finie, sont intégrables.

Démonstration. – L'hypothèse entraîne $f^+ \leq g$ et $f^- \leq g$ et le résultat découle de la propriété de croissance de l'intégrale des fonctions positives. La deuxième phrase résulte alors de la proposition (1,11).

Ce résultat montre aussi que le produit d'une fonction intégrable par une fonction bornée est intégrable ($). De même, si (E_n) est une suite d'ensembles tels que $0 < m(E_n) < \infty$ et si $\Sigma|\alpha_n| < \infty$, les fonctions $\Sigma(\alpha_n / m(E_n)) \, 1_{E_n}$ sont intégrables ($) ainsi que toutes les fonctions qu'elles majorent en module ; on voit donc que pour les mesures σ-finies, il existe « beaucoup » de fonctions intégrables. Nous allons précisément nous tourner vers l'étude de l'ensemble des fonctions intégrables.

(2,4) Définition. – On notera $\mathcal{L}^1(E, \mathcal{A}, m)$, ou plus simplement $\mathcal{L}^1(m)$ ou même $\mathcal{L}^1$ lorsqu'il n'y a pas de risque d'ambiguïté, l'espace des fonctions $\mathcal{A}$-mesurables intégrables par rapport à m et partout finies.

On remarque en particulier que lorsque m est la mesure de comptage sur $\mathbb{N}$, l'espace $\mathcal{L}^1(m)$ est l'espace ℓ^1 habituel des suites sommables de nombres réels ($).

(2,5) Proposition. – L'espace $\mathcal{L}^1(m)$ est un sous-espace vectoriel réticulé de $\mathcal{F}(\mathcal{A})$ et l'application $f \to \int f \, dm$ est une forme linéaire et positive sur cet espace.

Démonstration. – Si $a \in \mathbb{R}$ et $f \in \mathcal{L}^1$, comme $|af| = |a|\,|f|$ la fonction af est aussi dans $\mathcal{L}^1$ d'après la proposition (2,3) et il est facile de voir que $\int af\, dm = a \int f\, dm$. Si f et g sont deux éléments de $\mathcal{L}^1$, comme,

$$|f+g| \leqslant |f|+|g|, \quad |f \vee g| \leqslant |f|+|g|, \quad |f \wedge g| \leqslant |f|+|g|,$$

les fonctions $f + g$, $f \vee g$, $f \wedge g$ sont bien intégrables et $\mathcal{L}^1$ est donc bien un sous-espace vectoriel réticulé de $\mathcal{F}(\mathcal{A})$.

De plus, comme

$$(f+g)^+ - (f+g)^- = f + g = f^+ + g^+ - (f^- + g^-),$$

on a

$$(f+g)^+ + f^- + g^- = f^+ + g^+ + (f+g)^-;$$

d'après la semi-linéarité de l'intégrale des fonctions positives (Proposition (1,6)) on a donc

$$\int (f+g)^+ dm + \int f^- dm + \int g^- dm = \int f^+ dm + \int g^+ dm + \int (f+g)^- dm,$$

et comme tous ces nombres sont finis, on peut les changer de membres pour obtenir

$$\int (f+g)\, dm = \int f\, dm + \int g\, dm.$$

Ceci prouve que l'intégrale est une forme linéaire. Elle est clairement positive, c'est-à-dire que $\int f\, dm \geqslant 0$ si $f \geqslant 0$. La linéarité et la positivité entraînent d'ailleurs la propriété de croissance comme dans le cas des fonctions positives ($).

Remarque. – On s'est restreint dans la définition de $\mathcal{L}^1$ aux fonctions finies afin de ne pas avoir de difficultés pour parler de l'addition de ces fonctions. On verra dans la section 4 que ceci est inessentiel et qu'on peut définir $\mathcal{L}^1$ sans cette restriction si l'on accepte que ses éléments ne soient définis qu'à un ensemble de mesure nulle près.

L'intégrale a également des propriétés de continuité séquentielle héritées de celles de l'intégrale des fonctions positives (cf. Ex. (2,12)). Elle a de plus l'importante propriété énoncée dans le théorème suivant qui porte les noms de *Théorème de Lebesgue* et de *Théorème de convergence dominée.*

(2,6) Théorème. – Si (f_n) est une suite de fonctions intégrables convergeant simplement vers une fonction f et s'il existe une fonction intégrable g telle que $|f_n| \leqslant g$ pour tout n, alors f est intégrable et

i) $$\lim_n \int |f - f_n|\, dm = 0,$$

ii) $$\lim_n \int f_n\, dm = \int f\, dm.$$

Démonstration. – On a clairement $|f| \leqslant g$ et donc f est intégrable d'après la proposition (2,3). De plus $|f - f_n|$ tend vers 0 et $|f - f_n| \leqslant 2g$; on peut donc appliquer le lemme de Fatou (Proposition (1,10)) aux fonctions positives $2g - |f - f_n|$ pour obtenir, $\underline{\lim}\int(2g - |f - f_n|)\,dm \geqslant \int \underline{\lim}\,(2g - |f - f_n|)\,dm$. Comme on peut retrancher aux deux membres le nombre $\int 2g\,dm$, compte tenu des propriétés des limites supérieures et inférieures, ceci donne

$$\overline{\lim}\int |f - f_n|\,dm = 0,$$

ce qui prouve i). La propriété ii) en découle immédiatement puisque

$$\left|\int (f - f_n)\,dm\right| \leqslant \int |f - f_n|\,dm. \qquad \square$$

Ce théorème est d'un usage constant en analyse et en probabilités. On peut l'énoncer pour des familles plus générales que des suites ; si par exemple (f_t) est une famille de fonctions mesurables indexées par $\mathbb{R}_+$, convergeant vers une fonction f lorsque t tend vers l'infini, et satisfaisant à la condition de domination $|f_t| \leqslant g$ du théorème, on a

$$\lim_{t\to\infty}\int f_t\,dm = \int f\,dm.$$

En effet, dans le cas contraire, on aurait une suite (t_n) tendant vers l'infini sur laquelle la convergence n'aurait pas lieu, et en appliquant le théorème de Lebesgue à cette sous-suite on obtiendrait une contradiction.

Remarquons encore que si m est bornée et si (f_n) est une suite de fonctions bornées convergeant uniformément vers f, alors toutes les f_n sont majorées en module par une même constante ($), et comme les constantes sont dans $\mathscr{L}^1(m)$, le théorème de Lebesgue entraîne que

$$\lim_n \int f_n\,dm = \int f\,dm.$$

Le lecteur qui connaît les intégrales de Riemann reconnaît ici un critère connu pour ces intégrales, mais le théorème de convergence dominée est formidablement plus général puisqu'il ne nécessite que des hypothèses plus faibles, s'applique à beaucoup plus de fonctions comme on le verra dans la section 5, et s'applique à toutes les mesures au lieu de ne concerner que la mesure de Lebesgue.

Beaucoup de fonctions importantes en Analyse, ne serait-ce que les transformées de Fourier (!) (cf. aussi (3,22) et (3,23)), sont définies par des intégrales, l'« argument » de la fonction étant un « paramètre » pour l'intégrale. Le théorème de Lebesgue est d'un emploi très commode pour l'étude de ces fonctions. Suivant une notation déjà utilisée en (1,25), si f est une fonction définie sur un produit E × F, on note f(., y) la fonction sur E obtenue en donnant à la deuxième variable la valeur fixe y. Ceci sera utilisé plusieurs fois dans la suite notamment au chapitre V.

(2,7) Proposition. – Soit Λ un espace métrique et f une fonction à valeurs réelles définie sur $E \times \Lambda$ et telle que

i) les fonctions $f(., \lambda)$, $\lambda \in \Lambda$, sont mesurables et toutes dominées en module par une même fonction $g \in \mathcal{L}^1(m)$,

ii) pour tout x de E, la fonction $f(x, .)$ est continue sur Λ.

Alors, la fonction F :

$$\lambda \to \int f(x, \lambda)\, dm(x)$$

est continue sur Λ.

Démonstration. – Si (λ_n) est une suite convergeant vers λ dans Λ, la suite $(f_n) = (f(., \lambda_n))$ converge vers $f(., \lambda)$ grâce à ii) et on peut lui appliquer le théorème de convergence dominée grâce à i), ce qui entraîne le résultat désiré. □

En gardant les mêmes notations on peut encore énoncer la

(2,8) Proposition. – Si Λ est un ouvert de $\mathbb{R}$, et si on suppose que toutes les fonctions $f(., \lambda)$, $\lambda \in \Lambda$, sont intégrables et que de plus

i) $f(x, .)$ admet une dérivée $f'_\lambda(x, \;)$ par rapport à λ pour tout x de E,

ii) les fonctions $f'_\lambda(., \lambda)$, $\lambda \in \Lambda$, sont toutes majorées en module par une même fonction g de $\mathcal{L}^1(m)$,

alors F est dérivable sur Λ et sa dérivée vaut

$$\int f'_\lambda(x, \lambda)\, dm(x).$$

Démonstration. – De par la linéarité de l'intégrale,

$$(F(\lambda + h) - F(\lambda))/h = \int_E [(f(x, \lambda + h) - f(x, \lambda))/h]\, dm(x).$$

Lorsque h tend vers 0, la quantité entre crochets converge vers $f'_\lambda(x, \lambda)$ tout en restant majorée par g en module d'après le théorème des accroissements finis. Le théorème de Lebesgue donne donc immédiatement la conclusion annoncée. □

Le résultat précédent n'est qu'un échantillon des utilisations que l'on peut faire du théorème de Lebesgue pour démontrer des dérivabilités, utilisations que l'on a intérêt à rejustifier dans chaque cas. La dérivabilité étant une propriété locale, il suffit en particulier d'avoir la propriété de domination ii) dans un voisinage de chaque point. Le lecteur pourra par exemple aussi chercher à étudier le cas où λ varie dans un ouvert de $\mathbb{R}^d$; si on fait l'hypothèse que chaque $f(x, .)$ est de classe C^p, il n'y a pas de difficultés à démontrer que l'intégrale est aussi de classe C^p par la considération des dérivées partielles qui existent et sont continues.

Nous allons terminer cette section en étendant la notion d'intégrale aux fonctions à valeurs complexes (voir aussi l'exercice (2,35)). Dans ce qui suit, le corps $\mathbb{C}$ des nombres complexes est muni de sa tribu borélienne. Le lecteur vérifiera sans peine qu'une fonction f de (E, $\mathscr{A}$) dans $\mathbb{C}$ est mesurable ssi Ref et Imf sont mesurables et cela entraîne que $|f|$ est alors mesurable.

(2,9) Définition. – Une fonction f mesurable est dite intégrable si Ref et Imf sont intégrables et on pose alors

$$\int f\,dm = \int \mathrm{Re} f\,dm + i \int \mathrm{Im} f\,dm.$$

On notera $\mathscr{L}^1_{\mathbb{C}}$ l'ensemble des fonctions complexes intégrables.

On remarque qu'une fois de plus on a prolongé l'intégrale par linéarité, et on a la

(2,10) Proposition. – Une fonction complexe mesurable est intégrable ssi $|f|$ est intégrable. L'ensemble $\mathscr{L}^1_{\mathbb{C}}$ est un espace vectoriel sur $\mathbb{C}$ et l'intégrale est une forme linéaire sur cet espace. Enfin

$$\left|\int f\,dm\right| \leqslant \int |f|\,dm.$$

Démonstration. – Les inégalités

$$|\mathrm{Re} f| \leqslant |f|, |\mathrm{Im} f| \leqslant |f|, \quad \text{et} \quad |f| \leqslant |\mathrm{Re} f| + |\mathrm{Im} f|,$$

montrent immédiatement la condition nécessaire et suffisante de l'énoncé. On laisse au lecteur le soin d'en montrer la deuxième phrase. Enfin si $f \in \mathscr{L}^1_{\mathbb{C}}$, on peut avec les notations habituelles poser

$$\int f\,dm = r \exp(i\theta),$$

et on a alors, en utilisant la linéarité,

$$\left|\int f\,dm\right| = r = \exp(-i\theta) \int f\,dm = \mathrm{Re}\left[\exp(-i\theta) \int f\,dm\right]$$

$$= \int \mathrm{Re}\,[\exp(-i\theta)\, f]\,dm < \int |f|\,dm. \qquad \square$$

Le lecteur vérifiera que le théorème de convergence dominée s'étend au cas complexe ; son usage est illustré par une application aux fonctions analytiques contenue dans l'exercice suivant.

(2,11) Exercice. – Supposons que m soit une mesure bornée sur (E, $\mathscr{A}$) et soit ϕ une fonction mesurable complexe sur E. Si D = D(a, r) est un disque ouvert de $\mathbb{C}$ ne rencontrant pas $\phi(E)$, la fonction f définie dans D par

$$f(z) = \int (\phi(x) - z)^{-1}\,dm(x)$$

est développable en série entière dans D.

(2,12) Exercice. – Une fonction mesurable est dite *quasi-intégrable* si l'une au moins des fonctions f^+ et f^- est intégrable et on pose alors

$$\int f\,dm = \int f^+\,dm - \int f^-\,dm,$$

ce qui a bien un sens dans $\overline{\mathbb{R}}$.

1) Chercher les propriétés de l'intégrale (linéarité, croissance, ...) qui s'étendent aux fonctions quasi-intégrables.

2) Si (f_n) est une suite croissante (resp. décroissante) de fonctions quasi-intégrables telle que f_0^- (resp. f_0^+) est intégrable, montrer que $\left(\int f_n\,dm\right)$ converge vers $\int \lim (f_n)\,dm$.

3) (Lemme de Fatou) Si (f_n) est une suite de fonctions mesurables pour laquelle il existe une fonction g intégrable telle que $f_n \leqslant g$ (resp. $f_n \geqslant g$) pour tout n, alors les f_n sont quasi-intégrables et

$$\overline{\lim} \int f_n\,dm \leqslant \int \overline{\lim}\,(f_n)\,dm \quad (\text{resp. } \underline{\lim} \int f_n\,dm \geqslant \int \underline{\lim}\,(f_n)\,dm).$$

(2,13) Exercice. – Si m est bornée, montrer que f est m-intégrable ssi

$$\sum_n m(|f| > n) < \infty.$$

En particulier si f ne prend que des valeurs entières positives

$$\int f\,dm = \sum_1^\infty m(f > n).$$

Que reste-t-il de ces propriétés lorsque m n'est pas bornée ?

(2,14) Exercice. – Prouver qu'une fonction mesurable sur $(E, \mathscr{A})$ est bornée ssi elle est intégrable par rapport à toutes les mesures bornées sur $\mathscr{A}$.

(2,15) Exercice. – (Formule de Poincaré) Soit m une mesure bornée sur $(E, \mathscr{A})$. Montrer que pour toute suite finie $A_1, \ldots, A_n$ d'ensembles mesurables, on a

$$m(\cup A_i) = \sum_i m(A_i) - \sum_{i<j} m(A_i \cap A_j) + \ldots + (-1)^n m(A_1 \cap \ldots \cap A_n).$$

[On pourra utiliser (0, 2, 15) ou faire une récurrence à partir de la propriété de sous-additivité forte.]

(2,16) Exercice. – Si $f \in \mathscr{L}^1(m)$, montrer que $\exp(if) - 1$ est dans $\mathscr{L}^1_{\mathbb{C}}(m)$.

(2,17) Exercice. – Soit λ la mesure de Lebesgue dans $\mathbb{R}^d$.

1) Si τ est une translation de $\mathbb{R}^d$ (cf. (I,4,4)) et si f est une fonction borélienne positive ou intégrable, montrer que

$$\int f\, d\lambda = \int f \circ \tau\, d\lambda.$$

[Solution en (3,1).]

2) Si α est un réel, montrer sous les mêmes hypothèses que

$$|\alpha|^d \int f(\alpha x)\, d\lambda(x) = \int f(x)\, d\lambda(x).$$

(2,18) Exercice. – (Intégration par rapport à une mesure image)

1) Dans la situation de l'exercice (I,3,18) supposons m bornée. Montrer qu'une fonction ϕ $\mathcal{B}$-mesurable est μ-intégrable ssi $\phi \circ f$ est m-intégrable et que dans ce cas

$$\int_E \phi \circ f\, dm = \int_F \phi\, d\mu.$$

(Voir aussi l'exercice (I,3,15) pour avoir une idée du champ d'application de cette formule.)

2) Si en particulier $(F, \mathcal{B}) = (\mathbb{R}, \mathcal{B}(\mathbb{R}))$, montrer que pour f intégrable ou positive, on a

$$\int_E f\, dm = \int_{\mathbb{R}} x\, d\mu(x).$$

(2,19) Exercice. – Soit m une mesure sur $\mathbb{R}$ telle que $\exp(|x|)$ soit m-intégrable. Montrer que shx est m-intégrable et que

$$\int \operatorname{sh} x\, dm(x) = \sum_{n=0}^{\infty} \frac{1}{(2n+1)!} \int x^{2n+1}\, dm(x).$$

[Voir l'exercice suivant.]

(2,20) Exercice. – Soit (f_n) une suite de fonctions intégrables telles que $\Sigma m(|f_n|) < \infty$. Montrer que Σf_n est intégrable et que son intégrale vaut

$$\Sigma \int f_n\, dm.$$

[La proposition (1,7) montre que la série des valeurs absolues est intégrable ; par suite les sommes partielles de la série sont majorées par une fonction intégrable fixe et on peut appliquer le théorème de Lebesgue. Ceci est typique de l'application du théorème de Lebesgue aux séries ; on commence par la série des modules à laquelle on peut appliquer un résultat de convergence monotone. On verra dans la section 4 une autre façon d'exprimer la condition que la série des intégrales des modules converge ainsi que sa signification profonde.]

(2,21) Exercice. – Soit (f_n), $n > 1$, une suite de fonctions mesurables positives décroissant vers 0 ; on suppose que f_1 est m-intégrable. Montrer que $\Sigma(-1)^n f_n$ est intégrable et que son intégrale vaut $\Sigma(-1)^n \int f_n\, dm$.

(2,22) EXERCICE. – Soit (a_p^n) une suite double de nombres complexes telle que

i) la limite $a_p = \lim_{n\to\infty} a_p^n$ existe pour tout p,

ii) $|a_p^n| \leq b_p$ pour tout n et tout p où (b_p) est une suite sommable de réels positifs.

Montrer que pour tout n, la suite (a_p^n) est sommable et que

$$\lim_{n\to\infty} \sum_p a_p^n = \sum_p a_p.$$

(2,23) EXERCICE. – Soit α_n le terme général d'une série convergente à termes positifs et ϕ une fonction bornée sur $\mathbb{N}$. Trouver, si elle existe, la limite lorsque p tend vers l'infini de

$$\Sigma \alpha_n (1 + (\phi(n)/p))^p.$$

(2,24) EXERCICE. – Soit m une mesure bornée, et f une fonction positive m-intégrable. On définit par récurrence les fonctions g_n par $g_1 = f, ..., g_{n+1} = (2 + g_n)^{1/2}, ...$; montrer qu'elles sont intégrables et trouver, si elle existe, la limite des $\int g_n\, dm$.

(2,25) EXERCICE. – Soit (f_n) et (g_n) deux suites de fonctions mesurables telle que

i) $|f_n| \leq g_n$ pour tout n ;

ii) (f_n) (resp. (g_n)) converge vers une fonction f (resp. g) ;

iii) g est intégrable et $\lim \int g_n\, dm = \int g\, dm$.

Montrer que f est intégrable et que $\lim \int f_n\, dm = \int f\, dm$.

*(2,26) EXERCICE. – Soit E un espace métrique.

1) Montrer que si m et m′ sont deux mesures bornées sur $\mathcal{B}(E)$ telles que $\int f\, dm = \int f\, dm'$ pour toute fonction f continue et bornée, alors m = m′. [On pourra utiliser (I,4,7).]

2) Si $E = \mathbb{R}^d$, montrer que dans 1) on peut restreindre f à parcourir l'espace des fonctions indéfiniment dérivables à supports compacts (cf. (V,3)). Étendre le résultat aux mesures de Radon.

3) Si m est une mesure bornée sur $\mathcal{B}$ (E) montrer que pour tout $\varepsilon > 0$ et toute fonction borélienne bornée f, il existe une fonction SCS g et une fonction SCI h telles que $g \leq f \leq h$ et $\int (h - g)\, dm \leq \varepsilon$. Ceci est à comparer au théorème d'approximation de l'exercice (I,4,11).

Cet exercice et le suivant seront repris systématiquement dans le chapitre IV.

(2,27) Exercice. – Si E est un LCBD, on appelle $C_K(E)$ l'espace des fonctions continues à support compact. Si m est une mesure de Radon sur E, montrer que $C_K(E) \subseteq \mathcal{L}^1(m)$ et que l'application

$$f \to \int f\, dm$$

est une forme linéaire et positive sur $C_K(E)$. La réciproque, fondamentale, de ce résultat sera montrée dans le chapitre IV.

*(2,28) Exercice. – Soit f une fonction intégrable. On pose $E_n = \{|f| \leqslant n\}$. Montrer que la fonction $g = \sum_1^\infty n^{-2}\, 1_{E_n} f^2$ est intégrable et en déduire que la série

$$\Sigma\, n^{-2} \int_{E_n} f^2 dm$$

est convergente.

*(2,29) Exercice. – Soit m une probabilité sur (E, $\mathcal{A}$) et f une fonction complexe m-intégrable.

1) Montrer que

$$\lim_{t \to 0,\, t \in \mathbb{R}} \int (|1 + tf| - 1)/t\, dm = \int \mathrm{Re}\,(f)\, dm.$$

2) En déduire que si $\int |1 + zf|\, dm \geqslant 1$ pour tout z complexe, alors $\int f\, dm = 0$.

(2,30) Exercice. – 1) Si m est une mesure bornée sur $(\mathbb{R}_+, \mathcal{B}(\mathbb{R}_+))$, montrer que la fonction

$$\phi(z) = \int e^{-xz}\, m\,(dx)$$

est bien définie pour $\mathrm{Re}(z) \geqslant 0$ et est analytique dans le demi-plan $\{\mathrm{Re}(z) > 0\}$.

2) La restriction de ϕ à $\mathbb{R}_+$ est appelée la *transformée de Laplace* de m. Calculer ses dérivées de tous ordres et montrer que pour tout n, on a $(-1)^n \phi^{(n)} \geqslant 0$.

*(2,31) Exercice. – 1) *(Inégalité de Jensen)* Soit P une probabilité sur (E, $\mathcal{A}$) et ϕ une fonction convexe sur $]a, b[$ avec $-\infty \leqslant a < b \leqslant \infty$. Si f est une fonction de $\mathcal{L}^1(P)$ à valeurs dans $]a, b[$, prouver que

$$\phi\left(\int f\, dP\right) \leqslant \int \phi(f)\, dP.$$

[On pourra utiliser la propriété de croissance de l'intégrale et le fait ((0,2,8)) qu'une fonction convexe est l'enveloppe supérieure des fonctions affines qu'elle domine.] On remarque que la définition de la convexité correspond au cas particulier $E =]a, b[$, $\mathcal{A} = \mathcal{B}(]a, b[)$, $f(x) = x$ et $P = \alpha\delta_x + (1 - \alpha)\delta_y$.

2) Montrer inversement que si ϕ est une fonction sur $\mathbb{R}$ telle que pour toute fonction borélienne bornée f sur [0, 1] on ait

$$\phi\left(\int f\, d\lambda\right) \leqslant \int \phi(f)\, d\lambda,$$

où λ est la mesure de Lebesgue sur [0, 1], alors ϕ est convexe.

*(2,32) Exercice. – 1) Si m est une mesure sur $\mathcal{B}(\mathbb{R})$, montrer que la fonction

$$f(a) = \int |x - a|\, m(dx)$$

est convexe sur tout intervalle I où elle est finie. Donner des exemples de mesures m telles que f soit finie partout.

2) Avec les notations de (0,2,8), montrer que sur $\overset{\circ}{I}$,

$$f'_d(a) = \int \mathrm{sgn}(a - x)\, m(dx),$$

où $\mathrm{sgn}(x) = -1$ pour $x < 0$ et $\mathrm{sgn}(x) = 1$ pour $x \geqslant 0$. En déduire que la fonction croissante et continue à droite f'_d est la fonction de répartition (cf. (I,5,3)) de m.

3) Montrer que si f est convexe sur I, tout point a de $\overset{\circ}{I}$ est contenu dans un intervalle ouvert $J \subseteq I$ sur lequel

$$f(a) = \int |x - a|\, m(dx) + g(a),$$

où m est une mesure sur J et g une fonction affine.

*(2,33) Exercice. – Soit $(\mathcal{B}_i)$une suite de tribus indépendantes (cf. (I,4,12) dont on reprend les notations).

1) Montrer que si (f_i) est une suite de fonctions $\mathcal{B}_i$-mesurables et toutes bornées ou toutes positives on a

$$\int \prod_i f_i\, dP = \prod_i \int f_i\, dP.$$

2) Montrer que de façon générale, $\prod f_i$ est intégrable ssi chaque f_i est intégrable. Ceci est faux si les $\mathcal{B}_i$ ne sont pas indépendantes ne serait-ce que parce qu'il existe en général des fonctions intégrables dont le carré n'est pas intégrable (cf. (III,1)).

(2,34) Exercice. – Si m est une mesure bornée à support compact (cf. (I,2,24)) dans $\mathbb{R}^3$, montrer que son potentiel newtonien Um, défini par

$$Um(x) = \int |x - y|^{-1}\, dm(y),$$

est une fonction continue en dehors du support de m et tendant vers zéro à l'infini.

*(2,35) Exercice. – (Intégrale à valeur banachique, suite de l'exercice (I,3,28)) Soit $(E, \mathcal{A}, m)$ un espace mesuré et X un espace de Banach. Une fonction étagée

$f = \Sigma\, a_i\, 1_{A_i}$, $a_i \in X$, $A_i \in \mathcal{A}$, $i = 1, ..., n$, est dite intégrable si la fonction $\|f\|$ à valeurs réelles positives est intégrable. On pose alors

$$\int f\, dm = \Sigma\, a_i\, m(A_i).$$

1) Une fonction f fortement mesurable est dite intégrable si il existe une suite de fonctions étagées intégrables convergeant vers f simplement dans X, et telle que $\lim_n \int \|f - f_n\|\, dm = 0.$

Si f est intégrable, montrer que $\lim \int f_n\, dm$ existe dans X et ne dépend pas de la suite particulière (f_n) utilisée. Cette limite sera appelée l'intégrale (de Bochner) de f par rapport à m et notée $\int f\, dm$.

2) Montrer qu'une fonction fortement mesurable f est intégrable ssi $\|f\|$ est intégrable et que dans ce cas

$$\left\|\int f\, dm\right\| \leqslant \int \|f\|\, dm.$$

3) L'ensemble $\mathcal{L}_X^1$ des fonctions intégrables est un espace vectoriel et l'intégrable est une application linéaire de $\mathcal{L}_X^1$ dans X.

4) Si Y est un autre espace de Banach et si T est une application linéaire et continue de X dans Y, alors si f est intégrable, $T \circ f$ est intégrable et

$$\int T \circ f\, dm = T\left(\int f\, dm\right).$$

(2,36) Exercice. – Si K est un compact de $\mathbb{R}^d$, on rappelle qu'il existe un plus petit convexe compact c(K) contenant K et qui est l'intersection des demi-espaces fermés contenant K.

1) Si m est une mesure bornée portée par K (i.e. $m(K^c) = 0$), montrer qu'il existe un unique point $b(m) \in c(K)$ tel que

$$u(b(m)) = \int u(x)\, dm(x),$$

pour toute forme linéaire u sur $\mathbb{R}^d$. Avec les notions de l'exercice précédent $b(m) = \int x\, dm(x)$. En mécanique, si m est interprétée comme une répartition de masses gravifiques, b(m) est le *centre de gravité* de ces masses.

2) Si m_1 et m_2 sont deux mesures bornées portées par des compacts montrer que $b(m_1 + m_2)$ est le barycentre des points $b(m_i)$ affectés des coefficients $m_i(\mathbb{R}^d)$.

3) Calculer b(m) si m est la mesure de Lebesgue sur un triangle de $\mathbb{R}^2$.

(2,37) EXERCICE. – Si m est une mesure bornée sur $\mathbb{R}^d$, sa *transformée de Fourier* est la fonction définie sur $\mathbb{R}^d$ par

$$\phi(u) = \int \exp(i < x, u >)\, dm(x)$$

où $< x, u >$ est le produit scalaire de x et u dans $\mathbb{R}^d$.

1) Montrer que ϕ est continue et bornée par $\phi(0) = m(\mathbb{R}^d)$ et que pour toute famille finie de nombres complexes a_i et de vecteurs u_i de $\mathbb{R}^d$ on a

$$\sum_{ij} a_i \bar{a}_j \phi(u_i - u_j) \geqslant 0.$$

2) Si $\int |x|^p\, dm(x) < \infty$, montrer que ϕ est de classe C^p.

3) Si m est à support compact, i.e. il existe un compact K tel que $m(K^c) = 0$, montrer que ϕ est analytique.

3. Intégration par rapport à la mesure de Lebesgue

Dans cette section nous allons étudier de manière plus précise l'intégration par rapport à la mesure de Lebesgue sur $\mathbb{R}$, de façon en particulier à donner des calculs explicites d'intégrales. La mesure de Lebesgue sera désignée par λ, mais dans les intégrales on abrègera $\lambda(dx)$ en dx ; ainsi si f est une fonction borélienne positive ou intégrable, on écrira indifféremment

$$\int f\, d\lambda \quad \text{ou} \quad \int f(x)\, dx,$$

sans préjudice des autres notations introduites pour l'intégrale dans la section 1. Il sera aussi entendu que « intégrable » signifie intégrable par rapport à λ.

La première remarque à faire est que l'invariance par translation de λ démontrée dans le corollaire (I,4,4) s'étend aux intégrales.

(3,1) PROPOSITION. – Si f est positive ou intégrable, pour tout $y \in \mathbb{R}$, on a

$$\int f\, d\lambda = \int f \circ \tau_y\, d\lambda.$$

La relation de l'énoncé s'écrit aussi

$$\int f(x)\, dx = \int f(x + y)\, dx.$$

Démonstration. – Le corollaire (I,4,4) entraîne que la proposition est vérifiée pour les fonctions étagées. Comme on a $g \leqslant f$ ssi $g \circ \tau_y \leqslant f \circ \tau_y$, il résulte de la définition de l'intégrale des fonctions positives que la proposition est également vraie pour celles-ci. Par linéarité on passe alors aux fonctions de signe quelconque. □

Remarque. – Il est clair que cette proposition est également vraie si λ est la mesure de Lebesgue dans $\mathbb{R}^d$.

(3,2) DÉFINITION. – Une fonction f sur $\mathbb{R}$ est dite *localement bornée* si pour tout couple a, b (a < b) de nombres réels on a

$$\sup \{ |f(x)|; \quad a \leqslant x \leqslant b \} < \infty.$$

Une fonction f borélienne est dite *localement intégrable* si $f 1_{[a, b]}$ est intégrable pour tout couple a, b de nombres réels et l'intégrale de $f 1_{[a, b]}$ sera notée

$$\int_a^b f(x)\, dx.$$

Pour b < a, on posera $\int_a^b f(x)\, dx = - \int_b^a f(x)\, dx$. On remarque qu'on a la « relation de Chasles »

$$\int_a^b f(x)\, dx + \int_b^c f(x)\, dx = \int_a^c f(x)\, dx.$$

Si f est borélienne et localement bornée, elle est localement intégrable ($). On notera $\mathscr{L}^1_{loc}$ l'ensemble des fonctions localement intégrables.

(3,3) PROPOSITION. – Si f est localement intégrable et si a est fixé, la fonction $F(b) = \int_a^b f(x)\, dx$ est continue.

Démonstration. – Si (b_n) tend vers b > a par valeurs inférieures, la suite $(f 1_{[a, b_n]})$ tend vers la fonction $f 1_{[a, b[}$ en restant majorée par la fonction intégrable $|f|\, 1_{[a, c]}$ où c est n'importe quel nombre $\geqslant$ b ; on peut donc appliquer le théorème de Lebesgue qui montre que $F(b_n)$ tend vers $\int f 1_{[a, b[}\, d\lambda$. Mais comme l'ensemble {b} est de mesure nulle, cette dernière intégrale est égale à F(b), ce qui montre que F est continue à gauche. La continuité à droite se montre de manière semblable. □

Une fonction continue est forcément localement bornée et dans ce cas on a le résultat plus précis :

(3,4) PROPOSITION. – Si f est continue, la fonction F est dérivable et a pour dérivée f.

Démonstration. – Supposons que h décroisse vers zéro. On a

$$h^{-1} [F(b + h) - F(b)] = h^{-1} \int_b^{b+h} f(x)\, dx.$$

Comme f est continue, pour $\varepsilon > 0$, on peut trouver h_0 tel que pour $b \leqslant x \leqslant b + h_0$, on ait $f(b) - \varepsilon \leqslant f(x) \leqslant f(b) + \varepsilon$, et donc d'après les propriétés de croissance de l'intégrale, pour $0 < h < h_0$,

$$f(b) - \varepsilon \leqslant h^{-1} [F(b + h) - F(b)] \leqslant f(b) + \varepsilon.$$

Comme ε est arbitraire, on voit que le terme du milieu converge vers f(b) lorsque h tend vers 0. Ceci montre que si f est continue à droite en b, F est dérivable à droite en b. La même démonstration est valable pour le côté gauche.

On démontrera en fait plus loin le théorème de dérivation de Lebesgue qui affirme que si f n'est pas continue, la fonction F n'en est pas moins dérivable « presque-partout ». D'autre part une fonction F de dérivée f est appelée *primitive* de f. Le résultat précédent dit qu'une fonction continue a toujours une primitive. Deux primitives ne diffèrent que par une constante et la fonction F ci-dessus est la primitive qui s'annule en a. En sens inverse, on voit que la connaissance d'une primitive permet de calculer des intégrales par rapport à λ. En effet si F est une primitive de f,

$$\int_a^b f(x)\,dx = F(b) - F(a).$$

Le lecteur trouvera dans tout ouvrage d'analyse de premier cycle les méthodes pratiques de recherche de primitives. Remarquons encore qu'une mesure ayant une densité f localement intégrable par rapport à la mesure de Lebesgue est une mesure de Radon et les primitives de cette mesure au sens de (I,5) coïncident avec les primitives de f($).

Ce qui précède conduit à d'autres méthodes de calcul d'intégrales.

(3,5) Proposition. – (Formule d'intégration par parties) Si F et G sont des primitives des fonctions continues f et g,

$$\int_a^b F(x)\,g(x)\,dx = F(b)\,G(b) - F(a)\,G(a) - \int_a^b G(x)\,f(x)\,dx.$$

Démonstration. – Cela résulte immédiatement de ce que FG est une primitive de Fg + Gf (dérivation d'un produit). □

La formule précédente permet donc de calculer l'intégrale de Fg si on sait calculer celle de Gf. Remarquons que la fonction G n'y est imposée qu'à une constante près ; le choix de cette constante peut être important ne serait-ce que pour éviter que le second membre ne se présente sous la forme ∞ – ∞ (cf. Ex. (3,16)). Le résultat suivant est également très utile pour calculer effectivement des intégrales.

(3,6) Proposition. – (Formule du changement de variable) Si ϕ est une fonction injective et dérivable de [α, β] sur [a, b], pour toute fonction borélienne positive f on a

$$\int_a^b f(x)\,dx = \int_\alpha^\beta f(\phi(u))\,|\phi'(u)|\,du.$$

Démonstration. – Puisque ϕ est injective elle est soit croissante soit décroissante ; nous traitons le premier cas, l'autre se traitant de manière symétrique. Sous cette hypothèse ϕ' est positive ou nulle ; d'autre part une dérivée est forcément borélienne ($). Si l'on pose

$$\mu(A) = \int_{\alpha}^{\beta} 1_A(\phi(u))\, \phi'(u)\, du,$$

il est facile de voir que l'on définit une mesure μ sur $\mathcal{B}([a, b])$. Or pour $[c, d] \subseteq [a, b]$, on a

$$\mu([c, d]) = \int_{\alpha}^{\beta} 1_{[\phi^{-1}(c),\, \phi^{-1}(d)]}(u)\, \phi'(u)\, du,$$

soit, puisque ϕ est une primitive de ϕ',

$$\mu([c, d]] = \phi(\phi^{-1}(d)) - \phi(\phi^{-1}(c)) = d - c.$$

Il s'ensuit que $\mu = \lambda$ sur les intervalles de [a, b] et donc, d'après le théorème de la classe monotone, on a $\mu = \lambda$. Il résulte alors de la définition de μ que la formule de l'énoncé est vraie pour les fonctions f étagées sur [a, b] et par définition de l'intégrale elle est donc vraie pour toutes les fonctions boréliennes et positives. Par linéarité elle s'étend encore aux fonctions intégrables par rapport à la restriction de λ à [a, b]. □

Remarques. – 1) Il est facile de voir directement (Ex. (2,17)) que pour a et b réels

$$|b| \int f(a + bx)\, dx = \int f(x)\, dx.$$

Le résultat ci-dessus traduit l'idée intuitive que « localement, ϕ transporte λ comme le fait son application affine tangente ».

2) La proposition s'applique aussi si ϕ satisfait aux hypothèses « par morceaux », c'est-à-dire sur des intervalles disjoints et contigus, en utilisant la relation de Chasles.

3) Le lecteur qui connaît l'intégrale de Riemann déduira des résultats qui précèdent, que, pour les fonctions usuelles elle coïncide avec l'intégrale par rapport à la mesure de Lebesgue. La relation entre les deux sera précisée dans la section 5.

Le critère suivant permet souvent de reconnaître si une fonction non localement bornée est localement intégrable en la comparant aux fonctions puissances.

(3,7) Proposition. – Si I est un intervalle borné contenant a, la fonction $|x - a|^{\alpha}$ restreinte à I (et prenant en a une valeur quelconque) est intégrable ssi $\alpha > -1$.

Démonstration. – On peut supposer a = 0, et par symétrie, il suffit de considérer x^{α} sur [0, c]. Les fonctions $x^{\alpha} 1_{\{1/n \leq x \leq c\}}$ tendent en croissant vers $x^{\alpha} 1_{\{0 < x \leq c\}}$; par suite, la proposition (1,4) entraîne que (pour $\alpha \neq 1$)

$$\int_{0}^{c} x^{\alpha}\, dx = \lim \int_{1/n}^{c} x^{\alpha}\, dx = \lim\, (\alpha + 1)^{-1}[c^{\alpha+1} - n^{-\alpha-1}],$$

ce qui donne le résultat désiré. Le cas $\alpha = 1$, fait intervenir le logarithme comme primitive de x^{-1} et est laissé au lecteur. □

Tout ce que nous avons dit jusqu'ici s'applique en fait à des fonctions définies uniquement sur un intervalle de $\mathbb{R}$ et le lecteur fera les adaptations faciles que cela demande. Nous allons maintenant nous tourner vers les problèmes que pose l'intégration sur toute la droite et plus seulement sur un intervalle compact.

(3,8) Proposition. – Si f est borélienne et positive ou intégrable,

$$\int f\, d\lambda = \lim_{a\to-\infty} \int_a^0 f(x)\, dx + \lim_{b\to\infty} \int_0^b f(x)\, dx.$$

Démonstration. – Les fonctions $f1_{[0,\, b]}$ tendent en croissant, si f est positive, vers $f1_{\mathbb{R}_+}$ et l'on a donc (Proposition (1,4))

$$\int f1_{\mathbb{R}_+}\, d\lambda = \lim_{b\to\infty} \int_0^b f(x)\, dx.$$

L'autre côté se traite de la même façon puis on utilise la linéarité de l'intégrale. Le cas de f intégrable s'obtient en considérant les parties positives et négatives de f ou en recommençant le même raisonnement de passage à la limite, en utilisant cette fois le théorème de Lebesgue ($). □

Pour reconnaître si une fonction borélienne est intégrable on dispose d'un critère similaire à celui de la proposition (3,7).

(3,9) Proposition. – La fonction x^α est intégrable sur tout intervalle $[a, \infty[$, $a > 0$, ssi $\alpha < -1$.

Démonstration. – Comme cette fonction est positive son intégrale sur $[a, \infty[$ est la limite des $\int_a^b x^\alpha\, dx$ lorsque b tend vers l'infini. Le même raisonnement qu'en (3,7) donne alors le résultat.

Les propositions (3,7) et (3,9) peuvent se résumer de manière intuitive en disant que $|x|^\alpha$ est intégrable à l'infini ssi $\alpha < -1$ et est intégrable à l'origine si $\alpha > -1$. Pour déterminer si une fonction f est intégrable ou pas, on peut essayer de montrer qu'elle croît ou décroît plus vite que les fonctions puissances (cf. par exemple (3,20) et (3,26)).

Il peut arriver toutefois que les limites dans la proposition (3,8) existent et soient finies sans que f soit intégrable ; dans ce cas, ces deux limites sont appelées intégrales *impropres* sur $\mathbb{R}_+$ et $\mathbb{R}_-$ et seront notées $\int_0^\infty f(x)\, dx$ et $\int_{-\infty}^0 f(x)\, dx$. Leur somme sera notée $\int_{-\infty}^\infty f(x)\, dx$. Répétons : si f est intégrable les deux notions coïncident mais l'intégrale impropre peut exister sans que l'intégrale au sens ordinaire existe ; c'est là un phénomène du même genre que celui des séries qui convergent sans être absolument convergentes ; on rencontre d'ailleurs le terme d'*intégrales absolument convergentes* pour désigner les intégrales des fonctions intégrables.

(3,10) Exercice. – Soit f une fonction borélienne positive sur $\mathbb{R}$, localement intégrable. Montrer que f est intégrable ssi l'ensemble des nombres $\int_a^b f(x)\,dx$ est borné, et on a alors

$$\int f\,d\lambda = \lim_{a \to -\infty} \lim_{b \to \infty} \int_a^b f(x)\,dx.$$

(3,11) Exercice. – Soit m une mesure de Radon diffuse sur $\mathscr{B}(\mathbb{R})$.

1) Montrer que si g est localement bornée, l'expression $\int 1_{[0,\,x]}\, g\, dm$ est continue en x.

2) En déduire que pour tout borélien A et tout nombre α tel que $0 < \alpha < m(A)$, il existe un borélien $B \subseteq A$ et tel que $m(B) = \alpha$.

*(3,12) Exercice. – Soit $\mathscr{I}$ la classe des fonctions boréliennes sur $\mathbb{R}$ dont la restriction à tout ensemble de mesure de Lebesgue finie soit intégrable. Montrer que si $f \in \mathscr{I}$, un des ensembles $E_k = \{|f| > 2^k\}$ est de mesure finie et en déduire que f peut s'écrire $g + h$ avec $g \in \mathscr{L}^1$ et h bornée. [On pourra raisonner par l'absurde et construire en se servant de l'exercice précédent, une suite E_k' telle que $E_k' \subseteq E_k \setminus \bigcup_1^{k-1} E_j'$ et $2^{-k} \leqslant \lambda(E_k') \leqslant 2^{-k+1}$.] Montrer que $\mathscr{I} \subseteq \mathscr{L}^1_{loc}$ mais que l'inclusion est stricte.

(3,13) Exercice. – En appliquant l'exercice (2,21) à [0, 1] et aux fonctions puissances, montrer que $\sum_1^\infty ((-1)^{n-1}/n) = \log 2$.

(3,14) Exercice. – 1) Trouver pour quelles valeurs de β la fonction $1/x(\log x)^\beta$ est intégrable sur $[2, \infty[$ et en déduire un critère qui complète celui de la proposition (3,9).

2) Étudier l'intégrabilité de la fonction $(x(1 + |\log x|))^{-2}$ et de son carré lorsque m est la restriction de la mesure de Lebesgue aux intervalles [0, 1], $[1, \infty[$ et $[0, \infty[$.

(3,15) Exercice. – Pour $u \in\,]0, 1[$ et x dans $\mathbb{R}$, on pose $f(u, x) = e^{ux}/(e^x + 1)$.

1) Montrer que pour tout $n \geqslant 0$ et pour u fixé, la fonction $x^n f(u, x)$ est intégrable et que la fonction $g(u) = \int_{\mathbb{R}} f(u, x)\,dx$ est indéfiniment dérivable.

2) Montrer que pour tout $t > 0$ on a

$$\int_{-\infty}^{-t} f(u, x)\,dx + \int_t^{+\infty} f(u, x)\,dx = e^{-ut}/u + \sum_1^\infty (-1)^n \left((e^{-(u+n)t}/u + n) + (e^{(u-n)t}/u - n)\right),$$

et en déduire que

$$g(u) = 1/u + 2u \sum_{1}^{\infty} (-1)^n/(u^2 - n^2).$$

(3,16) EXERCICE. – Pour $p > -1$ et q entier positif montrer que

$$\lim_{n \to \infty} \int_0^n x^p (\log x)^q (1 - (x/n))^n \, dx = \int_0^\infty x^p (\log x)^q \exp(-x) \, dx.$$

En déduire que

$$\int_0^\infty \exp(-x) \log x \, dx = -C$$

où $C = -\lim_{n \to \infty} \left[\log n - \sum_{1}^{n} (1/k)\right]$ est la constante d'Euler. [On fera une intégration par parties dans laquelle la primitive sera choisie de manière convenable.]

(3,17) EXERCICE. – (Formules de la moyenne) 1) Soit $f \in \mathscr{L}^1_+ (E, \mathscr{A}, m)$ et g une fonction mesurable prenant ses valeurs dans $[a, b]$. Montrer que

$$a \int f \, dm \leqslant \int fg \, dm \leqslant b \int f \, dm.$$

2) (Première formule de la moyenne) Si $(E, \mathscr{A}) = (\mathbb{R}^d, \mathscr{B}(\mathbb{R}^d))$, si f est localement intégrable positive et si g est une fonction continue nulle hors d'un compact connexe K, il existe un point $\xi \in K$ tel que

$$\int fg \, dm = g(\xi) \int_K f \, dm.$$

3) (Deuxième formule de la moyenne) Soit f une fonction positive décroissante sur l'intervalle $[a, b]$ de $\mathbb{R}$. Soit m une mesure diffuse sur $\mathscr{B}([a, b])$ et g une fonction m-intégrable. Montrer qu'il existe $\xi \in [a, b]$ tel que

$$\int_a^b fg \, dm = f(a) \int_a^\xi g \, dm.$$

(3,18) EXERCICE. – Si E est un espace topologique et f une fonction continue sur l'espace produit $E \times [a, b]$, montrer que la fonction

$$\phi(x) = \int_a^b f(x, t) \, dt$$

est continue sur E.

(3,19) EXERCICE. – Soit g une fonction borélienne bornée sur l'intervalle $[0, T]$.

1) Montrer que pour tout $t \in [0, T]$ et n entier fixé, on a

$$\sum_1^\infty ((-1)^{k-1}/k!)\int_0^T e^{kn(t-T+s)} g(s)\, ds = \int_0^T (1 - \exp(-e^{n(t-T+s)}))\, g(s)\, ds.$$

2) On suppose désormais qu'il existe une constante M telle que

$$\left|\int_0^T g(s)\, e^{ns}\, ds\right| \leqslant M$$

pour tout entier n. Montrer que pour tout $t \in [0, T[$, le membre de gauche de l'égalité de 1) tend vers 0 lorsque n tend vers l'infini et en déduire que pour tout $t \leqslant T$,

$$\int_{T-t}^T g(s)\, ds = 0.$$

[Considérer les mesures de densité g^+ et g^- et appliquer (I,4,3). Voir aussi l'exercice (4,19).]

3) Montrer que si g est de plus continue, elle est identiquement nulle.

4) Déduire de ce qui précède que si f est une fonction continue sur $[1, v]$ telle que

$$\sup_n \left\{\left|\int_1^v x^n f(x)\, dx\right|\right\} < \infty,$$

alors f est identiquement nulle.

5) Si f est une fonction continue sur $[0, T]$ telle que $\int_0^T f(t)\, t^n\, dt = 0$ pour tout n, montrer que f est identiquement nulle. [Ceci résulte aussi du théorème de Stone-Weierstrass et du théorème de Riesz qui sera vu dans le chapitre IV.]

(3,20) Exercice. – Pour tous $t, x \in \mathbb{R}$, on pose $f(t, x) = \sin tx/t(1 + t^2)$ si $t \neq 0$ et $f(0, x) = 1$.

1) Montrer que $G(x) = \int_{\mathbb{R}} f(t, x)\, dt$ est définie pour tout x de $\mathbb{R}$, que G est dérivable et calculer $G(0)$ et $G'(0)$.

2) Montrer que pour $x \neq 0$,

$$x\, G'(x) = \int_{\mathbb{R}} 2t \sin tx/(1 + t^2)^2\, dt\,;$$

en déduire que G est deux fois continuement dérivable dans $\mathbb{R}\setminus\{0\}$ et que G'' tend vers 0 à l'infini.

3) Montrer que la fonction $\sin t/t$ n'est pas intégrable mais a une intégrale impropre sur $\mathbb{R}$ qu'on notera K.

4) Par un changement de variable convenable, montrer que $G - G'' = K$ sur $]0, \infty[$. En déduire les valeurs de G de K et de l'intégrale $\int_{\mathbb{R}} \cos tx/(1 + t^2)\, dt$.

(3,21) Exercice. – 1) Calculer par récurrence les intégrales

$$I_n = \int_0^{\pi/2} (\cos t)^n \, dt.$$

On trouvera deux formules différentes suivant la parité de n.

2) En remarquant que $I_{2n-1} \geqslant I_{2n} \geqslant I_{2n+1}$, montrer la formule de Wallis :

$$\sqrt{\pi} = \lim_n \frac{2.4.6...2n}{1.3.5...2n-1} / \sqrt{n}.$$

3) Montrer que

$$\lim \sqrt{n} \int_0^{\pi/2} (\cos t)^n \, dt = \lim \int_0^{n^{1/2}} (1 - (t^2/n))^n = \sqrt{\pi}/2,$$

et en déduire que

$$\int_0^\infty \exp(-t^2/2) \, dt = \sqrt{\pi/2}.$$

Cette intégrale sera recalculée de façon plus simple au chapitre V.

(3,22) Exercice. – (La fonction Γ) 1) Pour $z \in \mathbb{C}$ et Re $z > 0$, montrer que la fonction

$$\Gamma(z) = \int_0^\infty e^{-t} t^{z-1} \, dt$$

est bien définie et que $\Gamma(z+1) = z\Gamma(z)$. En particulier pour n entier, $\Gamma(n+1) = n!$.

2) Montrer que Γ est analytique dans le demi-plan {Re $z > 0$}.

3) Calculer les dérivées successives de Γ. Montrer que Γ restreinte au demi-axe réel est convexe et admet un minimum unique situé entre 1 et 2 et inférieur à 1 ; tracer le graphe de Γ. Finalement montrer que $\Gamma(1/2) = \sqrt{\pi}$. [Cf. l'exercice précédent.]

4) Montrer que la fonction

$$f(z) = \sum_0^\infty (-1)^n/(z+n)n! + \int_1^\infty e^{-t} t^{z-1} \, dt$$

est une fonction analytique dans $\mathbb{C} \setminus \{..., -n, ... -1, 0\}$ qui prolonge Γ.

(3,23) Exercice. – Montrer que pour tout nombre complexe ν tel que Re $\nu > -1/2$ et tout $x > 0$, la fonction de Bessel

$$J(x) = (x/2)^\nu \int_0^\pi \sin^{2\nu}\theta \exp(-ix\cos\theta) \, d\theta / \sqrt{\pi}\, \Gamma(\nu + 1/2)$$

est bien définie et satisfait à l'équation différentielle

$$J'' + x^{-1} J' + (1 - (\nu^2/x^2))J = 0.$$

(3,24) Exercice. – Montrer que la transformée de Fourier φ (cf. (2,37)) de la mesure de densité $\exp(-x^2/2)$ par rapport à la mesure de Lebesgue satisfait à l'équation différentielle $\phi'(x) + x\phi(x) = 0$, et en déduire sa valeur.

(3,25) Exercice. – Soit g une fonction décroissante sur [0, 1], telle que $g(1) = 0$ et continue à gauche en 1. Montrer que pour toute fonction f positive mesurable, la famille des fonctions ψ_t définies par

$$\psi_t(u) = g(t)\, f(u)\, 1_{[0,\,t]}(u),$$

est dominée par la fonction fg. En déduire que si $\int_0^1 f(u)\, g(u)\, du$ est finie, alors

$$\lim_{t\to 1} g(t) \int_0^t f(u)\, du = 0.$$

(3,26) Exercice. – Montrer que pour tout y de $\mathbb{R}$, la restriction à $\{x : |x| \geqslant 2|y|\}$ de la fonction $|(x-y)^{-1} - (x)^{-1}|$ est intégrable et calculer son intégrale.

(3,27) Exercice. – Soit ϕ une fonction réelle définie sur $\mathbb{R}_+$, croissante, telle que $\phi(0) = 0$ et $\phi(t) > 0$ pour $t > 0$. On pose $\Phi(x) = \int_0^x \phi(t)\, dt$.

1) Montrer que Φ est positive croissante et convexe et que $\Phi(x) \leqslant x\phi(x)$.

2) Calculer les dérivées à droite et à gauche (Ex. (0,2,8)) de Φ.

3) Montrer réciproquement que si Φ est nulle en 0, croissante et convexe, il existe une fonction ϕ croissante, continue à droite, nulle en zéro et dont Φ est la primitive.

[Deux fonctions continues ayant même dérivée à droite ne diffèrent que d'une constante.]

(3,28) Exercice. – 1) Montrer que l'application T définie par

$$Tf(t) = \int_0^1 \inf(s, t)\, f(s)\, ds,$$

est une application linéaire et continue de C ([0, 1]) muni de la norme de la convergence uniforme dans lui-même, et calculer la norme de T.

2) Trouver les valeurs propres et fonctions propres de T.

(3,29) Exercice. – Montrer que $\log|\sin x|$ est intégrable sur $[0, 2\pi]$. Pouvez-vous calculer la valeur de son intégrale par les méthodes de cette section ?

(3,30) Exercice. – (valeur principale de $1/x$) Si f est une fonction continuement dérivable à support compact montrer que la limite de

$$\int_{\{|x| > \varepsilon\}} (f(x)/x\, dx$$

lorsque ε tend vers zéro existe et donner sa valeur.

(3,31) Exercice. – Montrer que les intégrales impropres (dites de Fresnel) de cos (x^2) et sin (x^2) sur $[0, \infty[$ existent.

4. Ensembles négligeables. Espace L^1

Nous reprenons maintenant l'espace (E, $\mathscr{A}$, m) fixé, mais général, et commençons par la remarque suivante :

(4,1) Proposition. – L'application N, définie par

$$N(f) = \int |f|\, dm,$$

est une semi-norme sur l'espace $\mathscr{L}^1$.

Démonstration. – Il est évident que $N(f) \geqslant 0$ et si $f = 0$, on a $N(f) = 0$. La linéarité de l'intégrale entraîne aussi immédiatement que $N(af) = |a|\, N(f)$ et enfin

$$N(f + g) = \int |f + g|\, dm \leqslant \int |f|\, dm + \int |g|\, dm = N(f) + N(g). \qquad \square$$

Ce qui empêche N d'être une norme, c'est que l'on peut avoir $N(f) = 0$ sans que f soit identiquement nulle. Si par exemple m est la mesure de Lebesgue on a $N(f) = 0$ pour toute fonction nulle hors d'un ensemble dénombrable ($). On voit en topologie l'intérêt qu'il y a à avoir des normes et non des semi-normes et comment on obtient une norme à partir d'une semi-norme par une opération de passage au quotient que nous allons redécrire dans notre cas particulier.

(4,2) Définition. – Un ensemble $A \in \mathscr{A}$ est dit *négligeable* (ou m-négligeable) si $m(A) = 0$. Une fonction f est négligeable si $\{|f| \neq 0\}$ est négligeable.

L'ensemble vide est négligeable. Tout sous-ensemble mesurable d'un ensemble négligeable est négligeable. Toute réunion dénombrable d'ensembles négligeables est négligeable d'après la sous-σ-additivité de la mesure. Pour la mesure de Lebesgue sur $\mathbb{R}^d$ tous les ensembles dénombrables sont négligeables, mais il y en a beaucoup d'autres ; il résultera en particulier facilement des résultats du chapitre V que les sous-variétés linéaires sont négligeables. Dans le cas de $\mathbb{R}$, l'ensemble de Cantor fournit un exemple d'ensemble négligeable ayant la puissance du continu (cf. (0,3,26)). Les éléments f de $\mathscr{L}^1$ tels que $N(f) = 0$ sont négligeables et plus généralement on a la

(4,3) Proposition. – Une fonction f est négligeable ssi

$$\int |f|\, dm = 0.$$

Démonstration. – Laissée en exercice au lecteur.

On remarque aussi qu'une fonction négligeable est intégrable et d'intégrale nulle ($).

Une idée essentielle de la théorie de l'intégration est que l'on peut toujours travailler à un ensemble négligeable près. Par exemple si f est intégrable et si g ne diffère de f que sur un ensemble négligeable, alors g est intégrable et $\int f = \int g$ ($). C'est cette idée que nous allons mettre en œuvre pour définir un quotient de $\mathscr{L}^1$ qui soit un espace normé.

(4,4) Définition. – Une propriété P des points de E est dite *mesurable* si l'ensemble des points ayant la propriété est mesurable. Une propriété mesurable P est dite vraie *presque-partout* si l'ensemble des points ou elle est en défaut est négligeable. On abrègera souvent presque partout en p.p. ou m-p.p. si l'on veut préciser la mesure utilisée.

Par exemple une fonction f est *finie presque-partout* si $m(\{|f| = \infty\}) = 0$ et on a la

(4,5) Proposition. – Une fonction intégrable est finie presque-partout.

Démonstration. – Si $|f|$ est infinie sur A avec $m(A) > 0$, les fonctions étagées $\alpha 1_A$ sont majorées par $|f|$ et leurs intégrales tendent vers l'infini avec α. Le lecteur remarquera que la réciproque est grossièrement fausse. □

De la même façon deux fonctions mesurables f et g sont dites *égales p.p.* si $m(\{f \neq g\}) = 0$. L'égalité p.p. est une relation d'équivalence sur l'ensemble des fonctions mesurables ($). Si f et g sont finies, on a $f = g$ p.p. ssi $f - g$ est négligeable.

Mais en fait on peut, dans cette dernière phrase, s'affranchir de la condition de finitude. En suivant notre méthode générale, une fonction sera *définie presque-partout* si elle est définie sauf sur un ensemble de mesure nulle. Une telle fonction sera dite mesurable si on peut la prolonger (par exemple par une constante) en une fonction mesurable sur tout l'espace. On rencontre naturellement ce genre de fonctions (cf. la proposition (4,12) ci-après et la section (V, 1)).

(4,6) Définition. – On appellera $\mathscr{L}^0$ l'ensemble des fonctions mesurables définies et finies presque-partout. On appellera $\mathscr{N}$ le sous-ensemble de $\mathscr{L}^0$ constitué des fonctions négligeables.

Sur $\mathscr{L}^0$ on peut définir les opérations habituelles. Si $*$ représente l'une quelconque des opérations $+$, $\times$, $\vee$, $\wedge$, et si f et g sont dans $\mathscr{L}^0$ on voit que $f * g$ est définie sur l'ensemble où f et g sont toutes deux finies, donc presque-partout. Pour ces opérations $\mathscr{L}^0$ est une algèbre réticulée et $\mathscr{N}$ en est une sous-algèbre.

De plus ces opérations sont régulières pour l'égalité p.p.. On vérifie en effet immédiatement que si $f = g$ p.p. on a $af = ag$ p.p. pour tout réel a et que si $f = f'$ p.p. et $g = g'$ p.p. alors

$$f * g = f' * g' \text{ p.p.},$$

où $*$ est l'une quelconque des opérations $+$, $\times$, $\vee$, $\wedge$. On peut donc définir ces opérations sur l'ensemble des classes d'équivalence de fonctions mesurables finies p.p.; par exemple la somme de deux classes est la classe de la somme de deux éléments arbitraires pris dans chacune des classes.

(4,7) Proposition. – Le quotient L^0 de $\mathscr{L}^0$ pour l'égalité p.p. est une algèbre réticulée.

Cette proposition résulte immédiatement de la discussion qui précède. Observons encore qu'une propriété partagée par toutes les fonctions d'une classe d'équivalence peut être considéré comme une propriété de l'élément correspondant de L^0. Un élément de L^0, par exemple, est dit positif si c'est la classe d'équivalence de fonctions positives p.p. De façon plus générale si $\hat{f}$ et $\hat{g}$ sont deux éléments de L^0, on dira que $\hat{f} \leqslant \hat{g}$ si $f \leqslant g$ p.p.. pour un, donc pour tout, choix de f et g dans les classes $\hat{f}$ et $\hat{g}$. Enfin on peut remarquer que $L^0 = \mathscr{L}^0/\mathscr{N}$ au sens des quotients d'espaces vectoriels.

Si f est une fonction positive de $\mathscr{L}^0$ on peut définir son intégrale comme l'intégrale de f sur l'ensemble où elle est définie. Puis, comme dans la section 2, on définit les fonctions intégrables de $\mathscr{L}^0$ et leurs intégrales en procédant par différence. Une fonction est intégrable ssi toutes les fonctions équivalentes sont intégrables et les intégrales ne dépendent que de la classe d'équivalence (\$). On appellera encore $\mathscr{L}^1$ le sous-espace de $\mathscr{L}^0$ constitué des fonctions intégrables. Toute fonction de $\mathscr{L}^1$ est égale p.p. à une fonction intégrable finie partout, donc à un élément de l'espace $\mathscr{L}^1$ de la section 2. On remarque que l'on a les inclusions $\mathscr{N} \subseteq \mathscr{L}^1 \subseteq \mathscr{L}^0$ et l'on pose la

(4,8) Définition. – On appelle L^1 l'espace quotient $\mathscr{L}^1/\mathscr{N}$ ou en d'autres termes l'espace des classes d'équivalence de fonctions intégrables.

L'espace L^1 est un sous-espace vectoriel réticulé de L^0. On le note aussi $L^1(m)$ ou $L^1(E, \mathscr{A}, m)$ lorsqu'il y a un risque d'ambiguïté. De plus, tout ce que nous venons de faire se généralise immédiatement aux fonctions à valeurs complexes et on note $L^1_{\mathbb{C}}$ ($L^1_{\mathbb{C}}(m)$, $L^1_{\mathbb{C}}(E, \mathscr{A}, m)$) l'espace correspondant.

Comme cela a déjà été observé si f et g sont deux fonctions intégrables équivalentes on a $N(f) = N(g)$ et $\int f = \int g$. Les nombres $N(f)$ et $\int f$ ne dépendent donc que de la classe d'équivalence de f et on peut donc les considérer comme des fonctions définies sur L^1. En d'autres termes si $\hat{f}$ est un élément de L^1 on peut poser sans ambiguïté

$$\|\hat{f}\|_1 = N(f), \quad \int \hat{f}\, dm = \int f\, dm$$

où f est n'importe quel représentant de la classe $\hat{f}$; on dira qu'il s'agit respectivement de la *norme* L^1 et de l'intégrale par rapport à m de $\hat{f}$ et on peut énoncer

(4,9) Proposition. – L'application $\| \ \|_1$ est une norme sur l'espace L^1 et l'intégrale est une forme linéaire positive et continue pour cette norme.

Il n'y a rien à démontrer, mais insistons sur le fait que $\|\hat{f}\|_1 = 0$ entraîne, avec les notations précédentes, que $f = 0$ p.p. donc que $\hat{f}$ est l'élément neutre de l'espace vectoriel L^1.

(4,10) Définition. – Une suite d'éléments de L^1 qui converge au sens de la norme L^1 est dite *converger dans L^1* ou *au sens de L^1* ou en *moyenne d'ordre 1*.

Dans la suite, comme il est très lourd, et inutile une fois que la situation est bien comprise, de distinguer entre fonctions et classes d'équivalences de fonctions nous ferons *l'abus de langage* consistant à ne pas distinguer entre les deux et à parler par exemple de fonctions de L^1, ou encore à dire qu'une suite de fonctions intégrables f_n converge dans L^1 vers une fonction f si

$$\lim \int |f_n - f| \, dm = 0.$$

Ceci ne pose aucun problème aussi longtemps que l'on ne considère que des familles dénombrables de fonctions (cf. Ex. (4,45)).

Comme $\left| \int f_n \, dm - \int f \, dm \right| \leqslant \int |f_n - f| \, dm$, la convergence dans L^1 entraîne la convergence des intégrales vers l'intégrale de la limite et le théorème de convergence dominée de Lebesgue peut maintenant être réinterprété comme une condition suffisante de convergence dans L^1. Nous allons le réénoncer avec cette nouvelle optique, mais avec des hypothèses un peu affaiblies pour lesquelles nous introduisons les importantes définitions qui suivent. Conformément à la définition générale (4,4) une suite (f_n) de fonctions mesurables *converge* p.p. si

$$m(\{x : \underline{\lim}\, f_n(x) < \overline{\lim}\, f_n(x)\}) = 0.$$

et la limite est alors n'importe quelle fonction de la classe d'équivalence de $\overline{\lim}\, f_n$, soit encore (f_n) *converge p.p. vers f* si

$$m(\{x : \underline{\lim}\, f_n(x) = \overline{\lim}\, f_n(x) = f(x)\}^c) = 0.$$

Autrement dit une suite converge p.p. vers f si elle converge simplement vers f sauf peut-être aux points d'un ensemble négligeable. Ces notions s'étendent immédiatement aux fonctions à valeurs complexes.

(4,11) Théorème. – (Théorème de convergence dominée) Si (f_n) est une suite de fonctions à valeurs dans $\overline{\mathbb{R}}$ ou $\mathbb{C}$, convergeant p.p. vers une fonction f et s'il existe une fonction g intégrable telle que pour tout n on ait $|f_n| \leqslant g$ p.p., alors les fonctions f_n et f sont intégrables et (f_n) converge vers f dans L^1.

Démonstration. – Il existe clairement un ensemble négligeable N en dehors duquel les fonctions f_n, f et g sont finies, on a $|f_n| \leqslant g$ et (f_n) converge vers f simplement. Comme N est négligeable on a

$$\int |f_n - f| \, dm = \int |f_n - f| \, 1_{N^c} \, dm$$

et $|f_n - f|\, 1_{N^c}$ est dominée par la fonction intégrable $2g.1_{N^c}$. On applique alors le théorème (2,6) à la restriction de m à N^c. □

Remarque. – Avec cette nouvelle version du Théorème de Lebesgue il est clair que l'on peut affaiblir les critères de continuité et de dérivabilité des propositions (2,7) et (2,8) ; on peut retirer de E un ensemble négligeable N et se contenter de vérifier les hypothèses dans E\N. Il ne faudrait toutefois pas croire que l'on peut faire varier l'ensemble négligeable avec λ (cf. (4,24)).

Nous allons maintenant montrer que L^1 est un espace de Banach. On commence avec la

(4,12) PROPOSITION. – Pour toute suite (f_n) d'élements de L^1 telle que $\Sigma \| f_n \|_1 < \infty$, la série Σf_n converge p.p. et dans L^1 et

$$\| \Sigma f_n \|_1 \leqslant \Sigma \| f_n \|_1.$$

Démonstration. – Pour tout N, on a

$$\int \sum_1^N |f_n| \, dm = \sum_1^N \| f_n \|_1,$$

et par convergence monotone (Proposition (1,7)),

$$\int \sum_1^\infty |f_n| \, dm = \sum_1^\infty \| f_n \|_1 < \infty.$$

Il en résulte que la fonction $g = \sum_1^\infty |f_n|$ est intégrable donc finie p.p. et par suite la série

$\sum_1^\infty f_n$ converge absolument p.p.. Soit f sa somme. La suite $\left| f - \sum_1^N f_n \right|$ converge vers 0 p.p. en restant majorée par la fonction intégrable g ; le théorème de convergence dominée permet alors de conclure à la convergence dans L^1 de la série considérée.

Remarque. – On constate que la fonction f de la démonstration précédente n'est pas forcément définie partout car les sommes partielles de la série des f_n peuvent en certains points n'avoir aucune limite même dans $\overline{\mathbb{R}}$; ceci justifie la considération des fonctions définies seulement presque-partout.

(4,13) THÉORÈME. – L'espace vectoriel normé L^1 est un espace de Banach.

Démonstration. – Soit (f_n) une suite de Cauchy pour la norme L^1. On peut choisir une suite croissante (p_k) d'entiers tels que

$$\| f_m - f_n \|_1 \leqslant 2^{-k} \quad \text{pour} \quad m, n \geqslant p_k.$$

Si on applique la proposition précédente à la suite (g_n) définie par

$$g_0 = f_{p_0},\ g_k = f_{p_k} - f_{p_{k-1}},$$

on obtient, puisque $\sum_{k=1}^{\infty} \| g_k \|_1 \leqslant \Sigma\, 2^{-k} < \infty$, que la suite $(f_{p_l}) = \left(\sum_{k=0}^{l} g_k \right)$ converge p.p. et dans L^1. La suite de Cauchy initiale admet donc une sous-suite convergente et par suite est elle-même convergente. □

Un corollaire de la démonstration précédente est la

(4,14) Proposition. – De toute suite convergeant dans L^1 on peut extraire une sous-suite convergeant p.p. .

Ce résultat ne peut être amélioré et il existe des suites convergeant dans L^1 et ne convergeant pas p.p. . En sens inverse une suite convergeant p.p. ne converge pas dans L^1 si elle ne satisfait pas une condition supplémentaire du genre de celle du théorème de convergence dominée (voir les exercices (4,25), (4,34) et (4,39)).

Nous allons terminer cette section avec l'étude d'une extension de la notion d'ensemble négligeable.

(4,15) Définition. – Un sous-ensemble quelconque B de E est dit m-*négligeable* (ou simplement négligeable s'il n'y a pas risque de confusion) s'il existe un ensemble $A \in \mathcal{A}$, négligeable et contenant B.

Il est facile de voir que la classe des ensembles de la forme $A \cup B$ avec A dans $\mathcal{A}$ et B négligeable est la plus petite tribu contenant $\mathcal{A}$ et les ensembles négligeables. On la note $\mathcal{A}^m$ et on l'appelle la *tribu complétée de $\mathcal{A}$ pour* m (cf. Ex. (I,2,16)). Il existe d'autre part un prolongement unique de m à $\mathcal{A}^m$ que nous noterons encore m et pour lequel $m(A \cup B) = m(A)$ ($). On a enfin la

(4,16) Proposition. – Une fonction f de E dans $\overline{\mathbb{R}}$ est $\mathcal{A}^m$-mesurable ssi il existe deux fonctions $\mathcal{A}$-mesurables g et h, m-presque-partout égales et telles que

$$g \leqslant f \leqslant h.$$

Démonstration. – C'est l'exercice (I,3,27). □

Cette proposition montre qu'il peut y avoir beaucoup plus de fonctions $\mathcal{A}^m$-mesurables que de fonctions $\mathcal{A}$-mesurables, mais qu'il y a correspondance biunivoque entre les classes d'équivalences de fonctions des deux types. En particulier la fonction f ci-dessus est intégrable ssi les fonctions g et h sont intégrables. Les espaces $L^1(E, \mathcal{A}, m)$ et $L^1(E, \mathcal{A}^m, m)$ sont isomorphes et seront le plus souvent identifiés.

Lorsque l'espace considéré est $\mathbb{R}^d$ muni de la mesure de Lebesgue, la tribu complétée est appelé la *tribu de Lebesgue* sur $\mathbb{R}^d$ et ses éléments sont les ensembles *Lebesgue-mesurables.*

La tribu de Lebesgue est strictement plus grande que la tribu borélienne ; en effet l'ensemble de Cantor est un ensemble borélien de mesure nulle et ayant la puissance du continu et par suite la tribu de Lebesgue a un cardinal au moins égal à 2^c, alors que la tribu borélienne a pour cardinal c. En fait comme elle est contenue dans $\mathcal{P}(\mathbb{R})$ elle a exactement 2^c pour cardinal et le problème est de montrer qu'elle n'est pas égale à $\mathcal{P}(\mathbb{R})$ tout entier ; ceci sera fait dans l'exercice (4,47) mais exige le recours à l'axiome du choix. Le lecteur est invité à regarder la Lecture 2 pour plus d'explications sur ce sujet.

(4,17) Exercice. – Soient f et g deux fonctions intégrables. Montrer que

$$\int \inf(f, g)\, dm \leq \inf\left(\int f\, dm, \int g\, dm\right).$$

Donner une CNS portant sur f et g pour que cette inégalité soit une égalité.

(4,18) Exercice. – Si f est m-intégrable, montrer que pour tout $a > 0$, on a

$$am(\{|f| > a\}) \leq \int_{\{|f| > a\}} |f|\, dm,$$

et en déduire

i) (Inégalité de Markov)

$$m(\{|f| > a\}) \leq m(|f|)/a ;$$

ii)
$$\lim_{a \to \infty} am(\{|f| > a\}) = 0.$$

Retrouver également la proposition (4,5) à partir de i).

2) Montrer par un exemple que la propriété ii) ci-dessus peut être vérifiée par des fonctions non intégrables. Pour une fonction f mesurable on pose

$$\|f\|_w = \sup\{am(\{|f| > a\}) : a > 0\}.$$

Montrer que $\|f\|_w$ ne dépend que de la classe d'équivalence de f et que

$$\|f\|_w = |\lambda|\, \|f\|_w, \quad \|f + g\|_w \leq 2(\|f\|_w + \|g\|_w).$$

*3) Soit L^1_w l'espace des classes d'équivalence telles que $\|f\|_w < \infty$. On le munit de la topologie pour laquelle une base de voisinages de f est la famille des $\{g : \|f - g\|_w < \varepsilon\}$. Montrer que c'est un espace vectoriel topologique qui contient L^1 et que l'injection de L^1 dans cet espace est continue.

(4,19) Exercice. – 1) Montrer que pour une fonction f de $\mathcal{L}^1(m)$ les deux conditions suivantes sont équivalentes :

i) $f = 0$ p.p. ;

ii) $\int_A f\, dm = 0$ pour tout $A \in \mathcal{A}$.

2) Montrer que les conditions de 1) sont déjà vraies si $\int_C f\,dm = 0$ pour tout C d'une classe $\mathscr{C}$ stable par intersection finie, contenant E et engendrant $\mathscr{A}$.

3) Si f est une fonction localement intégrable sur $\mathbb{R}$ telle que $\int_a^b f(x)\,dx = 0$ pour tout couple (a, b) de réels, alors f est nulle p.p. (pour la mesure de Lebesgue). Si f est en plus continue, elle est identiquement nulle.

(4,20) Exercice. – Si f est une fonction m-intégrable, les deux conditions suivantes sont équivalentes :

i) $f \geqslant 0$ m-p.p. ;

ii) $\int_A f\,dm \geqslant 0$ pour tout $A \in \mathscr{A}$.

(4,21) Exercice. – Soit f une fonction intégrable comprise entre 0 et 1 p.p. et telle que $\int f\,dm = \int f^2\,dm$; montrer que f est p.p. égale à la fonction indicatrice d'un ensemble de mesure finie.

(4,22) Exercice. – Trouver la limite, si elle existe, des intégrales

$$\int_0^1 (\cos(1/x))^n\,dx.$$

(4,23) Exercice. – Si f est une fonction intégrable pour la mesure de Lebesgue sur $\mathbb{R}$ et α un nombre réel fixe non nul, montrer que pour presque tout x la série

$$\sum_{k=-\infty}^{+\infty} f(x + k\alpha)$$

est absolument convergente.

(4,24) Exercice. – Dans la situation du critère de dérivabilité (2,8) on prend $E = \Lambda = [0, 1]$ et $f(x, \lambda) = \phi(x)\, 1_{\{x < \lambda\}}$ avec ϕ continue. Montrer que F est dérivable et calculer sa dérivée. Dire pourquoi le résultat n'est pas contradictoire avec la remarque suivant la version du théorème de Lebesgue donnée dans cette section.

(4,25) Exercice. – 1) Si [0, 1[est muni de la mesure de Lebesgue, la suite (f_n) définie par

$$f_n = 1_{[k/2^m,\, k+1/2^m[} \quad \text{si} \quad n = 2^m + k \quad \text{avec} \quad 0 \leqslant k < 2^m$$

converge dans L^1 vers 0 et ne converge pas p.p. vers 0.

2) Sur le même espace la suite $f_n = n\,1_{[0,\,1/n]}$ converge p.p. vers 0 et ne converge pas dans L^1.

(4,26) Exercice. – Montrer que (f_n) converge vers f dans L^1 ssi $\int_A f_n$ converge vers $\int_A f$ uniformément en $A \in \mathcal{A}$.

(4,27) Exercice. – Soit (f_n) une suite de fonctions intégrables convergeant p.p. vers une fonction intégrable f.

1) Montrer que si les f_n sont positives, (f_n) converge vers f dans L^1 ssi $\left(\int f_n\right)$ converge vers $\int f$.

2) Donner un exemple d'une suite (f_n) telle que $f = 0$, $\int f_n = 0$ pour tout n et ne convergeant pas vers 0 dans L^1.

3) Démontrer que (f_n) converge vers f dans L^1 ssi $(\|f_n\|_1)$ converge vers $\|f\|_1$. [On pourra se servir des exercices (4,26) et (4,36).]

*(4,28) Exercice. – Sous les mêmes hypothèses que dans l'exercice précédent montrer que $(|f_n| - |f| - |f_n - f|)$ tend vers 0 dans L^1.

(4,29) Exercice. – Soient (f_n) et (g_n) deux suites convergentes d'éléments de L^1. Que peut-on dire des suites $(f_n + g_n)$, $(f_n g_n)$, $\inf(f_n, g_n)$, $\sup(f_n, g_n)$?

(4,30) Exercice. – 1) Monter que l'ensemble des fonctions étagées intégrables est dense dans L^1. [Une fonction positive est limite croissante de fonctions étagées et la limite a lieu dans L^1 par le théorème de Lebesgue.]

*2) Supposons la mesure bornée et soit $\mathcal{C}$ une classe stable par intersections finies et engendrant $\mathcal{A}$. L'ensemble des fonctions étagées de la forme $\Sigma\alpha_i 1_{C_i}$ avec $C_i \in \mathcal{C}$, est dense dans L^1. [On peut montrer que l'espace des fonctions bornées qui sont limites dans L^1 de fonctions étagées de ce type a la propriété (p) de (I,4,7). On peut aussi se servir du théorème d'approximation de (I,4,11).] Étendre le résultat aux mesures σ-finies en faisant sur $\mathcal{C}$ les hypothèses convenables.

3) En déduire que pour toute mesure bornée sur un intervalle borné ou non de $\mathbb{R}$, l'espace des fonctions en escalier (combinaisons linéaires de fonctions indicatrices d'intervalles) et l'espace des fonctions continues à supports compacts sont denses dans L^1. Étendre le résultat aux mesures de Radon sur $\mathcal{B}(\mathbb{R}^d)$.

4) Si $\mathcal{A}$ est engendrée par une classe dénombrable d'ensembles, et si la mesure est σ-finie, montrer que L^1 est séparable. Montrer par l'exemple de la mesure de comptage sur un ensemble non dénombrable que ce résultat est en défaut si m n'est pas σ-finie.

*5) Montrer réciproquement que si $L^1(E, \mathcal{A}, m)$ est séparable, il existe une sous-tribu $\mathcal{B}$ de $\mathcal{A}$ engendrée par une classe dénombrable d'ensembles et telle que toute classe d'équivalence de $L^1(E, \mathcal{A}, m)$ contienne une fonction $\mathcal{B}$-mesurable.

*(4,31) EXERCICE. – Soit μ une mesure positive et g une fonction mesurable positive et bornée. On pose $\nu = g\mu$.

1) Montrer que $L^1(\nu) \supseteq L^1(\mu)$ et que l'injection est continue. Donner un exemple où l'inclusion soit stricte et la topologie de $L^1(\mu)$ strictement plus fine que celle de $L^1(\nu)$. Donner une condition suffisante sur g pour que les deux espaces soient égaux.

2) Montrer qu'un sous-ensemble dense de $L^1(\mu)$ est aussi dense dans $L^1(\nu)$.

(4,32) EXERCICE. – Si (f_n) est une suite de fonctions mesurables telle que $\overline{\lim}\, f_n$ et $\underline{\lim}\, f_n$ soient finies p.p. et si $\Sigma\alpha_n$ est une série convergente à termes positifs, montrer que la série $\Sigma\alpha_n f_n$ est p.p. convergente.

*(4,33) EXERCICE. – (lemme de Borel-Cantelli et convergence p.p.)

1) Soit (A_n) une suite d'ensembles mesurables tels que $\Sigma m(A_n) < \infty$. Montrer que l'ensemble $\overline{\lim}\, A_n$ est m-négligeable. [On pourra observer que la fonction $\Sigma 1_{A_n}$ est intégrable donc finie p.p., mais cette question est déjà dans (I,2,12).]

2) Montrer qu'une suite (f_n) de fonctions mesurables réelles ou complexes converge p.p. vers f ssi pour tout $\varepsilon > 0$ l'ensemble $\overline{\lim}\, \{|f_n - f| > \varepsilon\}$ est négligeable.

3) Si (f_n) et f sont telles que pour tout $\varepsilon > 0$,

$$\sum_n m(\{|f_n - f| > \varepsilon\}) < \infty,$$

la suite (f_n) converge p.p. vers f. Donner un exemple montrant que cette condition n'est pas nécessaire.

4) Si (ε_n) est une suite de nombres positifs tendant vers 0 et si (f_n) est une suite de fonctions mesurables telle que

$$\sum_n m(\{|f_n| > \varepsilon_n\}) < \infty,$$

montrer que (f_n) converge p.p. vers 0. Si de plus $\Sigma\varepsilon_n < \infty$, la série Σf_n converge absolument p.p. Ici encore ces conditions sont suffisantes mais pas nécessaires.

*(4,34) EXERCICE. – (Convergence en mesure) Une suite (f_n) de fonctions mesurables est dite *converger en mesure* vers f si

$$\forall \varepsilon > 0, \quad \lim_n \mu(\{|f_n - f| > \varepsilon\}) = 0.$$

On remarque que cette notion concerne en fait les classes d'équivalence de fonctions mais nous ferons l'abus de langage habituel. Cet exercice et le suivant traitent de cette notion.

1) Montrer que si (f_n) tend vers f dans L^1 alors (f_n) tend vers f en mesure [Voir (4,18).]. Montrer que la réciproque est inexacte (Ex. (4,25)) mais voir cependant l'exercice (4,39).

2) Si μ est une mesure bornée et si (f_n) tend vers f p.p., alors (f_n) tend vers f en mesure; montrer par un exemple (voir (4,25)) que la réciproque n'est pas vraie, puis montrer que les convergences p.p. et en mesure sont équivalentes ssi l'espace est purement atomique ((I,2,25)). Constater que ces propriétés ne sont pas vraies en toute généralité si $\mu(E) = \infty$.

3) Montrer que de toute suite convergeant en mesure on peut extraire une sous-suite convergeant p.p. vers la même limite. [Utiliser (4,33)]. Montrer que dans l'énoncé du théorème de convergence dominée on peut remplacer la convergence p.p. par la convergence en mesure.

4) Montrer qu'une suite (f_n) converge en mesure ssi pour tout $\varepsilon > 0$

$$\lim_{n,\, m \to \infty} \mu(\{|f_n - f_m| > \varepsilon\}) = 0.$$

5) Si μ est bornée, montrer qu'une suite (f_n) converge en mesure vers f ssi de toute sous-suite on peut extraire une sous-suite qui converge p.p. vers f. En déduire (mais ceci peut aussi se montrer directement) que si (f_n) (resp. (g_n)) converge en mesure vers f (resp. g), alors $(f_n\, g_n)$ converge en mesure vers fg.

*(4,35) Exercice. – 1) Supposons μ σ-finie et soit ϕ une fonction intégrable fixe, strictement positive. Pour $f \in L^0$, on pose

$$\varepsilon(f) = \int |f|/(1 + |f|))\, \phi\, d\mu.$$

Montrer que $\varepsilon(f + g) \leqslant \varepsilon(f) + \varepsilon(g)$ et $\varepsilon(af) \leqslant \max(1, |a|)\, \varepsilon(f)$. En déduire que $d(f, g) = \varepsilon(f - g)$ est une distance sur L^0 et que la convergence pour cette distance équivaut à la convergence en mesure. Montrer que L^0 est un EVT complet pour cette distance.

2) On suppose désormais que $\mu(E) < \infty$. Montrer que les ensembles

$$V_{\varepsilon,\alpha} = \{f : \mu(\{|f| > \varepsilon\}) < \alpha\}$$

forment une base de voisinages de 0 dans L^0 pour la topologie ci-dessus.

3) On suppose de plus que $\mathscr{A}$ contient des ensembles de mesure strictement positive mais arbitrairement petite comme c'est par exemple le cas si l'espace a une partie non atomique ((I,2,25)). Montrer que l'enveloppe convexe de $V_{\varepsilon,\alpha}$ contient $V_{\varepsilon,2\alpha}$ et en déduire que toute forme linéaire et continue sur L^0 est identiquement nulle. Par conséquent la topologie définie par d n'est pas localement convexe et en particulier ne peut être définie par une norme. L'exemple des espaces finis montre que l'hypothèse que nous avons rajoutée était nécessaire pour obtenir ce résultat.

Les exercices (4,36) à (4,40) portent sur la notion d'équi-intégrabilité et dépendent dans une faible mesure les uns des autres.

*(4,36) Exercice. – 1) Si $f \in L^1$, montrer que pour tout $\varepsilon > 0$ il existe un δ tel que $\mu(A) < \delta$ entraîne

$$\int_A |f| d\mu < \varepsilon.$$

[On peut utiliser l'exercice (4,18).]

Dans la suite nous supposerons que la mesure μ est bornée. Un sous-ensemble K de L^1 est dit *équi-intégrable* ou *uniformément intégrable* s'il satisfait aux deux conditions suivantes

i) (équi-continuité) Pour tout $\varepsilon > 0$ il existe un δ tel que $\mu(A) < \delta$ entraîne

$$\int_A |f| d\mu < \varepsilon \quad \forall f \in K;$$

ii) K est borné dans L^1, i.e. $\sup\{\|f\|_1 ; f \in K\} < \infty$.

2) S'il existe un élément g de L^1 tel que $|f| \leqslant g$ pour tout $f \in K$ alors K est équi-intégrable ; en particulier tout sous-ensemble fini de L^1 est équi-intégrable. La fermeture dans L^1 d'un ensemble équi-intégrable est équi-intégrable.

3) L'ensemble K est équi-intégrable ssi

$$\lim_{a \to \infty} \sup_{f \in K} \int_{\{|f| > a\}} |f| d\mu = 0.$$

4) Si l'espace est purement non atomique ((I,2,25)) la condition i) de la définition suffit à entraîner l'équi-intégrabilité. Caractériser les ensembles équi-intégrables lorsque l'espace est purement atomique.

(4,37) Exercice. – Si H et K sont deux ensembles équi-intégrables (resp. équicontinus) l'ensemble $H + K = \{f + g ; f \in H, g \in K\}$ est équi-intégrable (resp. équicontinu). L'enveloppe convexe fermée d'un ensemble équi-intégrable est équi-intégrable.

**(4,38) Exercice. – Montrer que K est équi-intégrable ssi il existe une fonction ϕ mesurable et positive sur $[0, \infty[$ telle que $\lim_{x \to \infty} \phi(x)/x = \infty$ et

$$\sup\left\{\int \phi(|f|) d\mu ; f \in K\right\} < \infty.$$

(4,39) Exercice. –Soient f_n, $n \geqslant 1$, et f des éléments de $L^1(\mu)$ où μ est toujours bornée ; montrer que les deux conditions suivantes sont équivalentes

i) (f_n) converge vers f dans L^1 ;

ii) (f_n) est équi-intégrable et converge vers f en mesure.

Constater que ceci généralise le théorème de convergence dominée et donner un exemple où celui-ci ne s'applique pas alors que la condition ii) s'applique.

(4,40) Exercice. – Si (f_n) est équi-intégrable, montrer que

$$\frac{1}{n}\int \sup_{m \leqslant n} |f_m|\, d\mu \to 0$$

lorsque n tend vers l'infini.

(4,41) Exercice. – 1) Si m est une mesure σ-finie, montrer qu'il existe une mesure bornée μ telle que les ensembles négligeables soient les mêmes pour m et μ.

2) Sur l'ensemble des mesures σ-finies le fait d'avoir les mêmes ensembles négligeables est une relation d'équivalence. Quelle est la classe d'équivalence de δ_x ? Les classes d'équivalences seront caractérisées dans le chapitre suivant.

(4,42) Exercice. – 1) Soit f une fonction mesurable de $(E, \mathcal{A})$ dans $(F, \mathcal{B})$ et m une mesure sur $\mathcal{A}$. Si f(m) est l'image de m par f, montrer que f est mesurable par rapport à $\mathcal{A}^m$ et $\mathcal{B}^{f(m)}$.

2) Pour une tribu $\mathcal{A}$ on pose $\mathcal{A}^* = \bigcap \mathcal{A}^m$ où l'intersection est prise sur l'ensemble de toutes les mesures positives sur $\mathcal{A}$. Montrer que $\mathcal{A}^m = (\mathcal{A}^*)^m$.

3) Montrer d'autre part que si $f \in \mathcal{F}(\mathcal{A}, \mathcal{B})$, f est encore mesurable par rapport à $\mathcal{A}^*$ et $\mathcal{B}^*$.

(4,43) Exercice. – Trouver une fonction complexe Lebesgue-mesurable et négligeable pour la mesure de Lebesgue et dont l'image soit $\mathbb{C}$ tout entier. [On pourra utiliser le fait que l'ensemble de Cantor a même cardinal que $\mathbb{C}$.]

(4,44) Exercice. – Soit m une mesure bornée sur $(E, \mathcal{A})$. On définit deux applications de $\mathcal{P}(E)$ dans $\mathbb{R}$ par

$$m^*(A) = \inf\{m(B) ; B \in \mathcal{A}, B \supseteq A\}, \quad m_*(A) = \sup\{m(B) ; B \in \mathcal{A}, B \subseteq A\}.$$

1) Montrer que pour tout A, on a $m_*(A) \leqslant m^*(A)$ et que $m_*(A) = m(E) - m^*(A^c)$. Montrer que dans les définitions ci-dessus les bornes sont atteintes, autrement dit, il existe deux ensembles A^* et A_* de $\mathcal{A}$ tels que $m(A^*) = m^*(A)$ et $m(A_*) = m_*(A)$.

2) Montrer que la classe des ensembles A tels que $m_*(A) = m^*(A)$ est la tribu complétée de $\mathcal{A}$ par rapport à m et que sur cette tribu on a $m = m_* = m^*$.

3) Soit $\mathcal{P} = (P_i)$ une partition dénombrable de E. Montrer que tout ensemble C de la tribu $\mathcal{C} = \sigma(\mathcal{A} \cup \mathcal{P})$ peut s'écrire sous la forme $C = \Sigma P_i \cap B_i$ où B_i est un ensemble

de $\mathscr{A}$ contenu dans P_i^* et déterminé à une équivalence près par C ; donner une représentation similaire pour les fonctions $\mathscr{C}$-mesurables.

4) Montrer qu'il existe des familles (f_i) de fonctions positives $\mathscr{A}$-mesurables s'annulant en dehors de P_i^* et telles que $\Sigma f_i = 1$ m-p.p. Si pour une telle famille on pose

$$\overline{m}(C) = \Sigma \int_{B_i} f_i \, dm$$

on définit une mesure sur $\mathscr{C}$ qui prolonge m (on verra en (III,2,32) que l'on obtient ainsi toutes les mesures sur $\mathscr{C}$ qui prolongent m).

Remarquons que ce procédé ne permet pas de grossir beaucoup les tribus auxquelles on peut prolonger m ; si $\mathscr{F}$ est une classe infinie qui engendre $\mathscr{A}$, la classe $\mathscr{F} \cup \mathscr{P}$ engendre $\mathscr{C}$ et a même cardinal que $\mathscr{F}$ (cf. (0,3,12)).

*(4,45) Exercice. – 1) Soit Ψ une application continue strictement croissante de $[-\infty, +\infty]$ dans un intervalle borné de $\mathbb{R}_+$ (par exemple la fonction $(\pi/2)$ + Arctg) et $(f_i, i \in I)$ une famille non nécessairement dénombrable de fonctions mesurables sur $(E, \mathscr{A}, m)$. Montrer qu'il existe un sous-ensemble dénombrable J_0 de I tel que

$$\int \Psi\left(\sup_{j \in J_0} f_j\right) dm = \sup_J \left\{\int \Psi\left(\sup_{j \in J} f_j\right)\right\} dm$$

où J décrit l'ensemble des sous-ensembles dénombrables de I.

2) En déduire, lorsque n est σ-finie, qu'il existe une fonction mesurable g, unique à une équivalence près, appelée *borne supérieure essentielle* de $(f_i, i \in I)$, et notée $\operatorname{ess}\sup_i f_i$, telle que

$$h \geqslant g \text{ m-p.p.} \Leftrightarrow h \geqslant f_i \text{ m-p.p.} \quad \forall i \in I.$$

3) Si m est la mesure de Lebesgue sur [0, 1] et $f_i = 1_{\{i\}}$ avec $i \in [0, 1]$, comparer $\sup_i f_i$ et $\operatorname{ess}\sup_i f_i$.

4) Montrer que l'espace L^1 est *complètement réticulé,* c'est-à-dire que tout sous-ensemble majoré (resp. minoré) admet une borne supérieure (resp. inférieure).

*(4,46) Exercice. – Soit Γ une famille de mesures σ-finies sur $(E, \mathscr{A})$. On appelle $\mathscr{L}$ l'espace des fonctions mesurables f telles que

$$\|f\| = \sup\left\{\int |f| \, dm \, ; \, m \in \Gamma\right\} < \infty,$$

et on pose $L = \mathscr{L}/\mathscr{N}$ où $\mathscr{N} = \{f \, ; \, \|f\| = 0\}$.

1) Trouver L lorsque Γ est réduit à une seule mesure, est la famille des masses de Dirac, ou est la famille de toutes les mesures bornées sur $(E, \mathscr{A})$.

2) Montrer que $\| \ \|$ est une norme sur L et que L est un espace de Banach pour cette norme.

*(4,47) Exercice. – (Existence d'un ensemble non Lebesgue-mesurable) Soit sur $\mathbb{R}$ la relation d'équivalence : $x \simeq y$ ssi $x - y \in \mathbb{Q}$. Grâce à l'axiome du choix, on peut considérer un sous-ensemble E de $]0, 1[$ contenant exactement un point et un seul de chacune des classes d'équivalence. On suppose que E est Lebesgue-mesurable.

1) Montrer que pour tout x de $]0, 1[$ il existe $r \in]-1, 1[\cap \mathbb{Q}$ tel que

$$x \in E + r = \{y + r : y \in E\}.$$

En déduire que $\lambda(E)$ est > 0 où λ est la mesure de Lebesgue.

2) Montrer que si r et s sont des rationnels distincts on a $(E + r) \cap (E + s) = \varnothing$. En déduire que $\lambda(E) = 0$ et par suite que E ne peut pas être Lebesgue-mesurable.

5. Rapports avec l'intégrale de Riemann

Soit m une mesure de Radon sur $\mathbb{R}$, et F sa fonction de répartition. Soit d'autre part f une fonction bornée définie sur l'intervalle borné $]a, b]$. Pour une subdivision finie $D = \{a_0 = a < a_1 < \ldots < a_i < \ldots < a_n = b\}$ de $]a, b]$, on définit les « sommes de Darboux » inférieures et supérieures

$$S_D(f) = \sum_{i=1}^{n} (F(a_i) - F(a_{i-1})) \inf \{f(x) : x \in]a_{i-1}, a_i]\},$$

$$S^D(f) = \sum_{i=1}^{n} (F(a_i) - F(a_{i-1})) \sup \{f(x) : x \in]a_{i-1}, a_i]\}.$$

On a $S^D(f) \geqslant S_D(f)$ et si D′ est une subdivision plus fine que D, i.e. tous les points de D sont des points de D′, on a ($)

$$S^D(f) \geqslant S^{D'}(f) \quad \text{et} \quad S_D(f) \leqslant S_{D'}(f).$$

Donc si D et D′ sont deux subdivisions et qu'on note $D \cup D'$ la subdivision dont les points décrivent la réunion des points de D et de D′, il s'ensuit que

$$S^D(f) \geqslant S^{D \cup D'}(f) \geqslant S_{D \cup D'}(f) \geqslant S_D(f).$$

Il en résulte ($) en posant

$$S^*(f) = \inf_D \{S^D(f)\}, \quad S_*(f) = \sup_D \{S_D(f)\},$$

que $S^*(f) \geqslant S_*(f)$.

(5,1) Définition. – La fonction f est dite *intégrable au sens de Riemann-Stieltjes,* ou RS-intégrable, sur $]a, b]$ (par rapport à m ou à F) si $S^*(f) = S_*(f)$. Cette valeur commune est appelée *l'intégrale de Riemann-Stieltjes* (en abrégé : de RS) de f (par rapport à m), et est notée

$$\int_{a^{\cdot}}^{b} f(u)\, dF(u).$$

Si f est définie et finie en a, on posera

$$\int_{a}^{b} f(u)\, dF(u) = f(a)(F(a) - F(a-)) + \int_{a^{\cdot}}^{b} f(u)\, dF(u).$$

Dans le cas où m est la mesure de Lebesgue on écrira simplement du au lieu de dF (u) et on dira que la fonction est intégrable au sens de Riemann ou R-intégrable. Dans le cas de la mesure de Lebesgue ou plus généralement d'une mesure diffuse pour laquelle $F(a) - F(a-) = 0$ pour tout a, il n'y a pas à distinguer entre les intégrales sur les intervalles fermés ou semi-ouverts.

Le résultat suivant précise les rapports entre les intégrales ci-dessus et l'intégrale de la section 2 (Intégrale dite de Lebesgue par opposition à l'intégrale de Riemann) et montre en particulier qu'il n'y a pas conflit entre les notations ci-dessus et celles de la section 2.

(5,2) Proposition. – Si f est intégrable au sens de RS sur]a, b] alors f est mesurable par rapport à la complétion de $\mathcal{B}(]a, b])$ pour m et son intégrale de RS est égale à son intégrale par rapport à m.

Démonstration. – Soit (D_n) une suite de subdivisions de plus en plus fines de]a, b] telle que (S^{D_n}) converge vers $S^*(f)$. Si A_i^n est le i-ème intervalle de D_n on définit une fonction h_n sur]a, b] en postulant qu'elle vaut $\sup\{f(x) : x \in A_i^n\}$ sur A_i^n. Les fonctions h_n sont boréliennes et décroissent vers une fonction borélienne $h \geqslant f$; comme elles sont toutes majorées par une même constante (rappelons que f est bornée), le théorème de Lebesgue entraîne que

$$\lim \int h_n\, dm = \int h\, dm\,;$$

or $\int h_n\, dm = S^{D_n}$. Il en résulte que $S^*(f) = \int h\, dm$.

De manière similaire, on peut trouver une fonction borélienne $g \leqslant f$ telle que $S_*(f) = \int g\, dm$. Puisque f est RS-intégrable il en s'ensuit que $\int g\, dm = \int h\, dm$ et donc puisque $g \leqslant h$ que $g = h$ m-p.p. Comme $g \leqslant f \leqslant h$ il est maintenant clair que f est mesurable par rapport à $\mathcal{B}(]a, b])^m$ et que son intégrale est égale à la valeur commune des intégrales de g et h, i.e. son intégrale de RS. □

Remarque. – Dans le cas de la mesure de Lebesgue on voit qu'une fonction intégrable au sens de Riemann est Lebesgue-mesurable.

L'intégrale de Riemann est une étape historique dans le développement de la théorie ; elle a perdu la majeure partie de son intérêt maintenant qu'on dispose de la théorie des sections 1 et 2 qui est à la fois plus maniable et de portée beaucoup plus générale. Toutefois, le procédé d'approximation qui mène à l'intégrale de Riemann a encore une utilité dans certaines situations (cf. (5,6) et (5,8)). Il est donc parfois commode d'avoir une caractérisation des fonctions intégrables au sens de Riemann ce à quoi nous allons consacrer la fin de cette section.

Rappelons d'abord qu'on appelle oscillation sur $A \subseteq \mathbb{R}$ de la fonction f le nombre

$$\omega(f, A) = \sup \{f(x) : x \in A\} - \inf \{f(x) : x \in A\}.$$

On appelle oscillation en x de la fonction f le nombre

$$\omega(f, x) = \inf \{\omega(f,]x - \varepsilon, x + \varepsilon[) : \varepsilon > 0\}.$$

La fonction f est continue en x ssi $\omega(f, x) = 0$. D'autre part, avec les notations ci-dessus,

$$S^D(f) - S_D(f) = \sum_{i=1}^{n} \omega(f,]a_{i-1}, a_i]) (F(a_i) - F(a_{i-1})).$$

(5,3) Proposition. – Si m est diffuse, une fonction bornée sur]a, b] y est RS-intégrable ssi l'ensemble de ses points de discontinuité dans]a, b] est de m-mesure nulle.

Démonstration. – Supposons d'abord f RS-intégrable. L'ensemble E des points de discontinuité de f est la réunion des ensembles $E_n = \{\omega(f, .) > 1/n\}$. Soit $\varepsilon > 0$ et choisissons une subdivision D de]a, b] telle que

$$\Sigma\, \omega(f,]a_{i-1}, a_i]) (F(a_i) - F(a_{i-1})) \leqslant \varepsilon/n.$$

Chaque fois que $]a_{i-1}, a_i[$ contient un point de E_n, on a $\omega(f,]a_{i-1}, a_i]) > 1/n$ et donc l'ensemble E_n privé éventuellement de D est de mesure $\leqslant \varepsilon$. Comme m est diffuse, l'ensemble D est de mesure nulle et par suite $m(E_n) \leqslant \varepsilon$ et comme ε est arbitraire $m(E_n) = 0$ et finalement $m(E) = 0$ ce qu'il fallait démontrer.

Supposons réciproquement que $m(E) = 0$. Reprenant les raisonnements et les notations du début de la section, faisons choix d'une suite (D_n) de subdivisions telle que $S^{D_n}(f)$ (resp. $S_{D_n}(f)$) décroisse vers $S^*(f)$ (resp. croisse vers $S_*(f)$). On a $\{h - g > \varepsilon\} \subseteq \{\omega(f, .) \geqslant \varepsilon\} \cup \Delta$ où Δ est la réunion de tous les points des D_n ; en effet si $x \notin \Delta$ et $h(x) - g(x) > \varepsilon$, x est dans une suite décroissante d'intervalles I_n déterminés par la partition D_n et tendant vers x et on a clairement $\omega(f, I_n) > \varepsilon$. Comme par hypothèse $m(E) = 0$ il en résulte que $h = g$ m-p.p. et donc que $S^*(f) = S_*(f)$. □

(5,4) Exercice. – Montrer que les fonctions RS-intégrables sur un intervalle]a, b] forment une sous-algèbre de l'algèbre des fonctions bornées sur]a, b].

(5,5) Exercice. – 1) Montrer que toute limite uniforme sur]a, b] de fonctions RS-intégrables est RS-intégrable. En particulier les fonctions *réglées* (i.e. limites uniformes de fonctions en escalier) sont RS-intégrables.

2) Montrer inversement qu'il existe des fonctions R-intégrables qui ne sont pas réglées. [Les fonctions réglées n'ont qu'une infinité dénombrable de discontinuités.]

(5,6) Exercice. – 1) Si f est R-intégrable sur [a, b] montrer que les « sommes de Riemann »

$$\Sigma\,(a_i - a_{i-1})\,f(\xi_i)$$

où ξ_i est un point arbitraire de $]a_{i-1}, a_i]$, convergent vers l'intégrale de f lorsque $\sup\{|a_i - a_{i-1}|\}$ tend vers 0. En particulier

$$\lim_n n^{-1} \sum_{k=1}^{n} f(a + k(b-a)/n) = (b-a)\int_a^b f(u)\,du.$$

2) Trouver les limites lorsque n tend vers l'infini des expressions

$$\sum_{k=1}^{n} (\sin(k\pi/n))/n, \quad \sum_{k=1}^{n} (n^2 - k^2)^{-1/2} \quad \text{et} \quad \sum_{k=1}^{n} (n/(n^2 + k^2)).$$

*(5,7) Exercice. – Construire une fonction f intégrable sur [0, 1] telle que pour toute fonction R-intégrable g on ait

$$\int |f - g|\,d\lambda > 0.$$

[On pourra se servir d'ensembles du type de ceux de (0,1,33).]

(5,8) Exercice. – Soit g une fonction borélienne bornée sur $\mathbb{R}$ de période 1 et f un élément de $L^1(\mathbb{R})$. Montrer que

$$\lim_{j\to\infty} \int_{-\infty}^{\infty} f(x)\,g(2^j x)\,dx = \left(\int_0^1 g(x)\,dx\right)\left(\int_{-\infty}^{\infty} f(x)\,dx\right).$$

[Commencer par le cas où f est continue à support compact, puis utiliser la densité de C_K dans L^1 (Ex. (4,30)).]

Lecture 2. – *Compléments sur les nombres ordinaux*

On rappelle qu'un ordre sur un ensemble E est une relation binaire $\mathcal{R}$ sur E telle que

i) (réflexivité) $\forall x \in E,\ x\mathcal{R}x$;

ii) (antisymétrie) $x\mathcal{R}y$ et $y\mathcal{R}x \Rightarrow x = y$;

iii) (transitivité) $x\mathcal{R}y$ et $y\mathcal{R}z \Rightarrow x\mathcal{R}z$.

Un ensemble E muni d'un ordre est dit *ordonné*. Dans la suite on notera $x \leqslant y$ au lieu de $x\mathcal{R}y$ et $x < y$ signifiera que $x \leqslant y$ et $x \neq y$.

On dira d'un ordre sur E que c'est un ordre total sur E si pour tout couple (x, y) de points de E on a $x \leqslant y$ ou $y \leqslant x$. On dira alors que E est *totalement ordonné*. Par exemple $\mathbb{R}$ muni de son ordre habituel est totalement ordonné tandis que $\mathcal{P}(\Omega)$ ordonné par la relation d'inclusion est totalement ordonné si et seulement si Ω a au plus un point.

Définition. – Un ensemble ordonné E est dit *bien ordonné* si toute partie non vide de E admet un plus petit élément.

Autrement dit, E est bien ordonné si pour toute partie A non vide de E il existe $a \in A$ tel que $a \leqslant b$ pour tout $b \in A$. L'ensemble $\mathbb{N}$ des entiers muni de l'ordre habituel est bien ordonné. Tout ensemble fini peut de toute évidence être muni d'un bon ordre. La chose est beaucoup moins claire pour un ensemble infini arbitraire et de fait l'énoncé :

« tout ensemble peut être muni d'un ordre qui en fait un ensemble bien ordonné »

est équivalent à l'axiome du choix. Nous admettrons cet axiome dans ce qui suit.

Rappelons encore que tout ensemble bien ordonné est totalement ordonné. La réciproque est fausse ; $\mathbb{R}$ muni de son ordre habituel n'est pas bien ordonné comme le prouve la considération de l'ensemble $]0, 1[$. Toutefois tout ensemble fini totalement ordonné est bien ordonné. Remarquons encore que tout sous-ensemble d'un ensemble bien ordonné est bien ordonné pour l'ordre induit.

Définition. – Soit f une application de E dans F où E et F sont deux ensembles ordonnés. On dit que f est un *isomorphisme* si f est bijective et $x \leqslant y$ ssi $f(x) \leqslant f(y)$.

Si f est injective et les ensembles totalement ordonnés, la propriété

$$\forall (x, y) \in E \times E, \quad x \leqslant y \Rightarrow f(x) \leqslant f(y),$$

suffit à entraîner que f est un isomorphisme sur son image.

Si E est un ensemble bien ordonné non vide il a un plus petit élément que l'on appelle a_0 ; s'il est non vide, le complémentaire de $\{a_0\}$ a un plus petit élément que l'on note a_1 ; le complémentaire de $\{a_0, a_1\}$ a un plus petit élément que l'on note a_2 et ainsi de suite. Si l'ensemble E n'est pas fini on construit ainsi une suite $\{a_1\}$ qui est un ensemble bien ordonné pour l'ordre induit et qui est isomorphe à $\mathbb{N}$. Si le complémentaire de cette suite n'est pas vide, il a un plus petit élément que l'on appelle a_ω. On peut ensuite définir $a_{\omega+1}$, $a_{\omega+2}$, ..., puis $a_{\omega+\omega}$, $a_{\omega+\omega+1}$, ... et ainsi de suite indéfiniment.

Définition. – On appelle *section commençante* (donnée par x) de l'ensemble bien ordonné E, l'ensemble $\{y \in E ; y < x\}$.

Par exemple $\{a_0, a_1, ...\}$ est la section commençante donnée par a_ω.

Proposition. – Étant donnés deux ensembles bien ordonnés E et F, ou bien E est isomorphe à une section commençante de F, ou bien F est isomorphe à une section commençante de E, ou bien E et F sont isomorphes.

Démonstration. – Au premier élément a_0 de E on fait correspondre le premier élément b_0 de F et ainsi de suite ; ceci définit clairement une injection qui préserve l'ordre. Alors ou bien on s'arrête sans avoir épuisé F et E est isomorphe à une section commençante de F, ou bien on procède en sens inverse.

«*Définition*» – On appelle *nombre ordinal* une classe d'équivalence d'ensembles bien ordonnés.

Cette définition est mise entre guillemets car la classe des ensembles bien ordonnés n'a pas de raison d'être un ensemble ni la relation d'équivalence d'être bien définie. Mais intuitivement, on comprend bien ce qu'on veut définir, à savoir, un «type d'ordre» d'ensemble bien ordonné.

On appelle n l'ordinal d'un ensemble bien ordonné à n éléments i.e. le type d'ordre de $\{0, 1, 2, ..., n-1\}$ muni de l'ordre évident et ω le type d'ordre de $\mathbb{N}$ muni de l'ordre habituel. Dans la suite on fera la confusion entre l'ordinal α et l'ensemble bien ordonné dont il est le type d'ordre, ainsi $n = \{0, 1, ..., n-1\}$ et $\omega = \{0, 1, 2, ...\}$.

On dira que $\alpha < \beta$ si l'ensemble α est isomorphe à une section commençante de β. On peut donc dire que β contient α. Par exemple, avec la convention précédente, pour $k < n$, on a $k \subset n$. Ou encore, on peut écrire

$$n = \{0, \{0, 1\}, \{0, \{0, 1\}\}, \{0, \{0, 1\}\}, \{0, \{0, \{0, 1\}\}\}, ...\}.$$

Définition. – Un ensemble E est dit *transitif* si $x \in E \Rightarrow x \subset E$.

Les ensembles $\emptyset$, $\{\emptyset, \{\emptyset\}\}$, $\{\emptyset, \{\emptyset\}, \{\emptyset, \{\emptyset\}\}\}$, ..., sont transitifs. La définition formelle des nombres ordinaux est alors la suivante :

Définition. – On appelle *nombre ordinal* un ensemble transitif et bien ordonné pour la relation d'appartenance.

Nous renvoyons au livre «Set Theory» de T. Jech (Academic Press) pour l'étude des nombres ordinaux. Avec la définition précédente on montre les propriétés qui suivent et qui devraient être intuitivement claires.

– Tout ensemble non vide d'ordinaux est bien ordonné par inclusion et la borne inférieure de l'ensemble est l'intersection des ordinaux de l'ensemble.

– Pour tout ensemble non vide d'ordinaux, la réunion est un nombre ordinal qui est la borne supérieure de l'ensemble.

– Pour tout ordinal α, on a $\alpha = \{\beta ; \beta < \alpha\}$.

On définit la somme $\alpha + \beta$ de deux ordinaux α et β comme le type d'ordre de l'ensemble obtenu en mettant bout à bout α et β, i.e. on prend la réunion de α et β que l'on munit de l'ordre suivant : tout élément de α est avant tout élément de β et l'ordre induit sur α et β est leur ordre de départ. Ainsi $\alpha + 1$ est l'ordre de α auquel on a rajouté un point qui est après tous les points de α ; $\omega + \omega$ est le type d'ordre de

$$(0\ 1\ 2...)\ 0\ 1\ 2...;$$

on écrira aussi 2ω. Cette addition est associative mais pas commutative ; par exemple $1 + \omega \neq \omega + 1$. De façon analogue on définit le produit $\alpha\beta$ de deux ordinaux α et β comme le produit cartésien des deux ensembles muni de l'ordre lexicographique ; ainsi l'ensemble $\{n - 1/k ; n, k \text{ entiers} \geqslant 1\}$ avec l'ordre hérité de $\mathbb{R}$ a le type d'ordre de ω^2. Ici encore cette opération est associative mais pas commutative ; par exemple $\omega.2 = \omega \neq 2\omega = \omega + \omega$.

Définition. – Un ordinal qui est de la forme $\alpha + 1$ est dite de *première espèce* et $\alpha + 1$ est appelé le *successeur* de α. Un ordinal qui n'est pas de première espèce est dit de *deuxième espèce* ou *ordinal limite.*

Ainsi ω, $\omega + \omega$, ω^2 sont des ordinaux limites ainsi que l'ordinal Ω défini ci-dessous.

Définition. – On appelle Ω le premier ordinal non dénombrable i.e. Ω est le plus petit type d'ordre d'un ensemble non dénombrable.

Nous allons maintenant donner une application des notions précédentes à la théorie de la mesure. Soit $\mathscr{C}$ une classe de sous-ensembles d'un ensemble E. On appelle $\mathscr{C}_\sigma$ la classe des réunions dénombrables d'éléments de $\mathscr{C}$ et $\mathscr{C}_{\sigma c}$ la réunion de $\mathscr{C}_\sigma$ et de la classe des complémentaires des ensembles de $\mathscr{C}_\sigma$. On pose, en une récurrence dite transfinie, $\mathscr{D}_1 = \mathscr{C}_{\sigma c}$, ..., $\mathscr{D}_{\alpha+1} = (\mathscr{D}_\alpha)_{\sigma c}$, et $\mathscr{D}_\alpha = \bigcup_{\beta < \alpha} \mathscr{D}_\beta$ si α est un ordinal limite. On a alors

Proposition. – $\sigma(\mathscr{C}) = \mathscr{D}_\Omega$.

Démonstration. – La classe $\mathscr{D}_\Omega$ est une tribu. Elle est en effet par construction stable par passage au complémentaire ; d'autre part si (A_n) est une suite d'éléments de $\mathscr{D}_\Omega$, chaque A_n est dans une classe $\mathscr{D}_{\alpha_n}$, l'ordinal $\alpha = \sup \alpha_n$ est dénombrable et $\bigcup A_n$ est dans $\mathscr{D}_{\alpha+1} \subset \mathscr{D}_\Omega$.

Par ailleurs $\mathscr{D}_\Omega \subset \sigma(\mathscr{C})$; en effet tous les ensembles de $\mathscr{D}_\Omega$ s'obtiennent à partir de $\mathscr{C}$ par une infinité dénombrable d'opérations de réunions dénombrables et de passage au complémentaire. La proposition est alors évidente.

On en déduit la

Proposition. – Si la classe $\mathscr{C}$ est dénombrable, alors ou bien $\sigma(\mathscr{C})$ est finie ou bien $\sigma(\mathscr{C})$ a la puissance du continu.

Démonstration. – Si pour $x \in E$ on pose

$$A(x) = \bigcap \{C_n ; C_n \ni x, C_n \in \mathscr{C}\},$$

les A (x) forment une partition de E, chaque A (x) est dans $\sigma(\mathscr{C})$ et chaque ensemble de $\mathscr{C}$ est une réunion d'ensembles de la partition. Donc ou bien la partition est finie et alors $\mathscr{C}$ et $\sigma(\mathscr{C})$ sont finies, ou bien la partition est infinie et contient donc un ensemble dénombrable. La tribu $\sigma(\mathscr{C})$ contient alors la tribu engendrée par cette suite d'ensembles deux à deux disjoints et cette tribu a la puissance de $\mathscr{P}(\mathbb{N})$ c'est-à-dire celle du continu.

Inversement, la classe $\mathscr{D}_1$ a une puissance au plus égale à celle de $\mathbb{N}^{\mathbb{N}}$ c'est-à-dire c, puis $\mathscr{D}_2$ a au plus la puissance de $c^{\mathbb{N}}$ c'est-à-dire encore c et ainsi de suite. Si α est un ordinal limite $< \Omega$, $\mathscr{D}_\alpha$ a la puissance d'une union dénombrable d'ensembles ayant la puissance du continu donc a encore la puissance du continu. Finalement, comme $\{\alpha ; \alpha < \Omega\}$ a au plus la puissance du continu, $\mathscr{D}_\Omega$ a une puissance $\leqslant c^2 = c$. La tribu $\sigma(\mathscr{C})$ a donc la puissance du continu.

Comme la tribu borélienne de $\mathbb{R}$ est engendrée par la classe des intervalles d'extrémités rationnelles elle a la puissance du continu. Nous allons en déduire le

Corollaire. – La tribu de Lebesgue sur $\mathbb{R}$ a pour puissance 2^c. Par suite, elle est strictement plus grande que la tribu borélienne.

Démonstration. – L'ensemble de Cantor C est un ensemble de mesure nulle pour la mesure de Lebesgue et son cardinal est c. La classe de toutes les parties de C est contenu dans la tribu de Lebesgue et son cardinal est 2^c. D'autre part la tribu de Lebesgue est contenue dans $\mathscr{P}(\mathbb{R})$ et son cardinal est donc exactement 2^c. □

La question qui se pose alors est de savoir si la tribu de Lebesgue est strictement contenue dans $\mathscr{P}(\mathbb{R})$. On a montré dans l'exercice (4,47) que l'axiome du choix entraîne effectivement que cette inclusion est stricte. En revanche, un résultat de logique du à Solovay (1966) dit que l'on peut sans contradiction ajouter aux axiomes de la théorie des ensembles les formes dénombrables de l'axiome du choix et l'axiome « tout sous-ensemble de $\mathbb{R}^d$ est Lebesgue-mesurable ».

Il faudrait pourtant se garder de croire que les questions de mesurabilité sont sans intérêt. Il y a des questions et notamment la théorie des probabilités où on est amené à considérer simultanément une ou plusieurs familles de tribus correspondant à des propriétés de régularités différentes ou à des « observateurs » (cf. Lecture 1) ayant des positions différentes notamment dans le temps ; il est alors fondamental de savoir par rapport à quelle tribu une fonction donnée est mesurable ce qui n'est pas toujours un travail facile.

Terminons cette lecture en signalant que les ordinaux ont de nombreuses applications en analyse notamment pour fabriquer des exemples. Nous donnons ci-dessous la description d'un espace topologique bien intéressant en laissant les démonstrations en exercice au lecteur.

Soit $E = \{\alpha \leqslant \Omega\}$. On munit cet ensemble de la topologie engendrée par les ensembles de la forme $\{\beta\,;\ \beta < \alpha\}$ et $\{\beta\,;\ \beta > \alpha\}$. L'espace E est compact pour cette topologie et de plus on a les propriétés suivantes :

– le complémentaire du point Ω est un ouvert qui n'est pas réunion dénombrable de compacts ;

– pour toute fonction réelle continue f sur E il existe un $\alpha < \Omega$ tel que f est constante sur $\{\beta\,;\ \beta > \alpha\}$; la tribu de Baire est strictement contenue dans la tribu borélienne ;

– l'intersection d'une famille dénombrable de compacts non dénombrable est non dénombrable ;

– la classe $\mathcal{M}$ des sous-ensembles A de E tels que ou bien $A \cup \{\Omega\}$ ou bien $A^c \cup \{\Omega\}$contient un compact non dénombrable est une tribu qui contient la tribu borélienne. Si on pose $\lambda(A) = 1$ dans le premier cas et $\lambda(A) = 0$ dans le second, la fonction λ est une mesure sur $\mathcal{M}$ pour laquelle il n'est pas vrai que

$$\lambda(A) = \inf\{\lambda(0)\,;\ 0 \text{ ouvert},\ 0 \supset A\}\,;$$

d'autre part λ coïncide sur les fonctions continues avec la masse de Dirac en Ω qui elle satisfait à la propriété d'approximation ci-dessus. Ce dernier exemple est important pour comprendre certains développements sur les mesures dans les espaces topologiques.

CHAPITRE III

Espaces L^p et applications

1. Espaces L^p

Nous avons étudié l'espace L^1 au chapitre précédent. Un autre espace très important est celui des fonctions de carré intégrable. Ceci est dû au fait que dans de très nombreux problèmes concrets, par exemple en mécanique et en physique, on rencontre l'intégrale du carré de certaines grandeurs. C'est le cas des moments d'inertie, mais aussi des intégrales permettant d'exprimer des énergies (cf. Introduction). Comme les systèmes physiques sont toujours d'énergie finie on voit ainsi apparaître naturellement la classe des fonctions f mesurables et telles que f^2 soit intégrable. Nous allons montrer que l'espace de ces (classes de) fonctions a une structure d'espace de Hilbert, ce qui le rend facile à manier et entraîne de nombreuses conséquences intéressantes.

Dans de nombreux cas, des puissances autres que 2 peuvent avoir de l'importance et c'est pourquoi reprenant les notations et les idées de la section (II,4), pour p réel > 0, on appellera $\mathscr{L}^p$ l'ensemble des fonctions f de $\mathscr{L}^0$ telles que $|f|^p$ soit intégrable.

(1,1) Définition. – On appelle L^p l'espace quotient $\mathscr{L}^p/\mathscr{N}$, ou en d'autres termes l'espace des classes d'équivalence de fonctions de puissance $p^{\text{ième}}$ intégrable. Pour $f \in L^p$, on posera

$$\|f\|_p = \left(\int |f|^p \, dm\right)^{1/p}.$$

Il est clair que $\|\ \|_p$ est à valeur dans $\mathbb{R}_+$ et nous allons montrer que, pour $p \geqslant 1$, c'est une norme sur L^p pour laquelle L^p est un espace de Banach.

(1,2) Définition. – Si p est un nombre réel > 1, on appelle *conjugué* de p le nombre q tel que

$$(1/p) + (1/q) = 1.$$

On dira aussi que p et q sont *conjugués* l'un de l'autre.

On remarque que l'équation ci-dessus implique que p et q sont > 1. D'autre part 2 est son propre conjugué. Enfin il est très commode de considérer que 1 et ∞ sont conjugués. Le cas $p = \infty$ exige toutefois une définition spéciale de l'espace L^∞.

(1,3) Définition. – On appelle L^∞ l'espace quotient $\mathscr{L}^\infty/\mathscr{N}$ où $\mathscr{L}^\infty$ est le sous-espace de $\mathscr{L}^0$ constitué des fonctions bornées p.p. ; en d'autres termes L^∞ est l'espace des classes d'équivalence de fonctions bornées p.p. Pour $f \in L^\infty$ on pose

$$\|f\|_\infty = \inf\{M : m(\{|f| > M\}) = 0\}.$$

Dans toute la suite, on aura toujours $p \geqslant 1$ et si les nombres p et q interviennent dans la même formule il sera entendu qu'ils sont conjugués. D'autre part nous continuons à faire l'abus de langage consistant à confondre fonctions et classes d'équivalences de fonctions. Remarquons enfin que si m est la mesure de comptage sur $\mathbb{N}$, ou plus généralement sur un espace dénombrable, les espaces L^p sont les classiques espaces l^p.

(1,4) Théorème. – (Inégalité de Hölder) Pour $1 \leqslant p \leqslant \infty$, si $f \in L^p$ et $g \in L^q$, alors $fg \in L^1$ et

$$\|fg\|_1 \leqslant \|f\|_p \|g\|_q ;$$

pour $1 < p < \infty$, cette inégalité est une égalité ssi il existe deux constantes α et β non toutes deux nulles telles que $\alpha|f|^p = \beta|g|^q$ p.p.

Pour p = 2 cette inégalité porte aussi le nom d'*inégalité de Schwarz.*

Démonstration. – Supposons d'abord que $1 < p < \infty$. Si $\|f\|_p$ ou $\|g\|_q$ est nulle, la fonction correspondante est nulle p.p. et l'inégalité est évidente. Nous supposerons donc ces normes > 0 et poserons $f' = f/\|f\|_p$ et $g' = g/\|g\|_q$. On a

$$\int |f'|^p \, dm = \int |g'|^q \, dm = 1.$$

Si pour $t > 0$, on étudie les variations de la fonction $\phi(t) = (t^p/p) + (t^{-q}/q)$, on s'aperçoit que $\phi(1) = 1$ et $\phi(t) > 1$ pour $t \neq 1$. Si pour $a, b > 0$ on pose $t = a^{1/q}/b^{1/p}$, on en déduit

$$ab \leqslant (a^p/p) + (b^q/q).$$

Cette inégalité reste clairement valable si a ou b s'annule, et on peut donc écrire

$$|f'g'| \leqslant (|f'|^p/p) + (|g'|^q/q).$$

Il en résulte en intégrant que

$$\int |f'g'| \, dm \leqslant p^{-1} + q^{-1} = 1,$$

ce qui entraîne le résultat désiré (\$).

Si $a^p \neq b^q$ dans le raisonnement ci-dessus, on a une inégalité stricte. On n'obtient donc l'égalité que si $|f'|^p = |g'|^q$ p.p., soit précisément la condition de l'énoncé.

Les cas $p = 1$ et $p = \infty$ sont faciles car si g est bornée p.p., on a

$$|fg| \leqslant \|g\|_\infty |f| \text{ p.p.} \qquad \square$$

(1,5) THÉORÈME. – (Inégalité de Minkowski) Si $1 < p < \infty$ et f et g sont deux éléments de L^p, alors $f + g$ est dans L^p et l'on a

$$\|f + g\|_p \leqslant \|f\|_p + \|g\|_p.$$

Démonstration. – A cause de la convexité de l'application $x \to |x|^p$, pour $1 \leqslant p < \infty$, on a

$$|f + g|^p \leqslant 2^{p-1}(|f|^p + |g|^p),$$

et donc $f + g$ est dans L^p si f et g sont dans L^p.

Pour démontrer l'inégalité, on peut aussi bien supposer f et g positives. Comme $(p - 1)\, q = p$, la fonction $(f + g)^{p-1}$ est dans L^q et on peut appliquer l'inégalité de Hölder aux deux termes de droite de l'identité

$$(f + g)^p = f . (f + g)^{p-1} + g . (f + g)^{p-1},$$

ce qui prouve que ($)

$$\int (f + g)^p \, dm \leqslant \left(\int (f + g)^p \, dm \right)^{1/q} (\|f\|_p + \|g\|_p).$$

Comme l'inégalité de Minkowski est évidente lorsque le membre de gauche de cette inégalité est nul, nous pouvons le supposer > 0 et on obtient en simplifiant

$$\left(\int (f + g)^p \, dm \right)^{1-(1/q)} \leqslant \|f\|_p + \|g\|_p,$$

ce qui est l'inégalité désirée. $\square$

Nous pouvons maintenant énoncer le

(1,6) THÉORÈME. – Pour tout $p \in [1, \infty]$, l'application $f \to \|f\|_p$ est une norme sur L^p et L^p est un espace de Banach pour cette norme.

Démonstration. – Nous traitons d'abord le cas $p < \infty$. Il résulte facilement du théorème précédent que L^p est un espace vectoriel et que $\| \ \|_p$ est une semi-norme sur L^p. Quelle soit une norme est la conséquence des mêmes remarques que dans (II,4).

Pour montrer que L^p est complet pour cette norme, on reprend la même méthode que pour L^1 en se servant de la

(1,7) Proposition. – Pour toute suite (f_n) d'éléments de L^p telle que $\Sigma\|f_n\|_p < \infty$, la série Σf_n converge p.p. et dans L^p et

$$\|\Sigma f_n\|_p \leqslant \Sigma\|f_n\|_p.$$

Démonstration. – Pour N fixé, on a

$$\left(\int\left(\sum_1^N |f_n|\right)^p\right)^{1/p} \leqslant \sum_1^N \|f_n\|_p,$$

et en passant à la limite par convergence monotone, on obtient

$$\left(\int\left(\sum_1^\infty |f_n|\right)^p\right)^{1/p} \leqslant \sum_1^\infty \|f_n\|_p < \infty;$$

la fonction $\left(\sum_1^\infty |f_n|\right)^p$ est donc intégrable donc finie p.p. Si on appelle g la somme de la série Σf_n, la fonction g est définie et finie p.p. et de plus est dans L^p. Enfin, $g - \sum_1^N f_n = \sum_{N+1}^\infty f_n$ et

$$\left\|\sum_{N+1}^\infty f_n\right\|_p \leqslant \sum_{N+1}^\infty \|f_n\|_p$$

qui tend vers 0 lorsque N tend vers l'infini. □

Pour terminer la démonstration du théorème (1,6) il reste à traiter le cas $p = \infty$. Dans ce cas, l'inégalité triangulaire résulte de ce que ($)

$$\{|f + g| > M + N\} \subseteq \{|f| > M\} \cup \{|g| > N\}.$$

Le fait que L^∞ soit complet est facile et est laissé en exercice au lecteur. □

Comme dans le cas de L^1, cette démonstration a le

(1,8) Corollaire. – De toute suite convergeant dans L^p on peut extraire une sous-suite convergeant p.p.

Le cas $p = 2$ présente un intérêt particulier car dans ce cas on a la

(1,9) Proposition. – L'espace L^2 est un espace de Hilbert pour le produit scalaire

$$< f, g > = \int fg \, dm.$$

Démonstration. – L'inégalité de Hölder montre que l'expression de l'énoncé est finie et il est alors facile de voir qu'elle définit bien un produit scalaire ; la norme associée à ce produit scalaire est bien la norme L^2 et la complétion n'est donc qu'un cas particulier du résultat précédent. □

On se sert parfois de la terminologie suivante :

(1,10) Définition. – Une suite convergeant dans L^p, $1 \leq p < \infty$, est aussi dite converger en *moyenne d'ordre* p et en *moyenne quadratique* dans le cas $p = 2$.

Tout ce qui précède s'étend immédiatement aux fonctions à valeurs complexes. Dans le cas de $L^2_{\mathbb{C}}$ le produit scalaire est alors égal à $\int f\overline{g}\, dm$ où $\overline{g}$ est la fonction complexe conjuguée de g.

Nous terminons cette section avec une première approche des espaces duaux des espaces L^p.

(1,11) Proposition. – Pour tout $g \in L^q$, $1 \leq q < \infty$, l'application Φ :

$$f \to \int fg\, dm$$

est une forme linéaire et continue sur L^p de norme $\|g\|_q$. Pour $q = \infty$, le résultat reste vrai si m est σ-finie.

Démonstration. – L'inégalité de Hölder montre immédiatement que Φ est une forme linéaire de norme $\leq \|g\|_q$. Il reste à montrer que cette inégalité est en fait une égalité.

On commence par le cas $1 < p < \infty$. On désigne par $s(g)$ la fonction mesurable « signe de g » égale à $1_{\{g>0\}} - 1_{\{g<0\}}$; la fonction $h = s(g)\,|g|^{q-1}$ est dans L^p car $|h|^p = |g|^q$ et l'on a $\|h\|_p = \|g\|_q^{q/p}$. On a d'autre part,

$$\|g\|_q^q = \int s(g)\,|g|^{q-1}\, g\, dm = |\Phi(h)| \leq \|\Phi\|\, \|h\|_p,$$

d'où il résulte que $\|\Phi\| \geq \|g\|_q^{q-q/p} \|g\|_q$.

Si $p = \infty$, on a $\Phi(s(g)) = \int |g|\, dm$ ce qui entraîne immédiatement le résultat.

Pour traiter le cas $p = 1$, observons que pour $\varepsilon > 0$, on peut, par ce que m est σ-finie, trouver un ensemble $A \in \mathcal{A}$ tel que $0 < m(A) < \infty$ et $|g| \geq \|g\|_\infty - \varepsilon$ sur A ($). On a alors

$$m(A)\,\|\Phi\| \geq |\Phi(s(g)\,1_A)| = \int_A |g|\, dm \geq (\|g\|_\infty - \varepsilon)\, m(A),$$

et comme ε est arbitraire ceci termine la démonstration. □

Dans le cas $1 \leq p < \infty$, on montrera dans la section suivante que l'on obtient ainsi toutes les formes linéaires continues sur L^p ou en d'autres termes que L^q est isomorphe au dual topologique de L^p. Nous pouvons déjà observer que, grâce au théorème de Riesz-Fischer sur la caractérisation du dual d'un espace de Hilbert, nous savons que ceci est vrai dans le cas de L^2 et la démonstration du cas général sera basée sur ce cas spécial.

(1,12) Exercice. – Trouver à quelle condition l'inégalité de Minkowski est une égalité.

(1,13) Exercice. – Les trois questions sont indépendantes.

1) Pour tout $A \in \mathcal{A}$, le sous-espace de L^p des fonctions nulles sur A est fermé dans L^p.

2) Montrer que les sous-espaces de dimension finie des espaces L^p sont fermés. Il s'agit là d'un résultat général de la théorie des espaces de Banach mais qui peut se démontrer dans ce cas particulier grâce au Corollaire (1,8).

3) Le cône L^p_+ des éléments positifs de L^p est d'intérieur vide pour $p < \infty$ et d'intérieur non vide pour $p = \infty$.

(1,14) Exercice. – 1) Soit (A_n) une suite d'ensembles deux à deux disjoints. A quelle condition la série $\Sigma 1_{A_n}$ converge-t-elle dans L^2 ?

2) Plus généralement, si des éléments (f_n) de L^2 sont deux à deux orthogonaux, montrer que la série Σf_n converge dans L^2 ssi la série $\Sigma \| f_n \|_2^2$ est convergente.

(1,15) Exercice. – Si f est un élément positif de L^p, $1 < p < \infty$, montrer qu'il existe un unique élément g de L^q tel que

$$\int fg\, dm = \| f \|_p^p = \| g \|_q^q = \| f \|_p \| g \|_q.$$

(1,16) Exercice. – Soient $p_1, p_2, \ldots, p_n$ des nombres réels > 0 tels que $\Sigma(1/p_i) = 1$. Montrer que si $f_i \in L^{p_i}$, on a

$$\int | f_1 f_2 \ldots f_n |\, dm \leqslant \| f_1 \|_{p_1} \| f_2 \|_{p_2} \ldots \| f_n \|_{p_n}.$$

(1,17) Exercice. – 1) Pour $1 \leqslant p < \infty$ et f et g dans L^p, montrer que

$$\| |f|^p - |g|^p \|_1 \leqslant 2p(\| f \|_p^{p-1} + \| g \|_p^{p-1}) \| f - g \|_p,$$

et en déduire que l'application $f \to |f|^p$ de L^p dans L^1 est continue.

2) Pour $0 < p < 1$, montrer que

$$d(f, g) = \int |f - g|^p\, dm$$

est une distance sur L^p et en tirer la même conclusion qu'en 1) pour la topologie définie par cette distance.

(1,18) Exercice. – (L'espace de Sobolev $W^{1,p}$) Pour $1 \leqslant p < \infty$, on appelle $W^{1,p}$ le sous-espace de $L^p(\mathbb{R}^d)$ des éléments f pour lesquels il existe un élément g de L^p tel que

$$\int f(x)\, \phi'(x)\, dx = -\int g(x)\, \phi(x)\, dx$$

pour toute fonction ϕ indéfiniment dérivable et à support compact. Montrer qu'il existe au plus un tel élément g et que l'application

$$f \to \left(\int (|f|^p + |g|^p) \, d\lambda \right)^{1/p}$$

est une norme sur $W^{1,p}$. Montrer que $W^{1,p}$ est un espace de Banach pour cette norme.

(1,19) Exercice. – Si une suite (f_n) d'éléments de L^p, $1 \leq p < \infty$, converge p.p. vers f et s'il existe un élément g de L^p tel que $|f_n| \leq g$ pour tout n, montrer que f est dans L^p et que (f_n) converge vers f dans L^p.

(1,20) Exercice. – Montrer qu'une suite (f_n) converge dans L^2 ssi la limite de $\int f_n f_m \, dm$ existe lorsque n, m tendent vers l'infini.

(1,21) Exercice. – 1) Pour toute suite (a_n) de l^2, montrer que pour tout entier k, la suite $b_n = \sup(a_n, a_{n+1}, ..., a_{n+k})$ est aussi dans l^2.

2) Montrer également que

$$\sum_n |a_n a_{n+k}| \leq \sum_n |a_n|^2.$$

*(1,22) Exercice. – Pour $1 \leq p < \infty$, montrer que les propriétés de densité de l'exercice (II,4,30) sont encore valables. En particulier L^p est séparable lorsque $\mathcal{A}$ est engendrée par une classe dénombrable et m est σ-finie. L'espace L^∞ n'est jamais séparable lorsque m n'est pas purement atomique avec un nombre fini d'atomes.

(1,23) Exercice. – Soit m une mesure bornée et f une fonction mesurable positive telle que $\int \exp(\alpha f) \, dm < \infty$ pour un $\alpha > 0$. Montrer que f est dans L^p pour tout $p \in [1, \infty[$.

(1,24) Exercice. – 1) Si h est une fonction bornée p.p. montrer que l'application $f \to hf$ est une application linéaire et continue de L^p, $1 \leq p < \infty$, dans lui-même et trouver sa norme.

*2) Pour p fixé, soit h une fonction mesurable telle que hf soit dans L^p quelle que soit $f \in L^p$. Montrer que h est bornée p.p. [On pourra utiliser le théorème du graphe fermé ou l'exercice (1,27).]

(1,25) Exercice. – Si m est bornée, tout ensemble borné dans L^p, $1 < p < \infty$, est équi-intégrable (cf. (II,4,36)).

*(1,26) Exercice. – (Inégalité de Hardy) Dans ce qui suit on considère l'espace $E =]0, \infty[$ muni de la mesure de Lebesgue et $p \in]1, \infty[$.

1) Pour $f \in L^p$, montrer que pour tout x de E le nombre

$$Tf(x) = \frac{1}{x}\int_0^x f(t)\,dt$$

est bien défini et fini. Montrer que la fonction Tf ainsi définie est dans $\mathcal{L}^p$ dès que f est bornée et à support compact.

2) Si f est positive, continue et à support compact montrer que

$$\|Tf\|_p \leqslant q\|f\|_p.$$

En déduire que T est un endomorphisme continu de L^p de norme $\leqslant q$.

3) Montrer que la norme de T est exactement q [on pourra se servir de $f(x) = x^{-1/p}$ convenablement restreinte] et que l'on a $\|Tf\|_p = q\|f\|_p$ ssi $f = 0$.

*(1,27) Exercice. – 1) Si T est une application linéaire et non continue d'un espace normé B dans un autre, montrez qu'il existe une suite (e_n) d'éléments de B telle que

$$\Sigma \|e_n\| < \infty, \ \lim_n \|Te_n\| = \infty.$$

2) Montrez que toute application linéaire et positive (cf. (0,2)) d'un espace $L^p(E, \mathcal{A}, m)$, $1 \leqslant p \leqslant \infty$, dans un espace $L^r(E', \mathcal{A}', m')$, $1 \leqslant r \leqslant \infty$, est continue. En particulier toute forme linéaire et positive sur L^p est continue.

*(1,28) Exercice. – 1) Montrer que L^p, $1 \leqslant p \leqslant \infty$, est complètement réticulé (cf. (II,4,45)).

2) Si T_1 et T_2 sont deux éléments de l'espace $\mathcal{L}(L^p, L^r)$ des opérateurs linéaires et continus de L^p dans L^r, on dit que $T_1 \leqslant T_2$ si $T_1 - T_2$ est un opérateur positif. Montrer que ceci définit sur $\mathcal{L}(L^p, L^r)$ une relation d'ordre pour laquelle l'opérateur $T_1 \vee T_2$ défini, pour $f \in L^p_+$, par

$$T_1 \vee T_2(f) = \sup\{T_1(g) + T_2(f-g)\,;\, 0 \leqslant g \leqslant f\}$$

est la borne supérieure de T_1 et T_2.

3) Montrer que $\mathcal{L}(L^p, L^r)$ est complètement réticulé.

4) Montrer que si T^* est l'adjoint de T, on a $T_1^* \vee T_2^* = (T_1 \vee T_2)^*$.

*(1,29) Exercice. – Soit f une fonction mesurable à valeurs complexes et telle que $m(\{|f| > 0\}) > 0$. Pour $0 < p < \infty$, on pose

$$\phi(p) = \int |f|^p\,dm,$$

et $I(f) = \{p : \phi(p) < \infty\}$.

1) Montrer que I(f) est un intervalle de]0, ∞[, et que sur l'intérieur de I(f), la fonction log ϕ est convexe et ϕ est continue.

2) Montrer que pour tout intervalle I de]0, ∞[on peut trouver un espace (E, $\mathcal{A}$, m) et une fonction f sur cet espace tels que I(f) = I.

3) Montrer que ϕ a des dérivées de tous les ordres sur l'intérieur de I(f) et que toutes les dérivées d'ordre pair sont positives. En déduire que ϕ est strictement convexe sauf si $|f|$ est la fonction indicatrice d'un ensemble de $\mathcal{A}$.

4) Montrer que pour $1 \leqslant r < p < s$ on a $\|f\|_p \leqslant \sup(\|f\|_r, \|f\|_s)$ et que $L^r \cap L^s \subseteq L^p$. Le lecteur pourra aussi regarder l'exercice suivant.

*(1,30) Exercice. – On considère un espace (E, $\mathcal{A}$, m) σ-fini.

1) Si E est supposé dénombrable et m est la mesure de comptage montrer que pour $1 < p < 2 < q < \infty$, on a

$$L^1 \subseteq L^p \subseteq L^2 \subseteq L^q.$$

De plus les injections sont continues et la topologie induite par L^q sur L^p est strictement moins fine que celle de L^p.

2) Montrer que si $L^1 \subseteq L^2$ l'espace est purement atomique. La réciproque est-elle vraie ? Énoncer et démontrer une CNS portant sur (E, $\mathcal{A}$, m) pour que l'on ait $L^1 \subseteq L^2$ et partant toutes les inclusions de 1).

3) De façon symétrique, montrer que si m est bornée on a

$$\mathcal{E} \subseteq L^\infty \subseteq L^q \subseteq L^2 \subseteq L^p \subseteq L^1$$

où $\mathcal{E}$ est l'espace des fonctions étagées ; de plus chaque espace est dense dans ceux qui le contiennent et les injections sont continues. Plus précisément, montrer que si m(E) = 1,

$$\|f\|_\infty \geqslant \|f\|_q \geqslant \|f\|_2 \geqslant \|f\|_p \geqslant \|f\|_1.$$

4) Réciproquement si $L^2 \subset L^1$ alors il existe une constante K telle que $\|f\|_1 \leqslant K\|f\|_2$ pour tout $f \in L^2$ (cf. Ex. (1,27)) ; montrer que m est bornée.

5) A quelle condition nécessaire et suffisante deux espaces L^p et L^r sont-ils identiques ?

6) Si m est la mesure de Lebesgue sur $\mathbb{R}^d$, montrer que l'on n'a jamais ni $L^p \subseteq L^r$ ni $L^r \subseteq L^p$. Montrer que si $p < r < s$, et si $f \in L^r$ on peut écrire $f = f_1 + f_2$ avec $f_1 \in L^p$ et $f_2 \in L^s$. Le lecteur pourra aussi regarder l'exercice précédent ainsi que le suivant.

(1,31) Exercice. – On considère la mesure de Lebesgue sur $\mathbb{R}_+$.

1) Pour $1 < \beta$ et $\alpha \in \mathbb{R}$, montrer que $f_n(x) = n^\alpha (x+n)^{-\beta}$ est dans L^p pour tout $n > 0$ et pour tout $p \in [1, \infty]$.

2) Pour $\gamma \in \mathbb{R}$, montrer la même chose pour les fonctions $g_n(x) = n^\gamma e^{-nx}$.

3) Montrer que si $1 \leqslant p < q \leqslant \infty$, les topologies induites sur $L^p \cap L^q$ par L^p et L^q ne sont pas comparables.

*(1,32) Exercice. – Soit m une mesure bornée et f un élément de $L^1_{\mathbb{C}}(m)$. On appelle A_f l'ensemble des nombres complexes

$$\int_A f\, dm/m(A), \quad A \in \mathcal{A}, \quad m(A) > 0.$$

1) Montrer par un exemple que A_f n'est pas toujours fermé, puis que $f(x) \in \bar{A}_f$ pour presque tout $x \in E$.

2) Si $f \in L^\infty_{\mathbb{C}}(m)$, on pose $R_f = \{z \in \mathbb{C} : \forall \varepsilon > 0, m(\{|f - z| < \varepsilon\}) > 0\}$. Montrer que R_f est compact et que

$$R_f \subseteq \bar{A}_f \subseteq D(0, \|f\|_\infty),$$

où $D(0, r)$ est le disque fermé de centre 0 et de rayon r.

(1,33) Exercice. – Soit N un noyau sur $(E, \mathcal{A})$ (cf. (II,1,25)) et m une mesure sur $\mathcal{A}$ telle que $mN \leqslant m$.

1) Montrer que si f est positive et $f = f'$ m-p.p. on a aussi $Nf = Nf'$ m-p.p. et N peut donc être considéré comme un opérateur sur l'espace des classes d'équivalences de fonctions.

2) Montrer que N est une application linéaire et continue de norme $\leqslant 1$ de $L^1(m)$ dans lui-même.

3) Si $N(x, E) \leqslant 1$ pour tout x de E montrer que pour tout $1 \leqslant p \leqslant \infty$, N est une application linéaire de norme $\leqslant 1$ de $L^p(m)$ dans lui-même. [On pourra appliquer l'inégalité de Hölder à l'intégrale par rapport à $N(x, .)$.]

*(1,34) Exercice. – Soit m une mesure bornée sur $(E, \mathcal{A})$ et $\mathcal{B}$ une sous-tribu de $\mathcal{A}$. Si à chaque classe d'équivalence de fonctions $\mathcal{B}$-mesurables on fait correspondre la classe d'équivalence de fonctions $\mathcal{A}$-mesurables qui la contient, on obtient une application de $L^0(E, \mathcal{B}, m)$ dans $L^0(E, \mathcal{A}, m)$.

1) Pour tout p, cette application est une isométrie de $L^p(E, \mathcal{B}, m)$ dans $L^p(E, \mathcal{A}, m)$. On identifiera désormais $L^p(E, \mathcal{B}, m)$ avec son image dans $L^p(E, \mathcal{A}, m)$ ou si l'on préfère on considèrera $L^p(E, \mathcal{B}, m)$ comme un sous-espace fermé de $L^p(E, \mathcal{A}, m)$. (Voir aussi Ex. (2.28).)

2) Si H est un sous-espace fermé de $L^2(E, \mathcal{A}, m)$ contenant 1_E, montrer que les quatre conditions suivantes sont équivalentes :

i) il existe une sous-tribu $\mathcal{B}$ de $\mathcal{A}$ telle que $H = L^2(E, \mathcal{B}, m)$;

ii) le projecteur orthogonal sur H est un opérateur positif ;

iii) H est un sous-espace réticulé de L^2 ;

iv) $H \cap L^\infty$ est une algèbre de fonctions dense dans H pour la topologie de L^2.

*(1,35) EXERCICE. – (espaces de Orlicz) Soit ϕ une fonction définie sur $[0, \infty[$, convexe, croissante, nulle en zéro et non identiquement nulle (ce qui entraîne qu'elle est continue et tendant vers l'infini à l'infini). On appelle $\mathcal{L}^\phi$ l'ensemble des fonctions mesurables f telles que

$$\int \phi(|f|)\, dm < \infty.$$

1) Montrer que $\mathcal{L}^\phi$ est un ensemble convexe contenant 0.

2) On suppose désormais qu'il existe de plus une constante $k > 0$ telle que $\phi(2t) \leqslant k\phi(t)$ pour tout $t \geqslant 0$. Montrer que $\mathcal{L}^\phi$ est alors un espace vectoriel

3) Réciproquement si m est la mesure de Lebesgue sur $\mathbb{R}^d$ et si $\mathcal{L}^\phi$ est un espace vectoriel il existe un k satisfaisant à la condition ci-dessus. (Cette question n'est pas nécessaire pour la suite.)

4) On appelle L^ϕ l'espace des classes d'équivalence de fonctions de $\mathcal{L}^\phi$. Montrer que

$$\|f\|_\phi = \inf\{\lambda > 0 : \int \phi(|f|/\lambda)\, dm \leqslant 1\}$$

est une norme sur L^ϕ et que L^ϕ est un espace de Banach pour cette norme. On constatera que les espaces L^p sont des cas particuliers d'espaces L^ϕ.

5) Si ϕ' est une autre fonction du même type et si $\phi' \leqslant \phi$ partout sur $[0, \infty[$, alors $L^\phi \subseteq L^{\phi'}$ et l'injection est continue.

(1,36) EXERCICE. – Soit m une mesure bornée sur $(\mathbb{R}, \mathcal{B}(\mathbb{R}))$. On pose

$$\psi(t) = \int \exp(ty)\, m(dy).$$

1) Donner la valeur de $\psi(0)$ et donner un exemple d'une mesure m dont le support soit $\mathbb{R}$ tout entier et telle que ψ soit finie partout.

2) Si ψ est finie sur un intervalle ouvert I, montrer qu'elle est indéfiniment dérivable sur I et donner sa dérivée d'ordre n. Montrer que la dérivée première ψ' est une fonction croissante de t sur I.

3) On suppose désormais que ψ est partout finie. Montrer que le rapport ψ'/ψ est une fonction croissante de t. On appelle respectivement a et b les limites de cette fonction lorsque t tend vers $-\infty$ et $+\infty$.

4) On suppose que m n'est pas une masse de Dirac et on pose

$$\phi(x) = \sup\{tx - \log \psi(t) ; t \in \mathbb{R}\}.$$

Montrer que ϕ est infinie sur $]-\infty, a[$ et $]b, \infty[$ et finie sur $]a, b[$ où elle vaut $xt(x) - \log \psi(t(x))$, $t(x)$ étant l'unique solution de l'équation $\psi'(t)/\psi(t) = x$.

(1,37) EXERCICE. – Soit λ la mesure de Lebesgue sur [0, 1]. On appelle H l'espace des fonctions h telles qu'il existe un élément h′ de $L^2(\lambda)$ vérifiant

$$h(x) = \int_0^x h'(t)\, dt,$$

pour tout x de [0, 1].

1) Montrer que l'élément h′, s'il existe, est uniquement déterminé par h.

2) Montrer que H est un espace de Hilbert pour le produit scalaire

$$< f, g >_H = \int f'g'\, d\lambda,$$

que $H \subseteq C([0, 1])$ et que l'injection est continue.

3) Montrer que pour toute mesure bornée μ sur [0, 1] il existe h_μ dans H tel que, pour tout f de H,

$$\int f(x)\, d\mu(x) = < f, h_\mu >_H.$$

*(1,38) EXERCICE. – Pour $x \in \mathbb{R}$, on pose $p(x) = \exp(-x^2)$, et pour $n \geqslant 0$,

$$H_n(x) = (-1)^n \exp(x^2)\, p^{(n)}(x).$$

1) Montrer que H_n est un polynôme – appelé *Polynôme d'Hermite* – dont le terme de plus haut degré est $2^n x^n$.

2) Montrer que $H_{n+1}(x) = 2xH_n(x) - H_n'(x)$ et que

$$H_n''(x) - 2xH_n'(x) + 2nH_n(x) = 0.$$

3) On appelle μ la mesure de densité p par rapport à la mesure de Lebesgue et on pose

$$\phi_n(x) = H_n(x)/(2^n n! \sqrt{\pi})^{1/2}.$$

Montrer que (ϕ_n) est une base orthonormale de $L^2(\mu)$. [Montrer que exp (tx) est limite dans $L^2(\mu)$ de combinaisons linéaires des ϕ_n puis appliquer le théorème de Stone-Weierstrass comme en (3,1).]

**(1,39) EXERCICE. – Sur [0, 1] on définit le système de Haar comme la suite de fonctions χ_n où $\chi_1 = 1$ et

$$\chi_{2^k+l}(t) = \begin{cases} 1 \text{ si } t \in [(2l-2)2^{-k-1}, (2l-1)2^{-k-1}] \\ -1 \text{ si } t \in](2l-1)2^{-k-1}, (2l)2^{-k-1}] \\ 0 \text{ autrement,} \end{cases}$$

$k = 0, 1, 2, \ldots, l = 1, 2, \ldots, 2^k$.

1) Montrer que l'espace vectoriel engendré par la suite (χ_n) contient toutes les indicatrices d'intervalles dyadiques et en déduire que (χ_n) est totale dans $L^p([0, 1])$, $1 \leqslant p < \infty$.

2) Si (a_n) est une suite de réels montrer que

$$\|\Sigma_1^n a_i\chi_i\|_p \leqslant \|\Sigma_1^{n+1} a_i\chi_i\|_p.$$

[Si x et y sont deux réels, $|x + y|^p - |x - y|^p \geqslant 2|x|^p$.]

3) Montrer que le sous-espace des fonctions de L^p qui peuvent s'écrire $\Sigma_1^\infty a_i\chi_i$, la convergence ayant lieu dans L^p, est fermé.

4) En déduire que pour tout $f \in L^p$, il existe une unique suite (a_i) telle que $f = \Sigma_1^\infty a_i\chi_i$. Ceci s'exprime en disant que (χ_n) est une base de Schauder de L^p.

(1,40) Exercice. – 1) Si m est une mesure bornée et f une fonction de carré intégrable, montrer que la fonction ϕ définie par

$$\phi(a) = \int (f - a)^2 \, dm$$

admet un minimum unique I. Dire pour quelle valeur de a ce minimum est atteint et donner la valeur de I.

2) Démontrer le *théorème de Koenig* : le moment d'inertie d'un solide par rapport à un axe est égal au moment d'inertie du solide par rapport à l'axe parallèle passant par le centre de gravité (cf. (II,2,36)) augmenté du produit de la masse du solide par le carré de la distance entre les deux axes.

*(1,41) Exercice. – Si m est une mesure bornée et f une fonction mesurable bornée non négligeable, on pose, pour n entier $\geqslant 1$,

$$\alpha_n = \int |f|^n \, dm.$$

1) Montrer que $\alpha_{n+1}\alpha_{n-1} \geqslant \alpha_n^2$.

2) Montrer que $\lim\limits_{n\to\infty} (\alpha_{n+1}/\alpha_n) = \|f\|_\infty$.

*(1,42) Exercice. – (méthode de Laplace) 1) Soit f une fonction mesurable appartenant à tous les L^p pour $p \geqslant p_0$. Montrer que

$$\lim_{p\to\infty} \|f\|_p = \|f\|_\infty$$

où $\|f\|_\infty = \infty$ si f n'est pas bornée.

**2) Si f est une fonction continue sur [0, T], pour tout $u \leqslant T$,

$$\lim_{\lambda\to\infty} \lambda^{-1} \log\left(\int_0^u \exp(\lambda f(s))\, ds\right) = \sup\{f(s)\,;\, 0 \leqslant s \leqslant u\},$$

et la convergence est uniforme sur l'ensemble des fonctions ayant le même module de continuité.

2. Mesures signées et Théorème de Radon-Nikodym

Il avait été observé dans l'introduction que parmi les exemples physiques de fonctions additives d'ensembles il en existait qui pouvaient prendre des valeurs négatives et qui ne pouvaient donc être modélisées par les mesures introduites dans le chapitre I. Nous allons maintenant remédier à cette carence.

(2,1) Définition. – On appelle *mesure signée* sur l'espace mesurable (E, $\mathcal{A}$) toute application μ de $\mathcal{A}$ dans $\mathbb{R}$ telle que $\mu(\emptyset) = 0$ et

$$\mu\Big(\bigcup_n A_n\Big) = \sum_n \mu(A_n)$$

pour toute suite (A_n) d'ensembles deux à deux disjoints.

Cette définition sous-entend que la série au second membre converge. Comme le premier membre ne change pas lorsqu'on change l'ordre des A_n, cette série est en fait commutativement convergente et donc absolument convergente, mais ceci va aussi résulter de la discussion qui suit.

Remarquons d'autre part que, par rapport à la définition du chapitre I, nous avons exclu les valeurs infinies pour les mesures signées, ceci afin de n'être pas confrontés à des expressions du type $\infty - \infty$. En conséquence les mesures du chapitre I ne sont pas des mesures signées lorsqu'elles prennent la valeur ∞. Inversement, les mesures bornées sont des mesures signées et si μ et ν sont deux mesures bornées la fonction d'ensembles $\mu - \nu : A \to \mu(A) - \nu(A)$ est une mesure signée ; la discussion qui va suivre a pour but de montrer que l'on obtient ainsi toutes les mesures signées. Dans la suite le mot « mesure » employé tout seul signifie que l'on considère une mesure positive.

Si $\mu = \gamma - \nu$ où γ et ν sont deux mesures bornées, on a

$$|\mu(A)| \leq \gamma(A) + \nu(A),$$

pour tout $A \in \mathcal{A}$. Toute mesure bornée λ qui, telle que $\gamma + \nu$, vérifie $|\mu(A)| \leq \lambda(A)$ pour tout $A \in \mathcal{A}$, doit vérifier

$$\lambda(A) = \Sigma\lambda(A_n) \geq \Sigma\,|\mu(A_n)|,$$

pour toute partition dénombrable (A_n) de A. Dans la recherche de la plus petite mesure ayant ces propriétés il est donc naturel de poser la

(2,2) Définition. – On appelle *valeur absolue* de la mesure signée μ et on note $|\mu|$ la fonction d'ensemble définie par

$$|\mu|(A) = \sup\,\{\sum_i |\mu(A_i)|\}$$

où le sup est étendu à toutes les partitions dénombrables mesurables (A_i) de A.

On a alors le

(2,3) Théorème. – La valeur absolue $|\mu|$ de μ est une mesure positive bornée.

Démonstration. – La fonction $|\mu|$ est clairement positive et $|\mu|(\emptyset) = 0$. Pour montrer qu'elle est σ-additive considérons une partition (A_n) de $A \in \mathcal{A}$; pour $\varepsilon > 0$ fixé et tout n, on peut trouver une partition (A_n^i) de A_n telle que $\sum_i |\mu(A_n^i)| \geqslant |\mu|(A_n) - \varepsilon 2^{-n}$. Comme les A_n^i forment une partition de A, on a

$$|\mu|(A) \geqslant \sum_n \sum_i |\mu(A_n^i)| \geqslant \sum_n |\mu|(A_n) - \varepsilon,$$

et comme ε est arbitraire,

$$|\mu|(A) \geqslant \sum_n |\mu|(A_n).$$

Soit maintenant (B_k) une autre partition de A. Comme pour k fixé les $A_n \cap B_k$ forment une partition de B_k, on a

$$\sum_k |\mu(B_k)| = \sum_k |\sum_n \mu(A_n \cap B_k)| \leqslant \sum_k \sum_n |\mu(A_n \cap B_k)|$$

$$= \sum_n \sum_k |\mu(A_n \cap B_k)| \leqslant \sum_n |\mu|(A_n)$$

Puisque (B_k) est une partition arbitraire de A, il résulte de la définition de $|\mu|$ que

$$|\mu|(A) \leqslant \sum_n |\mu|(A_n);$$

ceci termine la démonstration de la σ-additivité de $|\mu|$. Il reste à montrer que $|\mu|$ est bornée.

Supposons que $|\mu|(A) = \infty$; nous allons montrer qu'il existe $C \subseteq A$ tel que $|\mu(C)| > 1$ et $|\mu|(A \backslash C) = \infty$. Par définition de $|\mu|$ et parce que $|\mu(A)| < \infty$, on peut trouver une suite (A_j), $1 \leqslant j \leqslant n$, de sous-ensembles de A deux à deux disjoints, telle que

$$\sum_1^n |\mu(A_j)| > 2(1 + |\mu(A)|).$$

Supposons que $\sum_1^n \mu(A_j) \geqslant 0$ (l'autre cas se traitant de manière symétrique) et posons $B = \bigcup A_j$ où l'union est étendue aux j tels que $\mu(A_j) > 0$. On a ($)

$$|\mu(B)| > \sum_1^n |\mu(A_j)|/2 > 1 + |\mu(A)| \geqslant 1,$$

et $$|\mu(A \backslash B)| \geqslant |\mu(B)| - |\mu(A)| > 1 + |\mu(A)| - |\mu(A)| = 1.$$

Comme par ailleurs, $|\mu|(A) = |\mu|(B) + |\mu|(A \backslash B)$, l'un au moins des deux termes de cette dernière somme est infinie, et on peut donc prendre soit B, soit $A \backslash B$, pour ensemble C.

Si $|\mu|(E) = \infty$, on définit par récurrence une suite (A_n) d'ensembles deux à deux disjoints tels que $|\mu(A_n)| > 1$, de la façon suivante. D'après ce qui précède on découpe E en A_1 et B_1 avec $|\mu|(B_1) = \infty$, puis on découpe B_1 en A_2 et B_2 avec $|\mu|(B_2) = \infty$ et ainsi de suite. A cause de la σ-additivité de μ, on devrait avoir

$$\mu(\bigcup A_n) = \sum_n \mu(A_n)$$

ce qui est impossible puisque le terme général de la série au second membre ne tend pas vers zéro.

(2,4) Définition. – Si μ est une mesure signée le nombre $|\mu|(E)$ s'appelle *la variation totale de* μ. Les mesures

$$\mu^+ = (|\mu| + \mu)/2, \quad \mu^- = (|\mu| - \mu)/2,$$

s'appellent les *parties positives et négatives* de μ.

Il est clair que μ^+ et μ^- sont des mesures positives bornées et que $|\mu| = \mu^+ + \mu^-$ et $\mu = \mu^+ - \mu^-$. On a d'autre part la

(2,5) Proposition. – L'espace $\mathcal{M}$ des mesures signées sur $(E, \mathcal{A})$ est un espace vectoriel et la variation totale est une norme sur cet espace.

Démonstration. – Laissée au lecteur. L'inégalité triangulaire résulte facilement de la définition de $|\mu|$ et des propriétés des bornes supérieures. □

Dans la suite il sera toujours entendu que $\mathcal{M}$ est muni de la norme de la variation totale que nous noterons aussi $\| \ \|$. D'autre part on écrira aussi $\mathcal{M}(\mathcal{A})$ ou $\mathcal{M}(E, \mathcal{A})$ s'il existe un risque de confusion.

Si λ est une mesure positive et si $f \in L^1(\lambda)$, la mesure signée μ de densité f par rapport à λ est définie comme au chapitre II par

$$\mu(A) = \int_A f \, d\lambda.$$

Nous allons maintenant précisément caractériser les mesures ayant une densité par rapport à une mesure positive donnée λ. Pour une telle mesure μ, il est clair que tout ensemble négligeable pour λ est négligeable pour μ et nous allons démontrer une réciproque très importante de cette propriété. De manière opposée on peut avoir des couples de mesures μ et λ telles que l'une soit portée par un ensemble négligeable pour l'autre. Nous formalisons ces deux situations dans la

(2,6) Définition. – Deux mesures σ-finies λ et μ étant données sur un espace $(E, \mathcal{A})$, on dit que μ est *absolument continue* par rapport à λ (ce qui est noté $\mu \ll \lambda$) si

$$\forall A \in \mathcal{A}, \quad \lambda(A) = 0 \Rightarrow \mu(A) = 0.$$

On dit que λ et μ sont *mutuellement singulières* ou *étrangères* (ce qui est noté $\mu \perp \lambda$) si il existe $A \in \mathcal{A}$ tel que $\lambda(A) = 0$ et $\mu(A^c) = 0$. On dira aussi dans ce cas que l'une des deux mesures est singulière par rapport à l'autre.

Si μ est une mesure signée on dira que $\mu \ll \lambda$ (resp. $\mu \perp \lambda$) si $|\mu| \ll \lambda$ (resp. $|\mu| \perp \lambda$).

Le théorème suivant, fondamental, porte suivant les auteurs le nom de *Lebesgue-Nikodym* ou de *Radon-Nikodym.*

(2,7) Théorème. – Si λ est une mesure σ-finie et μ une mesure signée,

i) il existe une paire (μ_a, μ_s) unique, de mesures signées sur $\mathcal{A}$ telle que

$$\mu = \mu_a + \mu_s, \quad \mu_a \ll \lambda, \quad \mu_s \perp \lambda,$$

ii) il existe un unique élément h de $L^1(\lambda)$ tel que μ_a ait pour densité h par rapport à λ.

La paire (μ_a, μ_s) s'appelle la *décomposition de Lebesgue* de μ par rapport à λ. L'élément h s'appelle la *dérivée de Radon-Nikodym* de μ par rapport à λ et est notée $d\mu/d\lambda$; on observera bien qu'il s'agit d'une classe de fonctions et non d'une fonction. Cette notation, ainsi que l'appellation de dérivée pour cette (classe de) fonction est justifiée par le fait que, formellement, certaines règles de calcul des dérivées s'y appliquent (cf. (2,23)) et d'autre part, par ce que dans le cas où λ est la mesure de Lebesgue sur $\mathbb{R}$, la fonction de répartition de μ_a est effectivement dérivable λ-p.p. et a pour dérivée $d\mu_a/d\lambda$ (ceci sera montré en (V,3,15)).

Démonstration. – Montrons d'abord l'unicité dans i). Supposons qu'il y ait une deuxième décomposition $\mu = \mu_a' + \mu_s'$ avec $\mu_s \neq \mu_s'$; il existe alors un ensemble F tel que $\lambda(F) = 0$ et $\mu_s(F) \neq \mu_s'(F)$ ($). Or $\lambda(F) = 0$ entraîne $\mu_a(F) = \mu_a'(F) = 0$ et donc $\mu_s(F) = \mu_s'(F)$, ce qui est contradictoire. L'unicité dans ii) est facile à voir.

Nous allons maintenant montrer simultanément l'existence dans i) et ii). Nous commençons par supposer que λ et μ sont des mesures positives bornées et nous posons $\phi = \lambda + \mu$. Pour $f \in L^2(\phi)$, on a, grâce à l'inégalité de Schwarz,

$$\int |f|\, d\mu \leq \int |f|\, d\phi \leq (\phi(E))^{1/2} \left(\int |f|^2\, d\phi \right)^{1/2}.$$

Comme $\phi(E) < \infty$, l'application $f \to \int f\, d\mu$ est donc une forme linéaire et continue sur $L^2(\phi)$ et le théorème de dualité dans les espaces de Hilbert implique l'existence d'un élément g de $\mathcal{L}^2(\phi)$, unique à une ϕ-équivalence près, tel que, pour tout $f \in \mathcal{L}^2(\phi)$,

$$(*) \qquad \int f\, d\mu = \int fg\, d\phi.$$

En particulier pour $f = 1_A$, on a $\mu(A) = \int_A g\, d\phi$, et comme $\mu(A) \leq \phi(A)$, on a pour $\phi(A) > 0$,

$$0 \leq \int_A g\, d\phi / \phi(A) \leq 1,$$

ce qui prouve que l'on peut prendre g à valeurs dans [0, 1] ($).

La relation (*) peut se réécrire

$$\int f\, d\mu = \int fg\, (d\mu + d\lambda)$$

soit encore,

$$(**) \qquad \int f(1-g)\, d\mu = \int fg\, d\lambda.$$

Posons $F = \{x : 0 \leq g(x) < 1\}$ et donc $F^c = \{x : g(x) = 1\}$, puis pour $A \in \mathcal{A}$,

$$\mu_a(A) = \mu(F \cap A), \quad \mu_s(A) = \mu(F^c \cap A).$$

Par passage à la limite croissant, on voit que la relation (**) est vérifiée pour n'importe quelle fonction mesurable positive f. Si on y fait $f = 1_{F^c}$, on trouve $\lambda(F^c) = 0$ et donc $\mu_s \perp \lambda$. Si on y fait $f = 1_{A \cap F}(1-g)^{-1}$, on trouve

$$\mu_a(A) = \int_A g 1_F/(1-g)\, d\lambda.$$

Il ne reste plus qu'à prendre pour h la classe d'équivalence de $g1_F/(1-g)$ pour avoir terminé la démonstration dans ce cas.

Si maintenant λ est σ-finie, on considère une partition (E_n) de E telle que $\lambda(E_n) < \infty$ pour tout n, et on appelle λ^n et μ^n les restrictions de λ et μ à E_n. Pour chaque n, il existe d'après le résultat précédent, une décomposition de Lebesgue (μ_a^n, μ_s^n) de μ^n par rapport à λ^n et un élément h^n de $L^1_+(\lambda)$ tel que $\mu_a^n = h^n\lambda^n$; il suffit alors de poser $\mu_a = \Sigma\, \mu_a^n$, $\mu_s = \Sigma\, \mu_s^n$ et $h = \Sigma\, h^n$ pour obtenir la décomposition désirée.

On passe enfin au cas où μ est une mesure signée en utilisant sa décomposition en parties positives et négatives. □

Le résultat précédent s'étend facilement au cas où μ est aussi une mesure σ-finie non bornée. La seule modification à apporter est que h n'est plus une fonction intégrable mais seulement une (classe de) fonction positive.

Il est intéressant d'appliquer ce qui précède au cas des mesures sur $\mathbb{R}$. On a vu dans l'exercice (I,2,17) que si m est une mesure σ-finie sur $\mathbb{R}$, il y a au plus une infinité dénombrable de points x tels que $m(\{x\}) > 0$. La mesure $m' = m - \Sigma m(\{x\})\delta_x$ ne charge plus aucun singleton et si on applique le théorème de Radon-Nikodym à m', on obtient une décomposition canonique de m en la somme de mesures de trois types différents : somme dénombrable de masses de Dirac, mesure absolument continue, mesure diffuse mais singulière par rapport à la mesure de Lebesgue. On trouvera dans l'exercice (2,27) un exemple de mesure du troisième type. Dans de nombreux domaines, par exemple en Statistique mathématique classique on rencontre essentiellement des mesures des deux premiers types, mais dans d'autres questions on rencontre aussi des exemples importants de mesures du troisième type.

Avant de passer à des applications du théorème de Radon-Nikodym, observons que la propriété d'absolue continuité peut encore s'exprimer d'une autre façon qui d'ailleurs justifie son nom.

(2,8) Proposition. – Si μ est une mesure signée et λ une mesure σ-finie, les deux propriétés suivantes sont équivalentes :

i) $\mu \ll \lambda$;

ii) pour tout $\varepsilon > 0$ il existe un δ tel que $\lambda(A) < \delta \Rightarrow |\mu(A)| < \varepsilon$.

Démonstration. – Que ii) entraîne i) est évident, car si $\lambda(A) = 0$ on a $\lambda(A) < \delta$ pour tout δ. Pour montrer l'implication inverse on se sert du fait que $\mu = h.\lambda$ avec $h \in L^1$. Pour tout $A \in \mathcal{A}$, on a

$$|\mu(A)| \leqslant \int_{A\cap\{|h|\leqslant n\}} |h|\, d\lambda + \int_{A\cap\{|h|> n\}} |h|\, d\lambda$$
$$\leqslant n\,\lambda(A) + \int_{\{|h|> n\}} |h|\, d\lambda.$$

Comme la suite $\{|h|> n\}$ tend vers λ-p.p. vers $\varnothing$, on peut choisir n en sorte que cette dernière intégrale soit $< \varepsilon/2$; on choisit alors δ de façon que $n\delta$ soit aussi $< \varepsilon/2$. □

Remarque. – La propriété ci-dessus est une propriété des fonctions intégrables. Les exercices (4,36) à (4,40) du chapitre II étudient les ensembles de fonctions intégrables qui possèdent cette propriété de manière uniforme.

Nous commençons maintenant les applications du théorème de Radon-Nikodym par des propriétés des mesures signées.

(2,9) Proposition. – Si μ est une mesure signée, $\mu = h.|\mu|$ où h est une fonction ne prenant que les valeurs ± 1.

Démonstration. – Comme de toute évidence $\mu \ll |\mu|$, il existe $h \in L^1(|\mu|)$ tel que $\mu = h.|\mu|$. Pour $0 \leqslant r < 1$, posons $E_r = \{|h| \leqslant r\}$; pour toute partition (A_i) de E_r, on a

$$\Sigma|\mu(A_i)| = \Sigma\left|\int_{A_i} h\, d|\mu|\right| \leqslant \Sigma r|\mu|(A_i) = r|\mu|(E_r)$$

ce qui est impossible à moins que $|\mu|(E_r) = 0$. Il en résulte que $|h|$ est $\geqslant 1$ $|\mu|$-p.p. Mais si $A = \{h > 1\}$ était de mesure strictement positive, cela entraînerait $\mu(A) > |\mu|(A)$ ce qui est impossible ; de même $\{h < -1\}$ est aussi de mesure nulle.

En modifiant h sur un ensemble de $|\mu|$-mesure nulle, on obtient bien ce qui était désiré.

(2,10) Théorème. – (Décomposition de Jordan-Hahn) Pour toute mesure signée μ, il existe deux ensembles E^+ et E^- de $\mathcal{A}$ tels que $E = E^+ \cup E^-$, $E^+ \cap E^- = \emptyset$, et pour tout $A \in \mathcal{A}$,

$$\mu^+(A) = \mu(E^+ \cap A),\ \mu^-(A) = -\mu(E^- \cap A).$$

En d'autres termes, les parties positives et négatives sont portées par des ensembles disjoints. Observons que ceci correspond bien à l'intuition qu'on peut avoir pour des charges électriques ou magnétiques : les charges positives et négatives ne peuvent se trouver « au même endroit ».

Démonstration. – En utilisant la proposition précédente, on pose

$$E^+ = \{x : h(x) = 1\}, \quad E^- = \{x : h(x) = -1\}.$$

Les ensembles E^+ et E^- satisfont bien aux conditions de l'énoncé et de plus, pour $A \in \mathcal{A}$, on a

$$\mu^+(A) = (\mu(A) + |\mu|(A))/2 = \int_A ((h+1)/2)\, d|\mu|,$$

et comme $(h+1)/2$ est nul sur E^- et égal à h sur E^+, ceci vaut encore

$$\int_{A \cap E^+} h\, d|\mu| = \mu(A \cap E^+)$$

On procèderait de même pour μ^-. □

(2,11) Corollaire. – La décomposition $\mu = \mu^+ - \mu^-$ est minimale, c'est-à-dire que l'égalité $\mu = m^+ - m^-$ pour deux mesures positives m^+ et m^- entraîne que $\mu^+ \leqslant m^+$ et $\mu^- \leqslant m^-$.

Démonstration. – Comme $\mu \leqslant m^+$, on a, pour $A \in \mathcal{A}$,

$$\mu^+(A) = \mu(A \cap E^+) \leqslant m^+(A \cap E^+) \leqslant m^+(A). \qquad \square$$

La discussion précédente permet aussi de compléter la proposition (2,5).

(2,12) Proposition. – L'espace $\mathcal{M}$ est un espace de Banach et pour toute mesure positive λ, l'application $f \to f.\lambda$ de $L^1(\lambda)$ dans $\mathcal{M}$ est une isométrie.

Démonstration. – Si $\mu = h.\lambda$, comme les ensembles $\{h \geqslant 0\}$ et $\{h < 0\}$ sont disjoints on a $\mu^+ = h^+.\lambda$ et $\mu^- = h^-.\lambda$ (\$). Ceci entraîne que $|\mu| = |h|.\lambda$, et donc que $\|\mu\| = \|h\|_{L^1(\lambda)}$, ce qui est la deuxième phrase de l'énoncé.

Soit maintenant (μ_n) une suite de Cauchy dans $\mathcal{M}$. On peut trouver une mesure positive λ telle que $\mu_n \ll \lambda$ pour tout n ; on prend par exemple $\lambda = \Sigma|\mu_n|/2^n\|\mu_n\|$. D'après ce que nous venons de voir, la suite (h_n) des dérivées de Radon-Nikodym $d\mu_n/d\lambda$ est une suite de Cauchy dans $L^1(\lambda)$ et par suite converge vers un élément h. Il est alors facile de voir que (μ_n) converge vers $h.\lambda$ dans $\mathcal{M}$.

Nous nous tournons maintenant vers une application fondamentale du théorème de Radon-Nikodym à la dualité dans les espaces L^p. On a vu dans la proposition (1,11) comment associer à toute fonction de L^q, $1 \leqslant q \leqslant \infty$, une forme linéaire et continue sur L^p où p est le conjugué de q. Nous allons montrer que pour $1 \leqslant p < \infty$ on obtient ainsi *toutes* les formes linéaires et continues. Le cas de L^∞ est spécial et il existe des formes linéaires et continues sur cet espace qui ne sont pas données par une fonction de L^1.

(2,13) Théorème. – Si la mesure λ est σ-finie, à toute forme linéaire et continue Φ sur $L^p(\lambda)$, $1 \leqslant p < \infty$, il correspond un unique élément g de L^q tel que, pour tout $f \in L^p$,

$$\Phi(f) = \int f\, g\, d\lambda\,;$$

de plus $\|\Phi\| = \|g\|_q$.

Démonstration. – Pour montrer l'unicité observons que l'égalité $\int fg\, d\lambda = \int fg'\, d\lambda$ pour tout f de L^p entraîne $\int_A g\, d\lambda = \int_A g'\, d\lambda$ pour tout A de mesure finie et, si λ est σ-finie, il en résulte facilement que $g = g'$ λ-p.p. ($).

Pour démontrer l'existence nous commençons par supposer que λ est une mesure bornée. Nous supposons aussi que $\|\Phi\| > 0$, le cas $\|\Phi\| = 0$ étant évident. L'application μ définie par

$$\mu(A) = \phi(1_A)$$

est une mesure sur $\mathcal{A}$. On a en effet $\mu(\emptyset) = 0$, et μ est clairement additive. D'autre part si (A_n) est une suite d'ensembles deux à deux disjoints, du fait que λ est bornée et que $1 \leqslant p < \infty$, la suite $\sum_1^N 1_{A_n}$ converge dans L^p vers $\sum_1^\infty 1_{A_n}$; la continuité de Φ entraîne alors la σ-additivité de μ. Il est d'autre part évident que $\mu \ll \lambda$, et le théorème de Radon-Nikodym implique donc l'existence d'un élément g de $L^1(\lambda)$ tel que

$$\Phi(1_A) = \int_A g\, d\lambda,$$

et donc

$$(*) \qquad \Phi(f) = \int f\, g\, d\lambda,$$

pour toute fonction étagée f.

La fin de la démonstration distingue deux cas. Dans le cas où p = 1 l'égalité précédente entraîne que

$$\left|\int_A g\, d\lambda\right| \leqslant \|\Phi\|\, \lambda(A),$$

et il est alors facile de voir que $|g| \leqslant \|\Phi\|$ λ-p.p. Les deux formes linéaires et continues Φ et $f \to \int fg \, d\lambda$ étant égales sur le sous-espace dense des fonctions étagées sont égales. L'égalité des normes résulte alors de la proposition (1,11) et la démonstration est terminée dans ce cas. Dans le cas $1 < p < \infty$, on considère une suite (g_n) de fonctions étagées positives croissant vers $|g|$. On a

$$\int (g_n)^q \, d\lambda \leqslant \int (g_n)^{q-1} \, s(g) \, g \, d\lambda$$

où $s(g)$ est la fonction « signe de g » de (1,11). Comme $s(g) \, g_n$ est étagée, il en résulte que

$$\int (g_n)^q \, d\lambda \leqslant \Phi((g_n)^{q-1} s(g)) \leqslant \|\Phi\| \, \|(g_n)^{q-1}\|_p$$

et donc que $\|(g_n)\|_q \leqslant \|\Phi\|$ ($). En passant à la limite, on obtient donc $\|g\|_q \leqslant \|\Phi\|$ et par suite g est dans L^q. Ici encore la densité des fonctions étagées dans L^p permet de conclure que l'égalité (*) est valable pour toutes les fonctions f de L^p. L'égalité des normes résulte encore de la proposition (1,11) et la démonstration est donc terminée lorsque λ est bornée.

Si λ est σ-finie on peut trouver une fonction intégrable h strictement positive ($). On pose $\lambda' = h . \lambda$; la mesure λ' est bornée et l'application $f \to h^{1/p} f$ est une isométrie de $L^p(\lambda')$ sur $L^p(\lambda)$ ($). On applique alors ce qui précède à la forme linéaire Ψ définie par

$$\Psi(f) = \Phi(h^{1/p} f) ;$$

les détails sont laissés au lecteur. □

(2,14) Exercice. – On appelle mesure complexe toute fonction d'ensembles satisfaisant aux conditions de la définition (2,1) mais avec $\mathbb{C}$ à la place de $\mathbb{R}$.

1) Montrer que pour toute mesure complexe m il existe quatre mesures positives bornées $\mu^+, \mu^-, \nu^+, \nu^-$ telles que

$$m = \mu^+ - \mu^- + i(\nu^+ - \nu^-).$$

2) Démontrer que en remplaçant la valeur absolue par le module dans la formule de la définition (2,2) on définit la plus petite mesure positive bornée, soit $|\mu|$ telle que $|\mu(A)| \leqslant |\mu|(A)$ pour tout $A \in \mathcal{A}$. L'espace des mesures complexes est un espace de Banach pour la norme $\mu \to |\mu|(E)$.

3) Réénoncer le théorème de Radon-Nikodym pour les mesures complexes, puis montrer qu'il existe une fonction mesurable h complexe de module 1 telle que $\mu = h . |\mu|$. [On pourra se servir de (1,32).]

(2,15) Exercice. – Une fonction mesurable f sur $(E, \mathcal{A})$ est dite intégrable par rapport à la mesure signée μ si elle est intégrable par rapport à $|\mu|$ et on pose alors

$$\int f \, d\mu = \int f \, d\mu^+ - \int f \, d\mu^-.$$

Montrer que l'application

$$(f, \mu) \to \int f\, d\mu$$

est une forme bilinéaire sur $b\mathcal{F}(\mathcal{A}) \times \mathcal{M}(E, \mathcal{A})$ où $b\mathcal{F}(\mathcal{A})$ est l'espace des fonctions $\mathcal{A}$-mesurables et bornées, et que

$$\left| \int f\, d\mu \right| \leqslant \| f \|_u \| \mu \|$$

où $\| \ \|_u$ est la norme de la convergence uniforme.

Montrer de plus que cette forme bilinéaire met les deux espaces en dualité, i.e., les applications

$$f \to \{\mu \to \int f\, d\mu\} \quad \text{et} \quad \mu \to \{f \to \int f\, d\mu\}$$

sont des isomorphismes d'espaces vectoriels.

(2,16) Exercice. – Si μ est une mesure signée sur $\mathcal{B}(\mathbb{R}^d)$, montrer que

$$\| \mu \| = \sup \left\{ \int f\, d\mu : f \in C_K, \| f \| \leqslant 1 \right\}.$$

(2,17) Exercice. – 1) Si μ et ν sont deux probabilités sur $(E, \mathcal{A})$ montrer que

$$\| \mu - \nu \| = 2 \sup \{ | \mu(A) - \nu(A) | ; A \in \mathcal{A} \}.$$

2) Montrer que

$$\| \mu - \nu \| = 2 \int (1 - (d\nu/d\mu))^+ d\mu.$$

3) Donner une CNS portant sur $\| \mu - \nu \|$ pour que μ et ν soient étrangères.

(2,18) Exercice. – Si μ et ν sont deux mesures signées et si $\mu \perp \nu$, on a $\| \mu - \nu \| = \| \mu \| + \| \nu \|$. En particulier, montrer que sur $[0, 1]$ la distance de la mesure de Lebesgue à toute mesure signée qui soit combinaison linéaire de masses ponctuelles est au moins égale à 1.

(2,19) Exercice. – Si μ est une mesure signée, sa fonction de répartition est, comme en (I,5), la fonction

$$F_\mu(x) = \mu(\,]-\infty, x]).$$

1) Montrer qu'à toute fonction F à variation bornée (cf. (0,2,10)) nulle en 0 et continue à droite, on peut associer une unique mesure signée μ telle que $F_\mu = F$. Dans ce cas, on a $F_{|\mu|} = V_F$.

2) Montrer que μ est absolument continue par rapport à la mesure de Lebesgue si F est une fonction absolument continue. [On pourra utiliser le théorème d'approximation de (I,4,11).]

(2,20) Exercice. – 1) Montrer que l'espace $\mathcal{M}$ muni de l'ordre naturel ($\nu \leqslant \mu$ ssi $\nu(A) \leqslant \mu(A)\ \forall A \in \mathcal{A}$) est un espace vectoriel réticulé.

2) Montrer que

$$(\mu \vee \nu)(A) = \sup\{\mu(B) + \nu(A \backslash B)\,;\ B \subseteq A\}$$

et
$$(\mu \wedge \nu)(A) = \inf\{\mu(B) + \nu(A \backslash B)\,;\ B \subseteq A\}.$$

3) Deux mesures positives μ et ν sont étrangères ssi $\mu \wedge \nu = 0$.

4) Montrer que $\mathcal{M}$ est un espace complètement réticulé. [Utiliser (II,4,45).]

(2,21) Exercice. – Si μ et ν sont deux mesures bornées et f une application mesurable les propriétés $\mu \ll \nu$ et $\mu \perp \nu$ impliquent-elles $f(\mu) \ll f(\nu)$ et $f(\mu) \perp f(\nu)$?

(2,22) Exercice. – Si $\mu \ll \nu$ a-t-on la même relation pour les restrictions de μ et ν à une sous-tribu de $\mathcal{A}$? Traiter la même question pour la relation $\mu \perp \nu$.

(2,23) Exercice. – 1) Si $\mu \ll \lambda$ sont des mesures σ-finies, montrer que les classes d'équivalence de fonctions pour μ sont réunions de classes d'équivalences pour λ.

2) Si $\mu \ll \nu$ et $\nu \ll \lambda$, alors $\mu \ll \lambda$ et $d\mu/d\lambda = (d\mu/d\nu)\,(d\nu/d\lambda)$ λ-p.p.

3) On dit que μ et λ sont *équivalentes* et on écrit $\mu \asymp \lambda$ si $\mu \ll \lambda$ et $\lambda \ll \mu$. Montrer que $\mu \asymp \lambda$ ssi $\mu \ll \lambda$ et $d\mu/d\lambda > 0$ λ-p.p.

4) Si $\mu \ll \lambda$, exprimer la décomposition de Lebesgue de λ par rapport à μ en fonction de $d\mu/d\lambda$. Montrer en particulier que si $\mu \asymp \lambda$, alors $d\mu/d\lambda = 1/(d\lambda/d\mu)$ λ ou μ-p.p.

5) Si μ_i, $i = 0, 1, 2$, sont trois mesures bornées, calculer la dérivée $d\mu_0/d(\mu_0 + \mu_1 + \mu_2)$ en fonction de $d\mu_0/d(\mu_0 + \mu_1)$ et $d\mu_0/d(\mu_0 + \mu_2)$.

(2,24) Exercice. – Soient (μ_i) et (ν_i) deux suites de mesures telles que les mesures $\mu = \Sigma\mu_i$ et $\nu = \Sigma\nu_i$ soient bornées. Montrer que

$$d\mu/d\nu = \lim_n \left(d\Sigma_1^n \mu_i / d\Sigma_1^n \nu_i\right) \quad \nu\text{-p.p.}$$

(2,25) Exercice. – Si $\mu \ll \lambda$ et si p et λ sont bornées, toute suite (f_n) de fonctions qui converge en mesure (cf. (II,4,34)) pour λ converge aussi en mesure pour μ.

(2,26) Exercice. – Montrer la proposition (2,8) sans se servir du théorème de Radon-Nikodym.

*(2,27) Exercice. – On reprend la situation de l'exercice (0,1,33) et pour $x \in [0, 1]$, on pose $g_n(x) = a_n^{-1}\,\lambda(E_n \cap [0, x])$. Montrer que pour $x \notin E_n$ on a $g_n(x) = g_{n+1}(x)$ et en

déduire que la suite (g_n) converge uniformément vers une fonction g continue croissante et constante sur chacun des intervalles de E^c. Si $\lambda(E) = 0$ (cf. (I,2,13)) la fonction g est la fonction de répartition d'une probabilité diffuse et singulière par rapport à λ. Elle est aussi dérivable p.p. avec une dérivée nulle p.p. ; à la différence de ce qui se passe pour une fonction absolument continue (cf. (2,19)) elle n'est donc pas l'intégrale de sa dérivée. Si E est l'ensemble de Cantor, la fonction g s'appelle la *fonction de Cantor.*

*(2,28) Exercice. – (Espérances conditionnelles) 1) Soit m une mesure bornée sur $(E, \mathcal{A})$ et $\mathcal{B}$ une sous-tribu de $\mathcal{A}$. Pour toute fonction f de $L^1(E, \mathcal{A}, m)$ montrer qu'il existe un unique élément de $L^1(E, \mathcal{B}, m)$, noté $E^{\mathcal{B}}f$, tel que

$$\int_B f\,dm = \int_B E^{\mathcal{B}}f\,dm,$$

pour tout ensemble B de $\mathcal{B}$. [On appliquera le théorème de Radon-Nikodym à la mesure $B \to \int_B f\,dm$.]

2) Pour tout $p \in [1, \infty]$, l'application $f \to E^{\mathcal{B}}f$ est une application positive et de norme 1 de $L^p(E, \mathcal{A}, m)$ dans $L^p(E, \mathcal{B}, m)$.

3) Toute classe d'équivalence de fonctions $\mathcal{B}$-mesurables est contenue dans une unique classe d'équivalence de fonctions $\mathcal{A}$-mesurables (cf. (1,34)). On peut donc considérer que $L^2(E, \mathcal{B}, m)$ est un sous-espace fermé de $L^2(E, \mathcal{A}, m)$. Montrer que pour $p = 2$, l'application de 2) est le projecteur orthogonal sur ce sous-espace (voir aussi les résultats de (1,34)).

4) Montrer que pour $f \in L^1(E, \mathcal{A}, m)$ la famille $\{E^{\mathcal{B}}f\}$ où $\mathcal{B}$ décrit la famille de toutes les sous-tribus de $\mathcal{A}$, est équi-intégrable (Ex. (II,4,36)).

*(2,29) Exercice. – 1) Si μ et λ sont deux mesures σ-finies sur un espace $(E, \mathcal{A})$ fixé et si $\mu \ll \lambda$, l'application $T^{\lambda}_{\mu} : f \to f(d\mu/d\lambda)^{1/2}$ est une isométrie de $L^2(\mu)$ dans $L^2(\lambda)$. Montrer que cette application est bijective ssi $\mu \simeq \lambda$ (voir Ex. (2,23)).

2) Montrer que l'on définit une relation d'équivalence sur les couples (f, μ) où $f \in L^2(\mu)$, en posant

$$(f, \mu) \simeq (g, \nu) \quad \text{ssi} \quad T^{\lambda}_{\mu} f = T^{\lambda}_{\nu} g$$

pour une (donc pour toute) mesure λ telle que $\mu \ll \lambda$ et $\nu \ll \lambda$.

3) Sur l'ensemble H des classes d'équivalences de couples (f, μ) on met une structure d'espace vectoriel en posant

$$\alpha(f, \mu) = (\alpha f, \mu), \quad (f, \mu) + (g, \nu) = (T^{\lambda}_{\mu} f + T^{\lambda}_{\nu} g, \lambda)$$

où ici encore λ vérifie $\mu \ll \lambda$ et $\nu \ll \lambda$.

4) Montrer que H est un espace de Hilbert pour le produit scalaire

$$< (f, \mu), (g, \nu) > = \int T^\lambda_\mu f \, T^\lambda_\nu g \, d\lambda,$$

et que, pour toute mesure μ, l'application $f \to (f, \mu)$ est une isométrie de $L^2(\mu)$ dans H.

5) Généraliser ce qui précède à L^p avec $1 \leqslant p < \infty$.

*(2,30) Exercice. – Montrer que si K est un ensemble compact dans $\mathcal{M}$, il existe une mesure positive λ telle que $\mu \ll \lambda$ pour tout $\mu \in K$.

*(2,31) Exercice. – (Familles statistiques dominées) Soit $(E, \mathcal{A})$ un espace mesurable et P_θ, $\theta \in \Theta$, une famille de probabilités sur $(E, \mathcal{A})$ qui sont toutes absolument continues par rapport à une même mesure bornée μ.

1) On pose $A_\theta = \{dP_\theta/d\mu > 0\}$ et on appelle $\mathscr{C}$ la classe des réunions dénombrables d'ensembles A_θ. Montrer qu'il existe $B \in \mathscr{C}$ tel que

$$\mu(B) = \sup\{\mu(A) ; A \in \mathscr{C}\}.$$

2) Montrer que pour tout $\theta \in \Theta$ et pour tout $A \in \mathcal{A}$ on a $P_\theta(A \backslash B) = 0$, et en déduire qu'il existe une sous-famille dénombrable (θ_n) de Θ telle que

$$P_{\theta_n}(N) = 0 \ \forall n \in \mathbb{N} \quad \text{ssi} \quad P_\theta(N) = 0 \ \forall \theta \in \Theta.$$

3) Étant donnée une famille de probabilités P_θ, $\theta \in \Theta$, la famille des mesures σ-finies λ telles que $P_\theta \ll \lambda$ pour tout $\theta \in \Theta$ est non vide ssi elle contient une mesure de la forme $\Sigma \alpha_n P_{\theta_n}$ où $0 \leqslant \alpha_n \leqslant 1$, $\Sigma \alpha_n = 1$ et (θ_n) est un sous-ensemble dénombrable de Θ.

4) L'existence d'une suite $(\theta_n) \subseteq \Theta$ telle que (P_{θ_n}) soit dense dans $(P_\theta, \theta \in \Theta)$ pour la topologie de la norme est suffisante pour que la condition de 3) soit vérifiée et est nécessaire lorsque $\mathcal{A}$ est engendrée par une classe dénombrable.

(2,32) Exercice. – Dans l'exercice (II,4,44) montrer que toutes les mesures $\overline{m}$ qui prolongent m sur $\mathscr{C}$ sont données par la formule de 4) pour une famille (f_i) déterminée à une m-équivalence près.

(2,33) Exercice. – Soient g une fonction localement bornée sur $\mathbb{R}^d$ et μ une mesure de Radon telles que

$$\sup\left\{\left|\int g \, \phi \, d\mu\right| ; \quad \phi \in C_K, \|\phi\|_p \leqslant 1\right\} = A < \infty ;$$

prouver que $g \in \mathcal{L}^q(\mu)$ et que $\|g\|_q = A$.

(2,34) EXERCICE. – Avec les notations de l'exercice (II,4,46), si

$$\Gamma = \{\mu \in \mathcal{M}_+ : \mu \ll \nu \quad \text{et} \quad \|d\mu/d\nu\|_{L^q(\nu)} \leqslant 1\},$$

prouver que $L = L^p(\nu)$.

(2,35) EXERCICE. – Soit m une mesure σ-finie. Pour $p \in [1, \infty[$ et N entier on pose $L^p_N = (L^p(m))^N$.

1) Montrer que L^p_N est un espace de Banach pour la norme

$$\|u\|_{p,N} = \left(\sum_{i=1}^{N} \|u_i\|_p^p\right)^{1/p}.$$

2) Montrer que pour toute forme linéaire continue Φ sur L^p_N il existe un unique élément v de L^q_N tel que, pour tout u de L^p_N,

$$\Phi(u) = \sum_i \int u_i v_i \, dm,$$

et que $\|\Phi\| = \|v\|_{q,N}$.

**(2,36) EXERCICE. – Soient μ et ν deux probabilités sur (E, $\mathcal{A}$). On choisit une mesure σ-finie λ telle que $\mu \ll \lambda$ et $\nu \ll \lambda$ et on pose $f = d\mu/d\lambda$ et $g = d\nu/d\lambda$.

1) Montrer que $f \log(f/g)$, où $0 \log 0 = 0 \log(0/0) = 0$, est λ-quasi-intégrable (cf. (II,2,12)) et que l'intégrale

$$K(\mu/\nu) = \int \log(f/g) \, d\mu$$

est toujours $> -\infty$ et ne dépend pas du choix de λ. On l'appelle l'*information de Kullback* de μ par rapport à ν. [On pourra montrer que $(f \log(f/g))^- \leqslant g$.]

2) Montrer que si μ n'est pas absolument continue par rapport à ν, on a $K(\mu/\nu) = +\infty$.

3) Montrer que $K(\mu/\nu)$ est toujours $\geqslant 0$ et que $K(\mu/\nu) = 0$ ssi $\mu = \nu$.

*(2,37) EXERCICE. – Montrer que $\mathcal{M}$ (E, $\mathcal{A}$) est séparable ssi $\mathcal{A}$ est engendrée par une partition dénombrable de E.

3. Séries de Fourier

Le son, la lumière, le cycle des taches solaires, les signaux en dents de scie de l'éléctronique, la houle, ne sont que quelques-uns des innombrables exemples de phénomènes périodiques que l'on rencontre dans la nature ou dans l'activité humaine. C'est un problème fondamental, tant sur le plan pratique que sur le plan théorique, que de savoir les « décomposer » en une somme de fonctions périodiques simples, les fonctions trigonométriques. La théorie correspondante, celle des séries de Fourier, a connu d'énormes développements que nous n'allons qu'effleurer ci-dessous.

L'idée est donc qu'un phénomène complexe comme un son est somme de sons « purs » qu'on peut représenter par des fonctions trigonométriques de même période du temps t. Pour une période fixée, par exemple 2π, on aura donc une somme de fonctions sin (nt) et cos (nt). Mais en fait, ces fonctions doivent être multipliées par un coefficient a_n, l'amplitude, qui mesure l'importance relative de sin (nt) dans la somme et d'autre part, ces fonctions peuvent être décalées dans le temps, c'est-à-dire qu'il faut considérer $\sin(nt + \phi_n)$ où $\phi_n \in [0, 2\pi]$ est la « phase » correspondant à n. Finalement, il faut donc faire des sommes d'éléments du type

$$a_n \cos(nt + \phi_n) + b_n \sin(nt + \psi_n).$$

On observe alors qu'on obtient une écriture plus simple en utilisant une représentation complexe, i.e. en utilisant les exponentielles complexes comme fonctions périodiques de base.

Comme les exponentielles complexes ont pour période 2π, nous choisissons d'étudier les fonctions sur $\mathbb{R}$ qui sont périodiques de période 2π, cas auquel on peut évidemment ramener tous les autres. Comme il y a correspondance biunivoque entre ces fonctions et les fonctions définies sur le tore $\mathbb{T} = \mathbb{R}/2\pi\mathbb{Z}$, c'est plutôt les fonctions définies sur ce dernier espace que nous allons étudier.

Le tore $\mathbb{T}$ peut être vu comme le segment $[0, 2\pi]$ où on identifie 0 et 2π. C'est un groupe pour l'addition modulo 2π, l'inverse de x étant égal à $-x$ (modulo 2π). Muni de la topologie induite par celle de $\mathbb{R}$, c'est un groupe topologique, c'est-à-dire que les applications $(a, b) \to a + b$ (mod 2π) et $a \to -a$ (mod 2π) sont continues. Insistons sur le fait que 0 et 2π étant identifiés, une base de voisinages de 0 est donnée par les ensembles $([0, \varepsilon[\cup]2\pi - \varepsilon, 2\pi], \varepsilon > 0)$. Dans la suite $\mathbb{T}$ sera aussi muni de sa tribu borélienne qui est la trace de la tribu borélienne de $\mathbb{R}$ sur $[0, 2\pi]$ à l'identification près de 0 et 2π. On appellera λ le produit par $1/2\pi$ de la mesure de Lebesgue de $[0, 2\pi]$; λ est donc une mesure de masse totale égale à 1 et comme dans le cas de $\mathbb{R}$ elle est invariante par translation dans le groupe. Dans la suite, des notations telles que $L^1(\mathbb{T})$ sont utilisées à la place de $L^1(\lambda)$; $C(\mathbb{T})$ est l'espace des fonctions continues sur $\mathbb{T}$.

Remarquons pour finir que $\mathbb{T}$ est isomorphe au groupe U des nombres complexes de module 1, l'isomorphisme étant donné par l'application exponentielle : $x \to e^{ix}$. Les puissances de cette application vont jouer un rôle fondamental dans ce qui suit.

Pour tout $n \in \mathbb{Z}$, on note e_n la fonction définie par

$$e_n(x) = e^{inx}.$$

Ce sont des fonctions continues sur $\mathbb{T}$ (ou si on préfère, des fonctions sur $\mathbb{R}$ périodiques et de période 2π) et ce sont en fait tous les homorphismes continus de $\mathbb{T}$ dans

U ou *caractères* de $\mathbb{T}$ (cf. Ex. (3,9)). De plus $e_n = \overline{e}_{-n}$, et les fonctions e_n étant bornées sont dans $L^p(\mathbb{T})$ pour tout $p \in [1, \infty]$.

Nous pouvons maintenant énoncer notre premier résultat.

(3,1) Théorème. – La famille (e_n), $n \in \mathbb{Z}$, est une base orthonormale de $L^2_{\mathbb{C}}(\mathbb{T})$.

Démonstration. – Comme on voit facilement que

$$\int_0^{2\pi} e_n \, \overline{e}_m \, d\lambda = \delta_{nm},$$

il s'agit bien d'une famille orthonormale. Montrons qu'elle est totale.

Comme les fonctions continues sont denses dans $L^2_{\mathbb{C}}$ (cf. (II,4,30) et (IV,2,4)) il suffit de montrer que toute fonction continue est limite dans $L^2_{\mathbb{C}}$ de combinaisons linéaires des e_n, c'est-à-dire de polynômes trigonométriques. Or le théorème de Stone-Weierstrass qui entraîne que toute fonction continue est limite uniforme de polynômes trigonométriques entraîne ceci a fortiori. □

D'après les propriétés des bases hilbertiennes on a donc immédiatement le

(3,2) Corollaire. – Si pour $f \in L^2_{\mathbb{C}}(\mathbb{T})$ on pose

$$\hat{f}(n) = \int_{\mathbb{T}} f(t)\, e_{-n}(t)\, \lambda(dt),$$

alors :

i) f est la somme dans $L^2_{\mathbb{C}}(\mathbb{T})$ de la famille sommable $\{\hat{f}(n) e_n, n \in \mathbb{Z}\}$;

ii) (Identité de Parseval) Si f et g sont dans $L^2_{\mathbb{C}}(\mathbb{T})$,

$$\int f(t)\, \overline{g(t)}\, \lambda(dt) = \sum_{-\infty}^{\infty} \hat{f}(n)\, \overline{\hat{g}(n)},$$

et en particulier

$$\| f \|_2^2 = \sum_{-\infty}^{\infty} | \hat{f}(n) |^2.$$

Conformément à notre convention la norme $\| \ \|_2$ est calculée par rapport à λ, c'est-à-dire que

$$\| f \|_2 = \left(\frac{1}{2\pi} \int_{\mathbb{T}} f^2(t)\, dt \right)^{1/2}.$$

(3,3) Définition. – Les nombres $\hat{f}(n)$ s'appellent les *coefficients de Fourier* de f et $\Sigma \hat{f}(n) e_n$ est la *série de Fourier* de f. L'application qui à f fait correspondre la fonction $\hat{f}$ sur $\mathbb{Z}$ s'appelle la *transformation de Fourier* et se note $\mathcal{F}$.

Ce que nous venons de voir peut aussi se traduire par la

(3,4) Proposition. – La transformation de Fourier $\mathcal{F}$ est une isométrie de $L^2_{\mathbb{C}}(\mathbb{T})$ sur $\ell^2_{\mathbb{C}}(\mathbb{Z})$.

Démonstration. – La seule chose à montrer est que $\mathcal{F}$ est surjective, mais si $(a_n) \in \ell^2_{\mathbb{C}}(\mathbb{Z})$, alors $\sum_{n \in \mathbb{Z}} a_n e_n$ converge dans $L^2_{\mathbb{C}}(\mathbb{T})$ ($) et définit donc un élément f de $L^2_{\mathbb{C}}(\mathbb{T})$ dont la transformée de Fourier $\mathcal{F}f$ est (a_n).

L'application $\mathcal{F}$ peut aussi s'exprimer en utilisant les fonctions sinus et cosinus au lieu des exponentielles. On pose $a_0 = \int f(t)\,\lambda(dt)$, et pour n entier > 0,

$$a_n = 2\int f(t)\cos(nt)\,\lambda(dt), \quad b_n = 2\int f(t)\sin(nt)\,\lambda(dt),$$

soit encore $a_n = \hat{f}(n) + \hat{f}(-n)$, $b_n = i(\hat{f}(n) - \hat{f}(-n))$; on voit que

$$f = a_0 + \sum_{n \geq 1} (a_n \cos(nt) + b_n \sin(nt))$$

dans L_2. On remarque que si f est à valeurs réelles, les coefficients a_n et b_n sont réels tandis que $\hat{f}(n)$ et $\hat{f}(-n)$ sont complexes conjugués.

Comme les exponentielles sont des fonctions bornées sur $\mathbb{T}$, les intégrales définissant les coefficients de Fourier ont également un sens si f est dans L^1. Pour une telle fonction nous appellerons donc encore coefficients de Fourier les nombres

$$\hat{f}(n) = \int f(t)\,e_{-n}(t)\,\lambda(dt)$$

et série de Fourier de f la série $\Sigma\,\hat{f}(n)e_n$, bien que pour $f \notin L^2$ cette expression n'ait pas de signification tant que nous n'avons pas montré sa convergence en un sens ou un autre. On désignera encore par $\mathcal{F}f$ la suite $(\hat{f}(n))$. La théorie des séries de Fourier consiste entre autres choses à trouver en quel sens cette série converge et dans quelle mesure elle représente la fonction f. En effet, pour le moment, et même pour une fonction de L^2, nous ne pouvons pas dire que f(t) soit égal à $\Sigma\hat{f}(n)e_n(t)$ pour quelque t que ce soit ; dans le cas d'une fonction de L^2, il n'est même pas clair que la série converge pour presque tout t, et de fait il s'agit d'un résultat difficile qui n'a été démontré qu'en 1966 par le mathématicien suédois L. Carleson. On peut d'autre part donner des exemples de fonctions intégrables dont la série de Fourier ne converge nulle part (Kolmogorov) et de fonctions continues qui ne soient pas la somme de leur série de Fourier (Du Bois-Reymond).

Nous allons inversement, terminer cette section par un premier résultat positif. Nous rappelons les inclusions

$$C(\mathbb{T}) \subseteq L^\infty(\mathbb{T}) \subseteq L^2(\mathbb{T}) \subseteq L^1(\mathbb{T})$$

où nous avons omis de mettre l'indice $\mathbb{C}$. La proposition (3,4) est un résultat sur le comportement de $\mathcal{F}f$ à l'infini pour f dans L^2 ; la proposition suivante va dans la même direction.

(3,5) Proposition. – 1) (Riemann-Lebesgue) Si $f \in L^1$, alors $\mathscr{F}f(n)$ tend vers 0 lorsque $|n|$ tend vers l'infini.

2) Si f est bornée et monotone par sections il existe une constante A telle que $|\hat{f}(n)| \leqslant A/|n|$ pour tout $n \neq 0$.

Démonstration. – 1) Si $\|f - g\|_1 < \varepsilon$, on a $|\hat{f}(n) - \hat{g}(n)| < \varepsilon$ pour tout n, et donc si $(\hat{g}(n))$ tend vers 0, on aura $\overline{\lim}\,|\hat{f}(n)| \leqslant \varepsilon$ lorsque $|n|$ tend vers ∞. Il suffit par conséquent de montrer la propriété pour les fonctions f d'un ensemble dense ; or l'ensemble des fonctions en escalier est dense dans L^1 (cf. (II,4,30)) et si $f = 1_{[a,b]}$, on a

$$\hat{f}(n) = (e^{-ina} - e^{-inb})/2\pi in,$$

ce qui tend bien vers 0 lorsque $|n|$ tend vers l'infini.

2) L'hypothèse signifie que $\mathbb{T}$ peut être décomposé en un nombre fini d'intervalles [a, b] sur lesquels f est monotone et il suffit donc de vérifier la propriété pour $f1_{[a,b]}$. En remplaçant éventuellement f par – f et x par – x, on peut supposer f décroissante et positive et la deuxième formule de la moyenne (Ex. (II,3,17)) implique l'existence d'un ξ de [a, b] tel que

$$\left|\int_a^b f(x)\sin(nx)\,dx\right| = |f(a)|\left|\int_a^\xi \sin(nx)\,dx\right|$$
$$\leqslant |f(a)|\,|\cos(n\xi) - \cos(na)|/|n| \leqslant 2|f(a)|/|n|.$$

En procédant de même avec cos (nx) on obtient le résultat désiré qui peut d'ailleurs se montrer sans invoquer la deuxième formule de la moyenne. □

Le théorème qui suit sera notre résultat principal.

(3,6) Théorème. – (Dirichlet) Si f est une fonction intégrable sur $\mathbb{T}$ et si en un point x les limites $f(x+)$ et $f(x-)$ existent, la série de Fourier de f converge au sens de Cesaro vers $(f(x+) + f(x-))/2$. Si f est continue, cette convergence est uniforme.

Démonstration. – Les sommes partielles s_n de la série de Fourier de f sont données par

$$s_0 = \hat{f}(0), \quad s_n = \hat{f}(0) + \sum_1^n (\hat{f}(k)e_k + \hat{f}(-k)e_{-k}),$$

et nous devons montrer la convergence de

$$\sigma_n(x) = (n+1)^{-1}[s_0(x) + s_1(x) + \quad + s_n(x)].$$

En remplaçant les $\hat{f}(n)$ par leurs valeurs, il vient

$$(*) \qquad s_n(x) = \sum_{-n}^n e^{ikx}\int_{\mathbb{T}} f(t)\,e^{-ikt}\,\lambda(dt)$$
$$= \int_{\mathbb{T}} f(t)\left(\sum_{-n}^n e^{ik(x-t)}\right)\lambda(dt).$$

On pose $D_n(x) = \sum_{-n}^{n} e^{ikx}$; cette fonction s'appelle *le noyau de Dirichlet*. Pour tout n, c'est une fonction paire et d'intégrale égale à un. Pour $x \notin \pi\mathbb{Z}$, le noyau D_n est la somme d'une série géométrique dont la raison est de module inférieur à 1 et on a donc

$$\begin{aligned} D_n(x) &= e^{-inx}[1 + e^{ix} + \ldots + e^{i2nx}] \\ &= e^{-inx}(1 - e^{i(2n+1)x})/(1 - e^{ix}) \\ &= \sin((n + (1/2))x)/\sin(x/2). \end{aligned}$$

La relation (*) peut maintenant s'écrire

$$s_n(x) = \int_{\mathbb{T}} f(t)\, D_n(x - t)\, \lambda(dt).$$

On en déduit que

$$\sigma_n(x) = \int_{\mathbb{T}} f(t)\, P_n(x - t)\, \lambda(dt)$$

où la fonction P_n est appelée *Noyau de Féjer* et vaut $\sum_{0}^{n} D_k/(n + 1)$. Comme pour D_n, les fonctions P_n sont paires et d'intégrale égale à un. De plus, d'après la valeur explicite de D_n, on a ($)

$$P_n(x) = (n + 1)^{-1} (\sin((n + 1)x/2)/\sin(x/2))^2.$$

On peut alors écrire, en considérant les fonctions sur $\mathbb{T}$ comme des fonctions périodiques sur $\mathbb{R}$,

$$\sigma_n(x) - (f(x+) + f(x-))/2$$

$$= \int_{-\pi}^{\pi} f(x + t)\, P_n(t)\, \lambda(dt) - f(x+) \int_{-\pi}^{0} P_n(t)\, \lambda(dt) - f(x-) \int_{0}^{\pi} P_n(t)\, \lambda(dt)$$

$$= \int_{0}^{\pi} [f(x + t) - f(x+)]\, P_n(t)\, \lambda(dt) + \int_{-\pi}^{0} [f(x + t) - f(x-)]\, P_n(t)\, \lambda(dt).$$

On va montrer que ces intégrales tendent vers 0 lorsque n tend vers l'infini. On travaille avec la première que l'on appelle I, le cas de la seconde étant tout à fait similaire.

Pour $\varepsilon > 0$, il existe $\eta \in]0, \pi]$ tel que pour $t \leqslant \eta$,

$$|f(x + t) - f(x+)| < \varepsilon,$$

et donc

$$|I| \leqslant \varepsilon \int_{0}^{\eta} P_n(t)\, \lambda(dt) + \int_{\eta}^{\pi} (|f(x + t)| + |f(x+)|)\, P_n(t)\, \lambda(dt);$$

or $\int_0^\eta P_n(t)\,\lambda(dt) \leqslant \int_0^\pi P_n(t)\,\lambda(dt) = 1/2$, et d'autre part, pour $\eta \leqslant t \leqslant \pi$, on a $P_n(t) \leqslant ((n+1)\ \sin^2(\eta/2))^{-1}$. Il s'ensuit que

$$|I| \leqslant \varepsilon/2 + ((n+1)\sin^2(\eta/2))^{-1}\,(\|f\|_1 + |f(x+)|);$$

une fois η choisi, on peut, en prenant n suffisamment grand, rendre aussi le deuxième terme de cette somme $\leqslant \varepsilon/2$, ce qui termine la démonstration du cas général.

Si f est maintenant continue, on peut trouver $\eta \in\ ]0, \pi]$ tel que pour $|t| < \eta$, on ait $|f(x+t) - f(x)| < \varepsilon$ pour tout x de $\mathbb{T}$. On peut alors écrire

$$\begin{aligned}|\sigma_n(x) - f(x)| &\leqslant \int_{-\pi}^{\pi} |f(x+t) - f(x)|\,P_n(t)\,\lambda(dt)\\ &\leqslant \int_{-\eta}^{\eta} \varepsilon P_n(t)\,\lambda(dt) + \left(\int_{-\pi}^{\eta} + \int_{\eta}^{\pi}\right)(|f(x+t)| + |f(x)|)\,P_n(t)\,\lambda(dt)\\ &\leqslant \varepsilon + ((n+1)\sin^2(\eta/2))^{-1}\int_{\mathrm{T}} (|f(t)| + \|f\|_\infty)\,\lambda(dt),\end{aligned}$$

et le deuxième terme peut être rendu arbitrairement petit en prenant n suffisamment grand. □

(3,7) COROLLAIRE. – Si f est bornée et monotone par sections, la série de Fourier de f converge pour tout x vers $(f(x+) + f(x-))/2$. Si f est en outre continue, sa série de Fourier converge uniformément vers f.

Démonstration. – Ceci découle du résultat précédent, de la proposition (3,5) et du lemme qui suit.

(3,8) LEMME. – Si la série Σa_p converge au sens de Cesaro et si $|a_p| \leqslant A/p$ pour une constante A, alors la série converge au sens ordinaire. Si $\Sigma a_p(x)$ est une série de fonctions complexes dont les sommes partielles convergent uniformément au sens de Cesaro et si $\|a_p\| \leqslant A/p$, alors la série converge uniformément.

Démonstration. – On pose $S_n = \sum_1^n a_p$ et $\sigma_n = (S_1 + \ldots S_n)/n$. L'hypothèse est que (σ_n) a une limite σ et donc que pour $\varepsilon \in\ ]0, 1]$, il existe N tel que pour $n \geqslant N$, on ait $|\sigma_n - \sigma| \leqslant \varepsilon$. Pour $m > n \geqslant N$, on a

$$\begin{aligned}(m-n)\,S_m &= S_m + S_{m-1} + \ldots + S_{n+1} + (m-n-1)\,a_m + \ldots + 2a_{n+3} + a_{n+2}\\ &= m\sigma_m - n\sigma_n + (m-n-1)\,a_m + \ldots + 2a_{n+3} + a_{n+2},\end{aligned}$$

d'où

$$(m-n)\,(S_m - \sigma) = m\,(\sigma_m - \sigma) - n\,(\sigma_n - \sigma) + (m-n-1)\,a_m + \ldots + a_{n+2}.$$

Il en résulte que

$$\begin{aligned}(m-n)\,|S_m - \sigma| &\leqslant (m+n)\,\varepsilon + A\,(1 + 2 + \ldots + (m-n-1))/n\\ &\leqslant (m-n)\,\varepsilon + 2n\varepsilon + A\,(m-n)^2/2n,\end{aligned}$$

d'où finalement

(*) $$|S_m - \sigma| \leqslant \varepsilon + 2n\varepsilon/(m-n) + A(m-n)/2n.$$

Soit $m \geqslant \sup\{6/\sqrt{\varepsilon}, (1+2\sqrt{\varepsilon})N\}$. On a

$$m/(1+\sqrt{\varepsilon}) - m/(1+2\sqrt{\varepsilon}) \geqslant m\sqrt{\varepsilon}/6 \geqslant 1,$$

puisque $\varepsilon \leqslant 1$, et on peut donc choisir un entier n tel que

$$\sqrt{\varepsilon}\, n \leqslant m - n \leqslant 2\sqrt{\varepsilon}\, n,$$

et d'après le choix de m, on a alors $n \geqslant N$. Pour de tels m et n, la relation (*) entraîne donc

$$|S_m - \sigma| \leqslant \varepsilon + (2\varepsilon/\sqrt{\varepsilon}) + A(2\sqrt{\varepsilon})/2 = \varepsilon + (A+2)\sqrt{\varepsilon}. \qquad \square$$

(3,9) Exercice. – Montrer que les seuls homomorphismes mesurables de $\mathbb{T}$ dans U sont les exponentielles complexes. [Si f est un tel homomorphisme, on pourra considérer $\int f(x+y)\exp(inx)\,dx$.]

(3,10) Exercice. – Calculer la série de Fourier de $\sin(x/2)$ et en déduire que

$$\sum_{n>0} (4n^2-1)^{-1} = 1/2.$$

(3,11) Exercice. – Si $f \in L^1(\mathbb{T})$ et que l'on pose $F(x) = \int_0^x f(t)\,\lambda(dt)$, montrer qu'il existe une constante C telle que

$$F(x) = \hat{f}(0)x - i \sum_{n\neq 0} (\hat{f}(n)/n)\, e_n(x) + C$$

au sens de L^2.

(3,12) Exercice. – Montrer que la série $\sum_1^\infty (\sin(nx))/n$ converge simplement sur $\mathbb{T}\setminus\{0\}$ vers la fonction $(\pi - x)/2$.

(3,13) Exercice. – 1) Calculer la série de Fourier de la fonction f définie sur $\mathbb{T}$ par $f(x) = (\pi - x)^2/4$.

2) En déduire la valeur des sommes $\sum_{n\geqslant 1}(1/n^2)$, $\sum_{n\geqslant 1}(-1)^n/n^2$, $\sum_{n\geqslant 1}(1/n^4)$.

(3,14) Exercice. – (Formule sommatoire de Poisson) 1) Soit f une fonction intégrable sur R et ϕ la transformée de Fourier de la mesure $f.\lambda$ (cf. (II,2,37)). On suppose que la fonction F définie sur $\mathbb{T}$ par

$$F(x) = \sum_{-\infty}^{\infty} f(x+2k\pi)$$

(cf. (II,4,23)) est continue et monotone par morceaux. Montrer que

$$\sum_{-\infty}^{\infty} f(2k\pi) = \sum_{-\infty}^{\infty} \phi(n)/2\pi.$$

2) Appliquer ceci à la fonction $\exp(-|x|)$ pour démontrer que

$$(1 + e^{-2\pi})/(1 - e^{-2\pi}) = \sum_{-\infty}^{\infty} (1/\pi(1 + n^2)).$$

(3,15) Exercice. – Si m est une mesure bornée sur $\mathbb{T}$, ses coefficients de Fourier sont les nombres

$$\hat{m}(n) = \int_T e_{-n}\, dm.$$

1) Montrer que la fonction $\hat{m}$ ainsi définie sur $\mathbb{Z}$ est bornée par $m(\mathbb{T})$ et définie-positive au sens où pour toute suite finie (n_i) d'entiers et tous nombres complexes α_i, on a

$$\sum_{i,j} \alpha_i \overline{\alpha}_j\, \hat{m}(n_i - n_j) \geqslant 0.$$

2) Montrer que l'application $m \to \hat{m}$ est injective. [On pourra utiliser la densité de $C(\mathbb{T})$ dans $L^1(m)$.]

3) Montrer que

$$\lim_N N^{-1} \sum_1^N \hat{m}(n) = m(\{0\}).$$

Comparer avec le lemme de Riemann-Lebesgue.

(3,16) Exercice. – Soit $f \in L^p(\mathbb{T})$, $1 \leqslant p < \infty$.

1) Montrer que la fonction F définie par

$$F(t) = \| \tau_t f - f \|_p$$

où $\tau_t f(x) = f(x + t)$, est continue. [Voir (V,3,7).]

2) En appliquant le théorème (3,6) à F, montrer, avec les notations de ce théorème, que

$$\lim_n \| \sigma_n - f \|_p = 0.$$

3) En déduire l'injectivité de la transformation de Fourier sur L^1. Voir aussi 2) dans l'exercice précédent.

*(3,17) Exercice. – Soit H l'espace des fonctions continues sur $\mathbb{T}$ pour lesquelles il existe une fonction f' de $L^2(T)$ telle que

$$f(y) - f(x) = \int_x^y f'(t)\, \lambda(dt)$$

pour tout couple (x, y) de points de $\mathbb{T}$.

1) Montrer que pour f donnée, il existe au plus une fonction f′ vérifiant cette propriété.

2) Montrer que

$$\|f\|_\infty \leqslant \|f\|_2 + \|f'\|_2 .$$

3) Montrer que H est un espace de Hilbert pour le produit scalaire

$$B(f, g) = \int fg\, d\lambda + \int f'\, g' d\lambda.$$

4) Montrer que la suite $(n\hat{f}(n))$ est dans $\ell^2(\mathbb{Z})$ et que réciproquement si (nc_n) est dans $\ell^2(\mathbb{Z})$ alors $\sum_{-\infty}^{\infty} c_n e_n$ est une série convergente dans H pour la topologie définie en 3).

*(3,18) Exercice. – Pour f et g dans $L^2(\mathbb{T})$ on appelle produit de convolution de f et g la fonction $f * g$ définie par

$$f * g(x) = \int f(t)\, g(x - t)\, \lambda(dt).$$

Le lecteur pourra aussi regarder la section (V,3).

1) Montrer que le produit de convolution de f et g dans $L^2(\mathbb{T})$ est toujours bien défini et que $f * g$ est une fonction continue sur $\mathbb{T}$. [Voir (V,3,8).]

2) Montrer que $\mathcal{F}(f * g) = (\mathcal{F}f)(\mathcal{F}g)$ et que la série de Fourier de $f * g$ est absolument convergente.

3) Montrer réciproquement que l'ensemble $A(\mathbb{T})$ des fonctions dont la série de Fourier converge absolument est égal $L^2(\mathbb{T}) * L^2(\mathbb{T})$.

4) Pour $f \in A(\mathbb{T})$ on pose

$$\|f\|_A = \|\hat{f}\|_{\ell^1(\mathbb{Z})}.$$

Montrer que muni de cette norme, $A(\mathbb{T})$ est une algèbre de Banach pour la multiplication ordinaire.

(3,19) Exercice. – 1) Si f est de classe C^k sur $\mathbb{T}$, calculer les coefficients de Fourier de $f^{(k)}$ en fonction de ceux de f et en déduire que $\hat{f}(n) = 0(1/|n|^k)$.

2) Si f est de classe C^1, montrer que $\mathcal{F}f \in \ell^1(\mathbb{Z})$ et que l'on a l'inégalité de Wirtinger :

$$\|f\|_2 \leqslant \|f'\|_2.$$

Dire à quelle condition cette inégalité est une égalité.

**3) (Inégalité isopérimétrique) Si A est l'aire intérieure à une courbe fermée simple de classe C^2 de $\mathbb{R}^2$ et si L est sa longueur, montrer que

$$A \leqslant L^2/4\pi,$$

et que l'on a égalité ssi la courbe est un cercle.

[On supposera que la courbe est de longueur 2π et on utilisera une paramétrisation telle que le vecteur tangent soit de norme 1.]

Lecture 3. – Sur les séries de Fourier

C'est au 18ᵉ siècle et au début du 19ᵉ que se sont posés les problèmes de Physique mathématique qui ont conduit à l'étude des séries de Fourier ou plus généralement des séries trigonométriques, i.e. des sommes $\Sigma c_n e^{inx}$ où les coefficients c_n ne sont pas nécessairement les coefficients de Fourier d'une fonction ou d'une mesure.

Un de ces problèmes est celui des *cordes vibrantes.* Une corde tendue de longueur L fixée à ses deux extrémités étant écartée de sa position d'équilibre puis lâchée, décrit un mouvement périodique qu'il s'agit de décrire. On repère un point de la corde par son abscisse $x\,(0 \leqslant x \leqslant L)$ et on note $y(x, t)$ le déplacement de ce point à l'instant t. Si on suppose la pesanteur négligeable et que d'autre part la corde est sans raideur ce qui a pour effet que les composantes horizontales de la tension aux extrémités de l'intervalle $[x, x + \Delta x]$ s'annulent, la somme des forces qui s'exercent sur cet intervalle est réduite à sa composante verticale. Si ρ est la densité linéaire de la corde et F sa tension, la loi fondamentale de la mécanique s'écrit

$$\rho\,\Delta x\; \partial^2 y/\partial t^2(x + (\Delta x/2)) = F\,(\partial y/\partial x\,(x + \Delta x) - \partial y/\partial x\,(x)).$$

En divisant par Δx et en passant à la limite on trouve l'équation des cordes vibrantes

$$\partial^2 y/\partial t^2 = \omega^2\, \partial^2 y/\partial x^2$$

où on a posé $\omega^2 = F/\rho$.

Il s'agit maintenant de trouver les solutions de cette équation avec les conditions aux limites suivantes :

i) $y(0, t) = y(L, t) = 0$ pour tout t puisque les extrémités de la corde sont fixées,

ii) $y(x, 0) = \phi(x)$ où $\phi(x)$ est la position du point d'abscisse x au moment où on lâche la corde,

iii) $\partial y/\partial t\,(x, 0) = 0$ car la corde est lâchée sans vitesse.

D'Alembert donna en 1747 la solution de cette équation sous la forme

$$y(x, t) = f(\omega t + x) - f(\omega t - x)$$

où f est une fonction de période 2L. Quelques années plus tard D. Bernoulli considère les solutions les plus simples, celles qui correspondent à $f(x) = \sin\,(n\pi x/L)$ et émet l'hypothèse que la fonction f générale de la solution de d'Alembert est de la forme

$$f(x) = \Sigma b_n \sin(n\pi x/L).$$

(Remarquons en passant que le terme obtenu pour n = 1 correspond à la vibration fondamentale et les autres termes aux harmoniques conformément à l'intuition acoustique.) Ceci suppose que la fonction ϕ elle-même peut se représenter de cette façon et c'est la possibilité d'une telle représentation fortement mise en doute à l'époque qui va déclencher l'étude des séries de Fourier.

C'est celui-ci qui affirma en 1811 sa croyance en une telle représentation. Son livre « Théorie analytique de la chaleur » paru en 1822 donne des exemples de telles représentations et c'est pourquoi son nom est attaché à ces séries ainsi qu'aux coefficients bien que ceux-ci aient déjà été utilisés par Euler et Lagrange. Fourier utilisa cette technique pour décrire de nombreux exemples de propagation de la chaleur en particulier dans le cas d'un anneau métallique où la répartition des températures va être décrite comme une somme de fonctions sinusoïdales dont les périodes sont des multiples de la longueur de l'anneau.

A partir de cette époque, les mathématiciens ont consacré énormément de travail à la question de savoir en quel sens la série de Fourier d'une fonction « représentait » cette fonction (la section (III,3) effleure cette question) et cette recherche a motivé de nombreux développements fondamentaux des mathématiques (cf. Lecture 4). Par exemple un premier pas essentiel fut réalisé en 1829 par P. Lejeune-Dirichlet dans un mémoire où il démontre un premier résultat de convergence (cf. (3,6)) d'une série de Fourier, mais en même temps fonde le concept moderne de fonction, c'est-à-dire qu'au lieu d'être donnée par une formule analytique ou un graphe, une fonction devient seulement une loi faisant correspondre à chaque point de l'espace de départ une « valeur » dans l'espace d'arrivée.

On verra dans la lecture 4 l'impact des séries de Fourier sur la théorie de l'intégration. Signalons tout de suite que les travaux de Cantor qui sont le point de départ de la théorie des ensembles ont été motivés par le problème de la caractérisation des ensembles d'unicité des séries trigonométriques (un ensemble E est d'unicité si toute série trigonométrique qui converge vers 0 sur E^c a tous ses coefficients nuls).

Nées de problèmes de Physique mathématique, les séries de Fourier sont largement utilisées dans de nombreuses disciplines : optique, astronomie, cristallographie, biologie, théorie du signal, ... Mais la théorie mathématique elle-même a continué à être développée au 20e siècle augmentant le nombre de ses connections avec d'autres branches.

La théorie des séries de Fourier n'est enfin qu'une branche de l'analyse harmonique, étude de la transformation de Fourier (cf. (II,2,37)) qui se prolonge elle-même dans la théorie de la représentation des groupes, théorie très riche en elle-même mais aussi très importante par ses applications notamment à la Physique.

CHAPITRE IV

Construction des mesures

Comme expliqué dans la section (I,2) ce chapitre aurait du se trouver « logiquement » au début du livre. Nous avons en effet développé la théorie de l'intégration par rapport à une mesure sans montrer que la classe des mesures était vraiment étendue et intéressante. Nous allons maintenant combler cette lacune en prouvant le théorème de Caratheodory qui a permis en (I,5) de décrire l'espace des mesures de Radon sur $\mathbb{R}$ donc d'en montrer l'étendue et en particulier de montrer l'existence de la mesure de Lebesgue.

Une autre question très proche est traitée dans ce chapitre. On a vu (cf. (II,2,27)) que si μ est une mesure de Radon sur $\mathcal{B}(\mathbb{R}^d)$, l'intégrale par rapport à μ est une forme linéaire positive sur l'espace C_K des fonctions continues à support compact et que cet espace est dense dans $L^1(\mu)$. Nous allons montrer que réciproquement, toute forme linéaire positive sur C_K est obtenue de cette façon.

1. Le théorème de prolongement de Daniell

(1,1) Définition. – On appelle *espace de Daniell* un triplet (E, $\mathcal{L}$, I) où E est un ensemble, $\mathcal{L}$ un espace vectoriel réticulé de fonctions réelles sur E et I une forme linéaire positive sur $\mathcal{L}$ qui vérifie la propriété (D) suivante : si (f_n) est une suite d'éléments de $\mathcal{L}$ qui décroît vers 0 en tout point de E, alors $I(f_n)$ décroît vers 0.

L'exemple suivant d'espace de Daniell est fondamental. Si $\mathcal{B}$ est une algèbre de parties de E on appelle $\mathcal{L}$ l'espace des combinaisons linéaires d'indicatrices d'éléments de $\mathcal{B}$; autrement dit $f \in \mathcal{L}$ ssi on peut l'écrire

$$f = \sum_1^n a_i 1_{A_i} \quad \text{avec} \quad a_i \in \mathbb{R} \quad \text{et} \quad A_i \in \mathcal{B}.$$

Soit m une mesure bornée sur $\mathcal{B}$ comme cela a été défini en (I,5). Pour $f \in \mathcal{L}$, on pose $I(f) = \sum_1^n a_i m(A_i)$.

(1,2) Proposition. – Le triplet (E, $\mathcal{L}$, I) est un espace de Daniell.

Démonstration. – Le reste étant facile on montre seulement la propriété (D). Pour $\varepsilon > 0$, on a $f_n \leqslant M\, 1_{(f_n > \varepsilon)} + \varepsilon$ où M est une borne supérieure des valeurs prises par f_0. On a donc, puisque I est positive et par suite croissante,

$$I(f_n) \leqslant M\, m(\{f_n > \varepsilon\}) + \varepsilon m(E).$$

Or lorsque n tend vers l'infini, $\{f_n > \varepsilon\}$ décroît vers $\varnothing$ et donc, d'après la proposition (I,5,1), $m(\{f_n > \varepsilon\})$ tend vers 0. Il en résulte que $\overline{\lim}\, I(f_n) \leqslant \varepsilon m(E)$ et comme ε est arbitraire le résultat est démontré. □

Remarque. – Dans cet exemple, $\mathcal{L}$ contient les fonctions constantes.

Étant donné un espace de Daniell fixé pour le moment, nous allons chercher à l'agrandir de manière similaire à ce qui a été fait dans la construction de l'intégrale.

(1,3) Lemme. – Si (f_n) et (g_n) sont deux suites croissantes d'éléments de $\mathcal{L}$ et si $\lim g_n \leqslant \lim f_n$, alors

$$\lim I(g_n) \leqslant \lim I(f_n).$$

Démonstration. – Observons d'abord que si (h_n) est une suite d'éléments de $\mathcal{L}$ croissant vers $h \in \mathcal{L}$, la propriété (D) entraîne que $\lim I(h_n) = I(h)$; en effet, $(h - h_n)$ est alors une suite d'éléments de $\mathcal{L}$ décroissant vers 0. L'espace étant réticulé, on peut appliquer ceci avec $h_n = g_m \wedge f_n$ où m est fixé et obtenir

$$\lim_n I(g_m \wedge f_n) = I(g_m).$$

Or d'après la croissance de I, on a $I(g_m \wedge f_n) \leqslant I(f_n)$ pour tout n, et donc

$$I(g_m) \leqslant \lim_n I(f_n);$$

il reste à passer à la limite en m pour obtenir le résultat. □

On notera alors $\mathcal{U}$ (resp. $-\mathcal{U}$) l'ensemble des applications de E dans $\overline{\mathbb{R}}$ qui sont limites en chaque point d'une suite croissante (resp. décroissante) d'éléments de $\mathcal{L}$. On a $f \in -\mathcal{U}$ ssi $-f \in \mathcal{U}$ et $\mathcal{L} \subseteq \mathcal{U} \cap (-\mathcal{U})$. Le lemme précédent permet de prolonger I à $\mathcal{U}$ sans ambiguïté, en posant pour $f \in \mathcal{U}$,

$$I(f) = \lim I(f_n)$$

où (f_n) est une suite arbitraire d'éléments de $\mathcal{L}$ croissant vers f.

(1,4) Proposition. – L'espace $\mathcal{U}$ et l'application I jouissent des propriétés suivantes :

i) si $a, b \in \mathbb{R}_+$ et $f, g \in \mathcal{U}$ alors $af + bg \in \mathcal{U}$ et

$$I(af + bg) = aI(f) + bI(g);$$

ii) $\mathcal{U}$ est réticulé ;

iii) l'application I est croissante ;

iv) si (f_n) est une suite croissante d'éléments de $\mathcal{U}$, alors $\lim f_n$ est dans $\mathcal{U}$ et

$$I(\lim f_n) = \lim I(f_n).$$

Démonstration. – La démonstration des trois premières propriétés est facile et est laissée au lecteur. Pour démontrer la quatrième, faisons choix pour chaque n d'une suite croissante $g_{n,m}$ d'éléments de $\mathcal{L}$ croissant vers f_n. On pose

$$h_n = g_{1,n} \vee g_{2,n} \vee \ldots \vee g_{n,n} ;$$

la suite (h_n) est une suite croissante d'éléments de $\mathcal{L}$ et pour $i \leqslant n$ on a

$$g_{i,n} \leqslant h_n \leqslant f_n.$$

En passant à la limite en n, il en résulte que $f_i \leqslant \lim h_n \leqslant \lim f_n$; en conséquence, $\lim h_n = \lim f_n$ et donc $\lim f_n$ est dans $\mathcal{U}$. Comme I est une application croissante sur $\mathcal{U}$, le même raisonnement montre la dernière égalité de l'énoncé. □

Pour $f \in -\mathcal{U}$ on pose $I(f) = -I(-f)$ ce qui est bien cohérent car si $f \in \mathcal{U} \cap (-\mathcal{U})$, comme $f + (-f) = 0$, il résulte de i) que $I(f) = -I(-f)$. Les propriétés de $\mathcal{U}$ se traduisent immédiatement en propriétés de $-\mathcal{U}$. Enfin si $g \in -\mathcal{U}$, $h \subset \mathcal{U}$ et $g \leqslant h$, on a $I(g) \leqslant I(h)$ car $h - g$ est dans $\mathcal{U}$ et $I(h) - I(g) = I(h) + I(-g) = I(h - g) \geqslant 0$.

(1,5) Définition. – Une application f de E dans $\mathbb{R}$ est dite I-intégrable si pour tout $\varepsilon > 0$, il existe $g \in -\mathcal{U}$ et $h \in \mathcal{U}$ tels que $g \leqslant f \leqslant h$, $I(g)$ et $I(f)$ sont finis et $I(h) - I(g) \leqslant \varepsilon$. On posera alors

$$I(f) = \sup\{I(g) : g \in -\mathcal{U}, g \leqslant f\} = \inf\{I(h) : h \in \mathcal{U}, h \geqslant f\}.$$

L'usage de la lettre I pour désigner cette application est légitime car c'est bien un prolongement de l'application I définie sur $\mathcal{U} \cup (-\mathcal{U})$; ceci se démontre, par exemple pour $f \in \mathcal{U}$, en prenant $h = f$ et en considérant une suite (g_n) d'éléments de $\mathcal{L}$ (donc de $-\mathcal{U}$) croissant vers f. On désignera par $\mathcal{L}_f$ l'espace des fonctions I-intégrables finies.

(1,6) Théorème. – Le triplet $(E, \mathcal{L}_f, I)$ est un espace de Daniell qu'on appelle le prolongement de Daniell de $(E, \mathcal{L}, I)$. De plus, pour toute suite croissante (f_n) d'éléments de $\mathcal{L}_f$ telle que $\lim f_n$ et $\lim I(f_n)$ soient finies on a $\lim f_n \in \mathcal{L}_f$ et $I(\lim f_n) = \lim I(f_n)$.

Démonstration. – Soient $\varepsilon > 0$, f_1 et f_2 deux éléments de $\mathcal{L}_f$ et g_1, g_2, h_1, h_2, les fonctions correspondantes de la définition (1,5). Notons $\circ$ l'une des opérations $+$, $\vee$, $\wedge$; on a

$$g_1 \circ g_2 \leqslant f_1 \circ f_2 \leqslant h_1 \circ h_2,$$

et

$$h_1 \circ h_2 - g_1 \circ g_2 \leqslant (h_1 - g_1) + (h_2 - g_2),$$

ce qui entraîne

$$I(h_1 \circ h_2) - I(g_1 \circ g_2) \leqslant 2\varepsilon.$$

Il en résulte que $f_1 \circ f_2$ est dans $\mathcal{L}_f$; de plus dans le cas de l'addition on a clairement

$$|I(f_1 + f_2) - I(f_1) - I(f_2)| \leqslant 2\varepsilon,$$

ce qui prouve l'additivité de I. Enfin pour $f \geqslant 0$ les fonctions de $\mathcal{U}$ qui dominent f sont positives et donc $I(f) \geqslant 0$. Il reste à montrer les propriétés de continuité séquentielle.

Soit (f_n) une suite croissante dans $\mathcal{L}_f$ de limite finie f. Quitte à retrancher f_0 à toutes les fonctions nous pouvons supposer que $f_0 = 0$. Pour tout n, on peut trouver $h_n \in \mathcal{U}$ telle que $f_n - f_{n-1} \leqslant h_n$ et $I(h_n) \leqslant I(f_n - f_{n-1}) + 2^{-n}\varepsilon$. On a alors

$$f_n \leqslant \sum_1^n h_k, \quad \sum_1^n I(h_k) \leqslant I(f_n) + \varepsilon.$$

Supposons que $\lim I(f_n)$ soit finie et posons $h = \sum_1^\infty h_n$; la fonction h est dans $\mathcal{U}$ et $I(h) = \sum_1^\infty I(h_n)$ d'après la proposition (1,4). On a donc

$$f \leqslant h \,;\, I(h) \leqslant \lim I(f_n) + \varepsilon.$$

On peut évidemment trouver f_k telle que $I(f_k) \geqslant \lim I(f_n) - \varepsilon$, et puisque f_k est dans $\mathcal{L}_f$, une fonction g de $-\mathcal{U}$ telle que $g \leqslant f_k$ et $I(g) \geqslant I(f) - \varepsilon$. On a donc

$$g \leqslant f \leqslant h \quad \text{et} \quad I(h) - I(g) \leqslant 3\varepsilon.$$

Il en résulte que f est dans $\mathcal{L}_f$ et que $I(f) = \lim I(f_n)$. Finalement, la propriété (D) se déduit de celle-ci en considérant la suite $(-f_n)$. □

Ce résultat nous permet de combler la lacune restant dans l'exposé des chapitres précédents en démontrant le théorème de prolongement des mesures déjà énoncé en (I,5,2).

(1,7) Corollaire. – Si $\mathcal{B}$ est une algèbre de Boole et m une mesure bornée sur $\mathcal{B}$, il existe une unique mesure bornée sur $\sigma(\mathcal{B})$ qui prolonge m.

Démonstration. – L'unicité a été vue dans la section (I,4). Pour montrer l'existence, on considère le prolongement de Daniell $(E, \mathcal{L}_f, I)$ de l'espace $(E, \mathcal{L}, I)$ considéré dans la Proposition (1,2) et on pose $\mathcal{C} = \{A \subseteq E : 1_A \in \mathcal{L}_f\}$. Il résulte facilement des propriétés de l'espace de Daniell que $\mathcal{C}$ est une tribu qui contient $\mathcal{B}$ et si l'on pose $\mu(A) = I(1_A)$ que μ est une mesure sur $\mathcal{C}$ qui prolonge m. □

La tribu $\mathcal{C}$ peut être plus grosse que $\sigma(\mathcal{B})$ et en fait le lecteur montrera sans peine que c'est la complétée de $\sigma(\mathcal{B})$ pour m. Ceci résultera aussi du théorème suivant qui utilise plus pleinement les propriétés du prolongement de Daniell et précise les rapports entre $\mathcal{L}_f$ et l'espace $\mathcal{L}^1$ du chapitre II.

(1,8) THÉORÈME. – S'il existe dans $\mathscr{L}$ une suite (f_n) de fonctions positives croissant vers 1 et si $\mathscr{A} = \sigma(f : f \in \mathscr{L})$, il existe une mesure m σ-finie sur $\mathscr{A}$, unique, telle que $\mathscr{L}_f = \mathscr{L}^1(E, \mathscr{A}^m, m)$ et pour $f \in \mathscr{L}_f$,

$$I(f) = \int f \, dm.$$

Démonstration. – Si on pose

$$\mathscr{C} = \{A \subseteq E : 1_A \wedge f_n \in \mathscr{L}_f \quad \text{pour tout } n\},$$

il est facile de voir grâce aux propriétés de $\mathscr{L}_f$ que $\mathscr{C}$ est une tribu. Nous allons montrer que $\mathscr{A} \subseteq \mathscr{C}$.

Soit f un élément positif de $\mathscr{L}$ et $a \geqslant 0$; on a $(f - af_n)^+ \in \mathscr{L}$ et $I((f - af_n)^+) \leqslant I(f)$. Lorsque n tend vers l'infini, $(f - af_n)^+$ tend vers $(f - a)^+$ et comme $I((f - af_n)^+)$ reste borné il s'ensuit que $(f - a)^+$ est dans $\mathscr{L}_f$.

Les fonctions $g_p = (p(f - a)^+) \wedge f_n$ avec p entier, sont alors dans $\mathscr{L}_f$ et $I(g_p) \leqslant I(f_n) < \infty$. Si on fait tendre p vers l'infini, (g_p) converge vers $1_{\{f>a\}} \wedge f_n$ ($) ; cette fonction est donc dans $\mathscr{L}_f$ et par définition de $\mathscr{C}$, on a $\{f > a\} \in \mathscr{C}$. Il en résulte que les fonctions de $\mathscr{L}$ sont $\mathscr{C}$-mesurables.

Pour $A \in \mathscr{A}$, la fonction $1_A \wedge f_n$ est donc dans $\mathscr{L}_f$ pour tout n et on peut poser

$$m(A) = \lim_n I(1_A \wedge f_n).$$

Il résulte des propriétés de l'espace de Daniell $\mathscr{L}_f$ que m est une mesure sur $\mathscr{A}$. De plus, si on pose $A_n = \{f_n > 1/2\}$, on a $\bigcup_n A_n = E$ et $m(A_n) \leqslant 2I(f_n)$ ($) et m est donc σ-finie. Posons alors $\mathscr{E} = \{f : f = \sum_1^n a_i 1_{A_i}, a_i \in \mathbb{R}_+, A_i \in \mathscr{A}, m(A_i) < \infty\}$. L'espace $\mathscr{E}$ est l'espace des fonctions étagées $\mathscr{A}$-mesurables positives et m-intégrables ; de plus $\mathscr{E} \subseteq \mathscr{L}_f$ et $I(f) = \int f \, dm$ sur $\mathscr{E}$ car si $m(A) < \infty$ la propriété de continuité séquentielle du théorème (1,6) entraîne que $1_A \in \mathscr{L}_f$ et que $m(A) = I(1_A)$. Par passage à la limite croissant on voit que $\mathscr{L}^1(E, \mathscr{A}, m) \subseteq \mathscr{L}_f$ et que $I(f) = \int f \, dm$ sur cet espace. Par construction de $\mathscr{L}_f$ on a encore $\mathscr{L}^1(E, \mathscr{A}^m, m) \subseteq \mathscr{L}_f$. En effet, si f est dans $\mathscr{L}^1(E, \mathscr{A}^m, m)$ on peut trouver g et h dans $\mathscr{L}^1(E, \mathscr{A}, m)$ telles que

$$g \leqslant f \leqslant h, \quad I(h - g) = \int (h - g) \, dm = 0.$$

Pour tout $\varepsilon > 0$, il existe donc $g' \in -\mathscr{U}$ et $h' \in \mathscr{U}$ tels que

$$g' \leqslant g \leqslant f \leqslant h \leqslant h', \quad I(h' - g') \leqslant \varepsilon.$$

Il en résulte que $f \in \mathscr{L}_f$ et que $I(f) = \int f \, dm$.

Il reste à montrer l'inclusion inverse. Les fonctions de $\mathscr{L}$ donc aussi celles de $\mathscr{U}$ et $-\mathscr{U}$ sont $\mathscr{A}$-mesurables et I coïncide avec l'intégrale sur ces espaces. Les fonctions de $\mathcal{L}_f$ étant comprises entre deux fonctions finies $\mathcal{A}$-mesurables intégrables et dont la différence des intégrales est arbitrairement petite, sont dans $\mathcal{L}^1(E, \mathcal{A}^m, m)$. □

(1,9) EXERCICE. – On appelle semi-algèbre de parties de E une classe $\mathcal{S}$ de sous-ensembles de E telle que

i) $\varnothing, E \in \mathcal{S}$;

ii) $\mathcal{S}$ est stable par les intersections finies ;

iii) pour tout $A \in \mathcal{S}$, le complémentaire A^c est une réunion finie d'éléments de $\mathcal{S}$.

1) Montrer que sur $\mathbb{R}$ la famille des intervalles $]a, b]$, $-\infty \leq a < b \leq \infty$, est une semi-algèbre.

2) Si $\mathcal{S}_1$ et $\mathcal{S}_2$ sont deux semi-algèbres de parties de E, la classe

$$\mathcal{C} = \{A_1 \cap A_2 : A_1 \in \mathcal{S}_1, A_2 \in \mathcal{S}_2\}$$

est une semi-algèbre.

3) Montrer que l'algèbre engendrée par la semi-algèbre $\mathcal{S}$ est la famille des sommes finies d'éléments de $\mathcal{S}$.

4) On dit qu'une fonction m est additive (resp. σ-additive) sur $\mathcal{S}$ si pour toute suite finie (resp. dénombrable) (A_i) d'éléments de $\mathcal{S}$ deux à deux disjoints et dont la réunion est dans $\mathcal{S}$, on a

$$m(\bigcup A_i) = \Sigma\, m(A_i).$$

Montrer que si $m(E) < \infty$, une telle fonction a un prolongement additif (resp. σ-additif) unique à l'algèbre (resp. la tribu) engendrée par $\mathcal{S}$.

(1,10) EXERCICE. – Une classe $\mathcal{C}$ de sous-ensembles de E est dite *compacte* si pour toute suite (C_n) d'éléments de $\mathcal{C}$ telles que $\bigcap C_n = \varnothing$ il existe un entier N tel que $\bigcap_1^N C_n = \varnothing$.

Montrer que si m est une fonction d'ensembles additive sur une algèbre $\mathcal{B}$ et s'il existe une classe compacte $\mathcal{C} \subseteq \mathcal{B}$ telle que pour tout A de $\mathcal{B}$ on ait

$$m(A) = \sup\{m(C) : C \in \mathcal{C}, C \subseteq A\},$$

alors m est σ-additive. [Cf. (I,5,4)]

**(1,11) EXERCICE. – Soit E un ensemble. Une application μ de $\mathcal{P}(E)$ dans $[0, \infty]$ est une *mesure extérieure* si

i) $\mu(\varnothing) = 0$;

ii) $\mu(A) \leq \mu(B)$ si $A \subseteq B$;

iii) $\mu\left(\bigcup_1^\infty A_n\right) \leq \sum_1^\infty \mu(A_n)$ pour toute suite (A_n) de parties de E.

1) Si m est une mesure sur une algèbre $\mathcal{B}$ de parties de E et si on pose

$$\mu(A) = \inf \{m(B) ; B \in \mathcal{B}, B \supseteq A\},$$

alors μ est une mesure extérieure.

2) Si μ est une mesure extérieure, on appelle $\mathcal{A}_\mu$ la classe des parties A de E telles que

$$\mu(F) = \mu(A \cap F) + \mu(A^c \cap F)$$

pour toute partie F de E. Montrer que si $\mu(A) = 0$, alors $A \in \mathcal{A}_\mu$ et $\mu(F) = \mu(A^c \cap F)$ pour tout $F \subseteq E$.

3) Montrer que si A et B sont dans $\mathcal{A}_\mu$ alors $A \cap B^c$ est dans $\mathcal{A}_\mu$.

4) Si (A_n) est une suite d'éléments de $\mathcal{A}_\mu$ deux à deux disjoints et de réunion A, montrer que pour tout $F \subseteq E$, on a

$$\mu(F) = \sum_1^\infty \mu(F \cap A_n) + \mu(F \cap A^c).$$

5) Montrer que $\mathcal{A}_\mu$ est une tribu et que la restriction de μ à $\mathcal{A}_\mu$ est une mesure qui prolonge m.

*(1,12) Exercice. – (Mesures de Hausdorff) Si I est un sous-ensemble de [0, 1] on note $|I|$ son diamètre. Pour $\alpha > 0$ et $A \subseteq [0, 1]$, on pose

$$m_{\alpha,\varepsilon}(A) = \inf \{ \sum_i |I_i|^\alpha \}$$

où l'inf est étendu à tous les recouvrements de A par une réunion d'intervalles fermés I_i tels que $|I_i| < \varepsilon$ pour tout i.

1) Montrer que $m_{\alpha,\varepsilon}(A)$ est monotone en ε. On pose

$$m_\alpha(A) = \lim_{\varepsilon \to 0} m_{\alpha,\varepsilon}(A).$$

2) Montrer que m_α est une mesure extérieure (cf. l'exercice précédent) sur $\mathcal{P}([0, 1])$ et que si $m_\alpha(A) < \infty$ alors $m_\beta(A) = 0$ pour $\beta > \alpha$. Le nombre $\sup \{\alpha : m_\alpha(A) = \infty\}$ s'appelle la *dimension de Hausdorff* de A.

3) Montrer que la dimension de Hausdorff de l'ensemble de Cantor est log2/log3.

2. Le théorème de Riesz

Dans ce qui suit, on considère un espace E LCBD. On rappelle que pour toute fonction continue f, il existe un plus grand ouvert sur lequel la fonction est nulle ; le complémentaire de cet ouvert est appelé le *support* de f. On note C_K (resp. C_0, C_b) l'espace des fonctions continues sur E à support compact (resp. tendant vers zéro à l'infini, bornées). Ce sont tous trois des espaces vectoriels et $C_K \subsetneq C_0 \subsetneq C_b$. On désignera par $\| \ \|$ la norme de la convergence uniforme.

Si m est une mesure de Radon sur $\mathcal{B}(E)$, toute fonction de C_K est m-intégrable et l'intégrale est donc une forme linéaire et positive sur C_K. Nous allons montrer la réciproque de cette propriété. Rappelons que pour tout compact K de E il existe une fonction f de C_K telle que $0 \leqslant f \leqslant 1$ et valant 1 sur K et qu'on peut séparer un compact et un fermé disjoints par une fonction continue valant 1 sur l'un et zéro sur l'autre. On rappelle d'autre part que E est réunion d'une suite de compacts. Le lecteur qui n'est pas familier avec les notions de topologie que nous emploierons pourra remplacer E par un sous-ensemble localement compact de $\mathbb{R}^d$.

(2,1) PROPOSITION. – Si I est une forme linéaire et positive sur C_K, le triplet (E, C_K, I) est un espace de Daniell.

Démonstration. – La seule chose à montrer est la propriété (D). Soit (f_n) une suite dans C_K décroissant vers 0 et soit K le support de f_0. Comme la suite est décroissante toutes les f_n sont nulles hors de K et, d'après le théorème de Dini, la convergence est uniforme. Pour $\varepsilon > 0$ et pour n assez grand, on a donc $f_n \leqslant \varepsilon\phi$ où ϕ est dans C_K et vaut 1 sur K. La propriété de positivité, donc de croissance, de I entraîne que $I(f_n) \leqslant \varepsilon I(\phi)$ ce qui termine la démonstration. □

On peut alors énoncer le *théorème de Riesz.*

(2,2) THÉORÈME. – Pour toute forme linéaire positive I sur C_K il existe une unique mesure de Radon m sur $\mathcal{B}(E)$ telle que

$$\int f \, dm = I(f)$$

pour tout $f \in C_K$.

Démonstration. – D'après les hypothèses faites sur E, la proposition précédente et le théorème (1,8) entraînent l'existence d'une mesure m sur $\sigma(f; f \in C_K)$, unique, telle que $I(f) = \int f \, dm$ pour tout f de C_K. Or $\sigma(f; f \in C_K)$ est égale à $\mathcal{B}(E)$ ($) et si K est un compact et f une fonction de C_K comprise entre 0 et 1 valant 1 sur K on a

$$m(K) \leqslant \int f \, dm < \infty,$$

et la mesure m est donc une mesure de Radon. □

Remarques. – 1) Le théorème de Riesz permet entre autres choses de construire les mesures de Radon sur $\mathcal{B}(\mathbb{R})$ à partir de l'intégrale de Riemann. Si F est une fonction croissante et continue à droite sur $\mathbb{R}$, on sait (cf. (II,5)) que pour $f \in C_K$ et tout intervalle [a, b] contenant le support de f, l'intégrale de RS$\int_a^b f(x) \, dF(x)$ est bien définie et l'application ainsi obtenue est bien une forme linéaire et positive sur C_K. La mesure que lui associe le théorème de Riesz est la mesure construite en (I,5,4).

2) Notre terminologie diffère de la terminologie usuelle où c'est la forme linéaire I elle-même qui est appelée « mesure de Radon ».

Observons maintenant qu'il existe sur $\mathcal{B}(E)$ des mesures σ-finies qui ne sont pas des mesures de Radon, par exemple la mesure de densité $1/|x|$ par rapport à la mesure de Lebesgue sur $\mathbb{R}$. Les mesures de Radon ont des propriétés de régularité spéciales que nous allons maintenant déduire des résultats de la section précédente.

(2,3) Proposition. – Une mesure de Radon m est *régulière*, c'est-à-dire que pour tout $A \in \mathcal{B}(E)$, on a

$$\begin{aligned} m(A) &= \sup\{m(K)\,;\, K \text{ compact}, K \subseteq A\} \\ &= \inf\{m(O)\,;\, O \text{ ouvert}, O \supseteq A\}. \end{aligned}$$

Démonstration. – Supposons d'abord que $m(A) < \infty$. Pour $\eta > 0$ la fonction $(1+\eta)1_A$ est intégrable ; pour $\varepsilon > 0$ il existe donc une fonction $g \in \mathcal{U}$, donc SCI (cf. (0,2,9)), telle que $(1+\eta)1_A \leqslant g$ et $\int (g-(1+\eta)1_A)\,dm < \varepsilon$. L'ensemble $O = \{g > 1\}$ est ouvert et contient A et de plus

$$m(O \setminus A) \leqslant \int (g - 1_A)\,dm \leqslant \varepsilon + \eta m(A).$$

Comme ε et η sont arbitraires on voit que l'on a bien la propriété d'approximation par l'« extérieur ».

Pour montrer la propriété d'approximation par l'« intérieur », on commence par supposer que $\bar{A}$ est compact. Comme d'après la première partie

$$m(\bar{A}) - m(A) = m(\bar{A} \setminus A) = \inf\{m(O)\,;\, O \text{ ouvert}, O \supseteq \bar{A} \setminus A\},$$

on en déduit que

$$m(A) = \sup\{m(\bar{A} \setminus O)\,;\, O \text{ ouvert}, O \supseteq \bar{A} \setminus A\}\,;$$

mais pour un tel ouvert O, $\bar{A} \setminus O$ est un compact contenu dans A, et on a donc a fortiori l'égalité de l'énoncé. Si $\bar{A}$ n'est pas compact, on applique le cas précédent aux ensembles $A \cap K_n$ où (K_n) est une suite de compacts croissant vers E. Le résultat est enfin facile à étendre au cas où $m(A) = \infty$. □

Remarque. – Un résultat similaire a déjà été démontré en (I,2,25). On trouvera par ailleurs dans la Lecture 2 un exemple d'une mesure bornée sur la tribu borélienne d'un espace compact (sans base dénombrable !) qui n'est pas régulière.

Nous allons maintenant énoncer un résultat important dont des cas particuliers ont été vus dans les exercices (II,4,30) et (III,1,22).

(2,4) Proposition. – Pour une mesure de Radon m, l'espace C_K est dense dans $L^p(m)$ pour $1 \leqslant p < \infty$.

Démonstration. – Comme les fonctions étagées sont denses dans L^p (Ex. (III,1,22)) il suffit de montrer que pour tout $A \in \mathcal{B}(E)$ tel que $m(A) < \infty$, on peut approcher 1_A dans L^p par des fonctions de C_K. D'après la proposition précédente on peut pour $\varepsilon > 0$, trouver un ouvert O et un compact K tels que $K \subseteq A \subseteq O$ et $m(O \backslash K) < \varepsilon$. Si ϕ est un élément de C_K à valeur dans [0, 1], valant 0 sur O^c et 1 sur K, on a bien

$$\int |\phi - 1_A|^p \, dm \leqslant \int |1_O - 1_K|^p \, dm \leqslant \varepsilon,$$

ce qui termine la démonstration. □

Remarque. – Pour p = 1, ce résultat découlait aussi de la section 1.

Le résultat suivant montre que les mesures de Radon ont une propriété un peu plus forte que la σ-additivité. Pour l'énoncer nous avons besoin de la

(2,5) Définition. – Une famille (f_i), $i \in I$, de fonctions à valeurs réelles est dite *filtrante croissante* si pour tout couple (i, j) d'éléments de I, il existe un $k \in I$ tel que $f_i \vee f_j \leqslant f_k$.

(2,6) Proposition. – Si (f_i), $i \in I$, est une famille filtrante croissante de fonctions semi-continues inférieurement positives, on a

$$\int (\sup_i f_i) \, dm = \sup_i \int f_i \, dm.$$

Démonstration. – Le membre de gauche de l'égalité de l'énoncé est évidemment supérieur au membre de droite et c'est donc l'autre inégalité qu'il faut montrer.

On pose $f = \sup_i f_i$ et on suppose que $\int f \, dm < \infty$. Pour $\varepsilon > 0$ il existe un ouvert U relativement compact tel que

$$\int f \, dm \leqslant \int_U f \, dm + \varepsilon,$$

puis une fonction positive ϕ de C_K telle que $0 \leqslant \phi \leqslant 1_U f$ et

$$\int_U f \, dm \leqslant \int \phi \, dm + \varepsilon.$$

Soit K le support de ϕ. Par définition de f, pour tout x de K il existe un indice i(x) tel que $f_{i(x)}(x) > \phi(x) - (\varepsilon/m(U))$. On pose $U_x = \{f_{i(x)} > \phi - (\varepsilon/m(U))\}$; les ensembles U_x forment un recouvrement ouvert de K dont on peut extraire un recouvrement fini $U_{x_1}, \ldots, U_{x_n}$. Parce que la famille des f_i est filtrante croissante on peut trouver un indice j tel que

$$f_j \geqslant \sup \{f_{i(x_k)} ; k = 1, \ldots, n\},$$

et l'on a

$$\int f\,dm \leqslant \int \phi\,dm + 2\varepsilon \leqslant \int f_j\,dm + 2\varepsilon + \int (\varepsilon 1_K/m(U))\,dm$$
$$\leqslant \int f_j\,dm + 3\varepsilon.$$

Comme ε est arbitraire ceci termine la démonstration dans ce cas.

Si maintenant $\int f\,dm = \infty$, on considère une suite (U_n) d'ouverts relativement compacts croissant vers E. Les fonctions $(f1_{U_n}) \wedge n$ sont les enveloppes supérieures des familles filtrantes croissantes de fonctions SCI $((f_i 1_{U_n}) \wedge n)$, $i \in I$, et sont clairement d'intégrales finies. On peut donc leur appliquer la première partie du raisonnement et obtenir

$$\int (f1_{U_n}) \wedge n\,dm = \sup_i \int (f_i 1_{U_n}) \wedge n\,dm.$$

D'après les propriétés de continuité séquentielle de l'intégrale et parce qu'on peut intervertir l'ordre dans lequel on prend des bornes supérieures, on a

$$\int f\,dm = \sup_n \int (f1_{U_n}) \wedge n\,dm$$

$$= \sup_i \sup_n \int (f_i 1_{U_n}) \wedge n\,dm = \sup_i \int f_i\,dm. \qquad \square$$

Remarque. – Le résultat précédent est faux si les fonctions considérées ne sont pas SCI ; il suffit pour s'en convaincre de considérer, sur $\mathbb{R}$, la famille des indicatrices d'ensembles finis ($).

(2,7) Corollaire. – Pour une mesure de Radon m il existe un plus petit fermé F tel que $m(F^c) = 0$. On l'appelle le *support* de m.

Démonstration. – On applique la proposition précédente à la famille des indicatrices des ouverts de m-mesure nulle. La réunion de ces ouverts est le plus grand ouvert de mesure nulle et son complémentaire est le fermé F cherché. □

Remarque. – Dans le cas où $E = \mathbb{R}^d$ ceci avait déjà été vu en (I,2,24) avec un argument qui en fait peut s'étendre à la situation plus générale traitée ici.

Nous allons terminer cette section avec quelques remarques sur le cas des mesures bornées et une variante du théorème de Riesz.

(2,8) Proposition. – La mesure m du théorème (2,2) est bornée ssi il existe une constante C telle que

$$|I(f)| \leqslant C\|f\|$$

pour tout $f \in C_K$.

Démonstration. – Soit (f_n) une suite de fonctions positives de C_K croissant vers 1. Si la condition de l'énoncé est vérifiée, on a

$$m(E) = \lim \int f_n \, dm = \lim I(f_n) \leqslant C,$$

et par suite m est bornée. L'implication dans l'autre sens est évidente. □

Il est facile de voir que l'intégrale par rapport à une mesure bornée est une forme linéaire et positive sur les espaces C_0 et C_b. On a en sens inverse la

(2,9) Proposition. – Pour toute forme linéaire et positive I sur C_0 il existe une mesure bornée unique m sur $\mathcal{B}(E)$ telle que

$$I(f) = \int f \, dm$$

pour toute fonction f de C_0.

Démonstration. – On peut définir une forme $\bar{I}$ linéaire et positive sur $C(\bar{E})$ où $\bar{E}$ est le compactifié d'Alexandrov de E en posant pour $f \in C_0$,

$$\bar{I}(f + a 1_{\bar{E}}) = I(f) + \alpha a$$

avec $\alpha > 0$. D'après le théorème (2,2) il existe une mesure de Radon $\overline{m}$ sur $\bar{E}$ donc bornée telle que $\bar{I}$ soit donnée par l'intégrale par rapport à $\overline{m}$; la restriction de $\overline{m}$ à E est la mesure cherchée. □

Remarque. – Par application de l'axiome du choix, on peut construire sur C_b des formes linéaires positives qui ne sont pas données par l'intégrale par rapport à une mesure.

(2,10) Exercice. – Pour p = 1, montrer la proposition (2,4) directement à partir des résultats de la section 1.

(2,11) Exercice. – On note C l'espace des fonctions continues sur E.

1) Une mesure m de Radon à support compact (Corollaire (2,7)) est bornée ; de plus $C \subseteq \mathcal{L}^1$ et $f \to \int f \, dm$ est une forme linéaire et positive sur C.

2) Montrer réciproquement que si I est une forme linéaire et positive sur C, il existe une unique mesure m à support compact telle que $I(f) = \int f \, dm$ pour tout f de C.

(2,12) Exercice. – L'espace C_0 étant muni de la norme de la convergence uniforme, on considère une application T positive et de norme inférieure où égale à 1 de C_0 dans lui-même. Montrer qu'il existe un noyau N sur $(E, \mathcal{B}(E))$ (cf. (II,1,25)) tel que $N(x, E) \leqslant 1$ pour tout x de E et

$$Tf(x) = \int f(y) \, N(x, dy)$$

pour tout f de C_0.

(2,13) EXERCICE. – Soit $\mathcal{H}$ l'espace des fonctions sur $\mathbb{R}$ linéaires par morceaux et à support compact. Si I est une forme linéaire et positive sur $\mathcal{H}$, montrer qu'il existe une unique mesure de Radon m sur $\mathbb{R}$ telle que $I(f) = \int f\, dm$ pour tout f de $\mathcal{H}$.

(2,14) EXERCICE. – Soit G un ouvert de E.

1) Si I est une forme linéaire positive sur C_K et J sa restriction aux fonctions à support dans G, montrer que la mesure associée à J est la trace (cf. (I,2,9)) sur G de la mesure m associée à I et que son support est l'intersection de G et du support de m.

2) Est-ce que réciproquement, une mesure de Radon sur G est nécessairement la trace d'une mesure de Radon sur E ?

(2,15) EXERCICE. – Soient m et m′ deux mesures de Radon sur E.

1) Si $m \leqslant m'$, montrer que le support de m est contenu dans le support de m′.

2) Montrer que le support de m + m′ est la réunion des supports de m et m′. Si (m_n) est une suite de mesures de Radon telle que $m = \Sigma m_n$ soit une mesure de Radon, exprimer le support de m en fonction des supports des m_n.

(2,16) EXERCICE. – Soit $x_0 \in E$ et $\mathcal{H}$ le sous-espace de C_0 des fonctions nulles en x_0. Montrer qu'une forme linéaire positive sur $\mathcal{H}$ est associée à une unique mesure bornée sur E telle que $m(\{x_0\}) = 0$.

*(2,17) EXERCICE. – Une forme linéaire I, non nécessairement positive, sur C_K est dite *relativement bornée* si, pour tout f de C_K, l'ensemble $\{I(g) ; g \in C_K, |g| \leqslant f\}$ est borné.

1) Montrer qu'une telle forme est la différence de deux formes linéaires positives. [On peut s'inspirer de (III,1,28).]

2) En déduire qu'une forme I est relativement bornée ssi il existe deux mesures de Radon m^+ et m^- telle que

$$I(f) = \int f\, dm^+ - \int f\, dm^-.$$

3) De la même façon, montrer que pour toute forme linéaire I sur C_0, continue pour la topologie de la convergence uniforme, il existe une mesure signée μ sur $\mathcal{B}(E)$ telle que, pour tout f de C_0,

$$I(f) = \int f\, d\mu$$

(cf. (III,2,15)).

4) Montrer que l'espace des fonctions continues sur $\mathbb{R}$ telles que

$$\lim_{|t| \to \infty} |f(t)|/|t| = 0$$

est un espace de Banach pour la norme $\|f\| = \sup_t |f(t)|/(1 + |t|)$ et décrire son espace dual.

*(2,18) Exercice. – Une suite (μ_n) de mesures bornées sur $\mathbb{R}^d$ est dite converger *étroitement* vers la mesure bornée μ si pour tout f de C_b

$$\lim_n \int f\, d\mu_n = \int f\, d\mu.$$

1) Montrer que si (μ_n) converge étroitement vers μ on a

$$\underline{\lim}_n \mu_n(O) \geqslant \mu(O)$$

pour tout ouvert O et

$$\overline{\lim}_n \mu_n(F) \leqslant \mu(F)$$

pour tout fermé F. En déduire que $\lim_n \mu_n(A) = \mu(A)$ pour tout borélien A tel que $\mu(\bar{A} \backslash \mathring{A}) = 0$.

2) Montrer réciproquement que si cette condition est satisfaite alors (μ_n) converge étroitement vers μ. [On pourra se servir de l'exercice (V,1,24).]

3) Si $d = 1$ et si les fonctions de répartition de μ_n et μ sont désignées par F_n et F alors (μ_n) converge étroitement vers μ ssi

$$\lim_n F_n(+\infty) = F(+\infty) \text{ et } \lim_n F_n(x) = F(x)$$

pour tout x tel que F soit continue en x.

Lecture 4. – Quelques dates dans l'histoire de l'intégration

On conçoit bien que le problème de la mesure (des aires par exemple) soit une très vieille préoccupation et de fait, « mesurer » est une activité présente dans toutes les sociétés historiques. Cependant la théorie mathématique correspondante est récente ; elle ne vise d'ailleurs qu'à structurer un concept et ne rend pas compte de toute l'activité des « usagers ». Dans la pratique, mesurer peut poser de nombreux problèmes non seulement expérimentaux mais aussi conceptuels, comme dans certaines disciplines où le début de la démarche est d'abord de cerner « ce qu'on mesure ».

Une des difficultés qui ont retardé la naissance de la théorie était de bien distinguer entre ce qu'on mesure et l'échelle avec laquelle on mesure. Cette échelle est constituée du corps des nombres réels qui avait été presque entièrement construit par le mathématicien grec Eudoxe (4e siècle avant JC) mais dont la théorie définitive n'a été vraiment mise en forme qu'à la fin du 19e siècle avec Debekind et Cantor. C'est le fait de disposer à la fois d'une bonne théorie des nombres réels et de la théorie des ensembles qui a permis à la théorie de la mesure et de l'intégration de franchir le pas décisif.

Bien sûr les Grecs s'étaient déjà attaqué au problème des aires planes et un pas très important avait été fait par Archimède (287-212 av JC) qui calcula l'aire d'un secteur de parabole. Sa méthode fut reprise au 17e siècle et étendue à de nombreuses fonctions élémentaires par Kepler, Fermat, Cavalieri, etc, puis par Newton, Leibniz et les Bernoulli qui inventèrent la notation $\int f(x)\,dx$ laquelle rappelle qu'on entend faire « une somme infinie de quantités infinitésimales ». Jusque là toutefois tous les « calculs d'intégrales » ne reposent sur aucune base solide ce qui n'est pas surprenant puisque les notions de limite ou de borne supérieure n'ont pas encore été isolées et étudiées et que des théorèmes comme le critère de Cauchy n'ont pas encore été devinés ou démontrés.

Au 19e siècle un grand effort de rigueur est entrepris par Bolzano, Cauchy, Dirichlet, Weierstrass et bien d'autres. C'est dans ce courant que Riemann (1826-1866) construit l'intégrale qui porte son nom.

L'intégrale de Riemann se révélant insuffisante pour répondre à certains problèmes concrets, notamment sur les séries de Fourier (qui ont aussi motivé les travaux de Cantor), il faut aller plus loin. Les pas décisifs sont l'œuvre de Borel (1871-1956) qui introduit la notion de σ-additivité, puis de Henri Lebesgue qui dans sa thèse (1902) montre l'existence de la mesure et construit l'intégrale qui portent son nom, puis démontre le théorème de convergence dominée dont l'application va se révéler si féconde. Un autre résultat essentiel est le théorème de Riesz-Fischer (1907) sur la complétude de l'espace L^2.

A ce stade toutes les idées importantes sont en place et si la théorie connaît des généralisations, il n'y a pas vraiment d'approfondissements. Toutefois l'importance de la linéarité de l'intégrale n'était pas encore perçue et c'est le théorème de Riesz (1880-1956) qui dégage son intérêt. Les idées de Riesz sont prolongées par Radon et Daniell et c'est cet aspect qui est donné comme fondamental dans beaucoup d'exposés de la théorie de l'intégration notamment celui de Bourbaki.

Depuis la théorie n'a plus guère évolué mais elle sert d'outil principal à plusieurs branches de l'analyse et à des théories comme la théorie des probabilités (cf. Lecture 1) ou la théorie ergodique qui elles ont connu des développements spectaculaires (voir aussi Lecture 5).

CHAPITRE V

Mesures produits

1. Produits d'espaces mesurés

Intuitivement, les notions de surface et de volume sont liées à celle de longueur et apparaissent comme des « produits » de cette dernière. Par ailleurs nous avons vu dans (II,2) des intégrales dépendant d'un paramètre λ ; il arrive que λ décrive lui aussi un espace mesuré et qu'on doive faire une deuxième intégration obtenant ainsi deux intégrales successives dont on peut souhaiter renverser l'ordre. C'est de ces questions que nous allons traiter dans cette section.

Soient $(E_i, \mathcal{A}_i)$, $i = 1, 2, ..., d$, une famille finie d'espaces mesurables. On rappelle que le produit $E = \prod_1^d E_i$ est l'ensemble des n-uplets $(x_1, ..., x_d)$ où $x_i \in E_i$ pour chaque i ; les *applications coordonnées* X_i sont les applications de E dans E_i données par

$$X_i(x_1, ..., x_d) = x_i.$$

(1,1) Définition. – On appelle *tribu produit* sur E et on note $\bigotimes_1^d \mathcal{A}_i$ ou $\mathcal{A}_1 \otimes \mathcal{A}_2 \ldots \otimes \mathcal{A}_d$ la tribu engendrée par les d applications coordonnées.

La tribu produit est donc la tribu engendrée par la classe des ensembles $X_i^{-1}(A_i)$ avec A_i décrivant $\mathcal{A}_i$. On appellera *pavé mesurable* ou tout simplement pavé, les sous-ensembles du produit E qui sont de la forme $\bigcap_i X_i^{-1}(A_i)$, c'est-à-dire l'ensemble des $(x_1, ..., x_d)$ où $x_i \in A_i$ pour chaque i ; un tel pavé sera encore noté $\prod_1^d A_i$ ou $A_1 \times ... \times A_d$. La tribu produit est donc engendrée par la classe des pavés mais, comme d'habitude, on peut se restreindre à des classes plus petites.

(1,2) Proposition. – Si $\mathcal{C}_i$ est une classe d'ensembles qui engendre $\mathcal{A}_i$ et qui contient E_i, la tribu produit $\otimes \mathcal{A}_i$ est engendrée par la classe $\mathcal{C}$ des ensembles ΠC_i où $C_i \in \mathcal{C}_i$ pour tout i.

Démonstration. – Il est évident que $\sigma(\mathcal{C})$ est contenue dans la tribu produit. D'autre part, pour tout $C_i \in \mathcal{C}_i$,

$$X_i^{-1}(C_i) = E_1 \times ... \times C_i \times ... \times E_d \in \mathcal{C} ;$$

en utilisant la proposition (I,3,3), il vient donc

$$X_i^{-1}(\mathcal{A}_i) = X_i^{-1}(\sigma(\mathscr{C}_i)) = \sigma(X_i^{-1}(\mathscr{C}_i)) \subseteq \sigma(\mathscr{C}),$$

ce qui entraîne que $\bigotimes_1^d \mathcal{A}_i \subseteq \sigma(\mathscr{C})$. □

Si à titre d'exemple nous regardons le cas où chaque $(E_i, \mathcal{A}_i)$ est égal à $(\mathbb{R}, \mathscr{B}(\mathbb{R}))$ nous voyons que la tribu produit sur $\mathbb{R}^d$ est engendrée par les pavés ouverts et est donc la tribu borélienne de $\mathbb{R}^d$.

(1,3) Définition. – L'espace E muni de la tribu produit est appelé *l'espace mesurable produit* des $(E_i, \mathcal{A}_i)$ et on écrit

$$\prod_1^d (E_i, \mathcal{A}_i) = \left(\prod_1^d E_i, \bigotimes_1^d \mathcal{A}_i\right).$$

(1,4) Proposition. – Pour qu'une application f de l'espace mesurable $(F, \mathscr{B})$ dans $\prod_1^d (E_i, \mathcal{A}_i)$ soit mesurable il faut et il suffit que toutes les applications composées $X_i \circ f$ soient mesurables.

Démonstration. – La nécessité est évidente. Pour montrer la suffisance il suffit de prouver que l'image inverse d'un pavé est dans $\mathscr{B}$, or

$$f^{-1}(A_1 \times \dots \times A_d) = \bigcap (X_i \circ f)^{-1}(A_i),$$

qui est dans $\mathscr{B}$ par hypothèse. □

(1,5) Corollaire. – Le produit d'espaces mesurables est associatif, i.e. le produit de $\prod_1^d (E_i, \mathcal{A}_i)$ par $\prod_{d+1}^{d+p} (E_i, \mathcal{A}_i)$ est isomorphe à $\prod_1^{d+p} (E_i, \mathcal{A}_i)$.

Démonstration. – La tribu produit de $\bigotimes_1^d \mathcal{A}_i$ et de $\bigotimes_{d+1}^{d+p} \mathcal{A}_i$ est par définition la plus petite tribu qui rend mesurable les applications

$$(x_1, \dots x_{d+p}) \to (x_1, \dots, x_d) \text{ et } (x_1, \dots, x_{d+p}) \to (x_{d+1}, \dots, x_{d+p}).$$

D'après la proposition précédente c'est donc la plus petite tribu qui rend mesurable les applications

$$(x_1, \dots, x_{d+p}) \to x_i$$

pour tout i, autrement dit la tribu $\bigotimes_1^{d+p} \mathcal{A}_i$.

Remarque. – Dans l'énoncé ci-dessus nous avons bien dit isomorphe et non égal car les deux ensembles sont de nature différente ; l'un est un ensemble de d + p-uplets, tandis que l'autre est un ensemble de couples de d-uplets et de p-uplets. Bien sûr dans la pratique on fera l'abus de langage consistant à les considérer comme égaux, ce que nous avons déjà fait dans la démonstration ci-dessus ! Avec cette convention, si d_m, $1 \leqslant m \leqslant n$, est une suite d'entiers > 0, le produit des espaces $(\mathbb{R}^{d_m}, \mathcal{B}(\mathbb{R}^{d_m}))$ est égal à $(\mathbb{R}^d, \mathcal{B}(\mathbb{R}^d))$ où $d = d_1 + \ldots + d_n$.

Nous continuons l'étude des espaces mesurables produits avec la

(1,6) PROPOSITION. – Si f est une application mesurable du produit $\prod_{1}^{n+p} (E_i, \mathcal{A}_i)$ dans un espace mesurable $(F, \mathcal{B})$, pour tout p-uplet $(x_{n+1}, \ldots, x_{n+p})$, l'application de $\prod_{1}^{n}(E_i, \mathcal{A}_i)$ dans $(F, \mathcal{B})$

$$(x_1, \ldots, x_n) \rightarrow f(x_1, \ldots, x_n, x_{n+1}, \ldots, x_{n+p}),$$

est mesurable.

Autrement dit, l'application obtenue en fixant certaines coordonnées de l'espace de départ est une application mesurable sur le produit des espaces mesurables restant.

Démonstration. – D'après le corollaire (1,5) il suffit de faire la démonstration dans le cas de deux espaces $(E_1, \mathcal{A}_1)$ et $(E_2, \mathcal{A}_2)$ ($). Soit $f(x_1, .)$ la fonction obtenue à partir de f en fixant la coordonnée x_1. On a $f(x_1, .) = f \circ g_1$ où g_1 est l'application de E_2 dans $E_1 \times E_2$ donnée par

$$g_1(x_2) = (x_1, x_2) ;$$

on voit facilement que cette application est mesurable en appliquant la proposition (1,4) ($) ce qui montre la mesurabilité de $f(x_1, .)$. □

Remarque. – La réciproque à cette proposition est fausse et une fonction peut ne pas être mesurable alors que toutes les applications obtenues en fixant un ensemble arbitraire de coordonnées le sont. Un exemple est donné dans l'exercice (1,17).

La proposition précédente s'applique en particulier aux fonctions indicatrices. Si $A \in \mathcal{A}_1 \otimes \mathcal{A}_2$, et si $x_1 \in E_1$ est fixé, on a

$$1_A(x_1, .) = 1_{A_{x_1}}$$

où $A_{x_1} = \{x_2 : (x_1, x_2) \in A\}$ est donc un ensemble de $\mathcal{A}_2$ qu'on appelle la *section de* A au-dessus de x_1 (de même la fonction $f(x_1, .)$ de la démonstration précédente sera appelée une section de f). Si m_2 est une mesure sur $\mathcal{A}_2$, le nombre $m_2(A_{x_1})$ est donc bien défini et on a le

(1,7) LEMME. – Si m_2 est σ-finie, pour tout $A \in \mathcal{A}_1 \otimes \mathcal{A}_2$, l'application $x_1 \rightarrow m_2(A_{x_1})$ est $\mathcal{A}_1$-mesurable.

Démonstration. – Il est facile de voir que si m_2 est une mesure bornée la classe $\mathcal{C}$ des ensembles A pour lesquels la propriété est vérifiée est une classe monotone. D'autre part si A est le pavé $A_1 \times A_2$ on a $m_2(A_{x_1}) = m_2(A_2)1_{A_1}(x_1)$ quel que soit x_1, et $\mathcal{C}$ contient donc les pavés. Comme la classe des pavés est stable par intersection et engendre la tribu produit le lemme découle, dans le cas des mesures bornées, du théorème de la classe monotone. Si m_2 est seulement σ-finie et si $m_2(F) < \infty$, il résulte du cas précédent que l'application

$$x_1 \to m_2(((E_1 \times F) \cap A)_{x_1}) = m_2(F \cap A_{x_1})$$

est $\mathcal{A}_1$-mesurable et par passage à la limite croissant on a le résultat désiré. □

Nous allons maintenant énoncer le premier résultat important de cette section.

(1,8) THÉORÈME. – Étant donnés deux espaces mesurés $(E_i, \mathcal{A}_i, m_i)$, $i = 1, 2$, finis (resp. σ-finis), il existe une unique mesure finie (resp. σ-finie) sur $(E_1 \times E_2, \mathcal{A}_1 \otimes \mathcal{A}_2)$, notée $m_1 \otimes m_2$, telle que

$$m_1 \otimes m_2(A_1 \times A_2) = m_1(A_1) \times m_2(A_2)$$

pour tout choix de A_i dans $\mathcal{A}_i$.

L'espace mesuré $(E_1 \times E_2, \mathcal{A}_1 \otimes \mathcal{A}_2, m_1 \otimes m_2)$ est appelé *l'espace produit* des deux espaces donnés et on le notera aussi

$$(E_1, \mathcal{A}_1, m_1) \times (E_2, \mathcal{A}_2, m_2).$$

Démonstration. – Comme la classe des pavés est stable par intersection finie et engendre la tribu produit, l'unicité résulte immédiatement du théorème de la classe monotone.

Pour démontrer l'existence, nous posons, pour $A \in \mathcal{A}_1 \otimes \mathcal{A}_2$,

$$m(A) = \int_{E_1} m_2(A_{x_1})\, dm_1(x_1).$$

Cette expression a bien un sens d'après le lemme (1,7) et définit donc bien une application de la tribu produit dans $\overline{\mathbb{R}}_+$; il reste à voir qu'elle est bien σ-additive. Soit donc (A^n) une suite d'ensembles deux à deux disjoints de la tribu $\mathcal{A}_1 \otimes \mathcal{A}_2$ et appelons A leur réunion. Pour tout x_1 les ensembles $A^n_{x_1}$ sont disjoints et de réunion A_{x_1}. On a donc, en utilisant la σ-additivité de m_2 et les propriétés de l'intégrale des fonctions positives, que

$$m(A) = \int m_2\Big(\bigcup_n A^n_{x_1}\Big)\, dm_1 = \int \Big(\sum_n m_2(A^n_{x_1})\Big)\, dm_1$$

$$= \sum_n \int m_2(A^n_{x_1})\, dm_1 = \sum_n m(A^n),$$

ce qui est la σ-additivité désirée. La fonction d'ensemble m est bien une mesure et si $A_1 \times A_2$ est un pavé, on a bien

$$m(A_1 \times A_2) = \int 1_{A_1}(x_1)\, m_2(A_2)\, dm_1(x_1) = m_1(A_1)\, m_2(A_2).$$

Si m_1 et m_2 sont finies, la formule précédente montre que $m(E_1 \times E_2) = m_1(E_1)$ $m_2(E_2)$ et donc que m est également finie. Enfin si m_1 et m_2 sont σ-finies et si E_1^n (resp. E_2^n) est une suite croissante d'ensembles de réunion E_1 (resp. E_2) et tels que $m_1(E_1^n) < \infty$ (resp. $m_2(E_2^n) < \infty$), la réunion des $E_1^n \times E_2^n$ est égale à $E_1 \times E_2$ et $m(E_1^n \times E_2^n) < \infty$ pour tout n, ce qui termine la démonstration. □

Remarquons à titre d'exemple que la mesure de Lebesgue sur $\mathbb{R}^2$ ou plus généralement $\mathbb{R}^d$ est le produit de la mesure de Lebesgue sur $\mathbb{R}$ par elle-même un nombre suffisant de fois.

Le théorème suivant connu sous le nom de *Théorème de Fubini* est un des plus importants de la théorie de l'intégration. Ici encore, nous allons l'énoncer seulement dans le cas de deux espaces et nous utilisons les notations du résultat précédent.

(1,9) Théorème. – 1) Si f est une fonction positive, $\mathcal{A}_1 \otimes \mathcal{A}_2$-mesurable, les fonctions ϕ et ψ définies sur E_1 et E_2 par

$$\phi(x_1) = \int_{E_2} f(x_1, .)\, dm_2, \quad \psi(x_2) = \int_{E_1} f(., x_2)\, dm_1$$

sont respectivement $\mathcal{A}_1$ et $\mathcal{A}_2$-mesurables et

$$(*) \qquad \int_{E_1} \phi\, dm_1 = \int_{E_1 \times E_2} f\, d(m_1 \otimes m_2) = \int_{E_2} \psi\, dm_2.$$

ii) Si f est intégrable par rapport à la mesure $m_1 \otimes m_2$, les fonctions ϕ et ψ sont définies respectivement m_1 et m_2-p.p., sont m_1- et m_2-intégrables et vérifient la double égalité (*).

Démonstration. – i) Si f est la fonction indicatrice d'un ensemble A de $\mathcal{A}_1 \otimes \mathcal{A}_2$, la mesurabilité de ϕ et ψ a été montrée dans le lemme (1,7) et la double égalité (*) n'est alors pas autre chose que la définition de la mesure produit. Les propriétés de linéarité de l'intégrale entraînent alors le résultat pour les fonctions étagées, puis par passage à la limite croissant on l'obtient pour toutes les fonctions f positives.

ii) D'après la partie i) on a

$$\int_{E_1} \left(\int_{E_2} f^+(x_1, .)\, dm_2 \right) dm_1 = \int_{E_1 \times E_2} f^+\, d(m_1 \otimes m_2)$$

et la relation analogue pour f^-. D'après l'hypothèse faite sur f, toutes ces intégrales sont finies et en particulier la fonction $x_1 \to \int_{E_2} f^+(x_1, .)\, dm_2$ est finie m_1-p.p. La fonction ϕ est donc la différence de deux fonctions finies m_1-p.p. ; elle est donc définie m_1-p.p. et son intégrale par rapport à m_1 est finie. Enfin la première égalité de (*) est obtenue par différence de quantités finies. En intervertissant les rôles des deux espaces facteurs, on obtient l'autre égalité et le théorème est donc complètement démontré. □

Remarque. – La partie ii) du théorème de Fubini est clairement vraie pour des fonctions intégrables à valeurs complexes.

Observons que les théorèmes (1,8) et (1,9) s'étendent, par récurrence sur la dimension, au produit d'un nombre fini d'espaces. Étant donnée une suite $(E_i, \mathcal{A}_i, m_i)$, $i = 1, ..., d$, d'espaces mesurés, il existe une mesure unique sur $\prod_i (E_i, \mathcal{A}_i)$, notée $\bigotimes_i m_i$, telle que $\bigotimes_i m_i (A_1 \times A_2 \times ... \times A_d) = \prod_i m_i(A_i)$, et si f est soit positive, soit intégrable par rapport à cette mesure, on a

$$(**) \qquad \int f\, d(\bigotimes_i m_i) = \int dm_{\sigma(1)}(x_{\sigma(1)}) \int ... \int dm_{\sigma(d)}(x_{\sigma(d)})\, f(x_1, ..., x_d)$$

où σ est n'importe quelle permutation de $\{1, ..., d\}$ et où les intégrations sont faites successivement de la droite vers la gauche.

Dans la double égalité (**) l'intégrale de droite est appelée intégrale *itérée* et est aussi notée de plusieurs façons ne prêtant pas à confusion, par exemple, dans le cas de deux espaces

$$\int dm_1(x_1) \int f(x_1, x_2)\, dm_2(x_2),$$

qui doit être compris de la façon suivante : on intègre d'abord par rapport à m_2, puis on intègre le résultat par rapport à m_1. L'intégrale de gauche dans (**) est appelée l'*intégrale multiple* (*intégrale double* s'il y a deux facteurs). Le théorème de Fubini dit que si f est soit positive, soit intégrable pour la mesure produit, l'intégrale multiple est égale à chacune des intégrales itérées et qu'on peut donc la calculer en faisant deux intégrations successives et ceci dans *l'ordre* que l'on veut. Mais il faut bien faire attention à ce que les intégrales itérées peuvent être bien définies et finies sans pour cela être égales, ou même être égales sans que pour autant la fonction f soit intégrable donc que l'intégrale multiple ait un sens (cf. Ex. (1,22) et (1,23)).

Dans l'emploi du théorème de Fubini il n'y a pas de précaution à prendre si la fonction f considérée est positive ; en revanche si f n'est pas positive il faut s'assurer qu'elle est intégrable et ceci se fait souvent en appliquant le théorème de Fubini à $|f|$. Comme $|f|$ est positive, il suffit alors que l'une des intégrales itérées de $|f|$ soit finie.

A titre d'exemple remarquons que si a_{nm} est une suite double de nombres réels positifs, en appliquant la partie i) du théorème de Fubini au produit par elle-même de la mesure de comptage sur $\mathbb{N}$, on retrouve que

$$\sum_n \sum_m a_{nm} = \sum_m \sum_n a_{nm},$$

autrement dit, on peut intervertir les limites croissantes, résultat élémentaire du chapitre 0 sur lequel d'une certaine manière repose toute la théorie que nous avons développée et que cette théorie généralise considérablement. Dans le même ordre d'idées, si (f_n) est une suite de fonctions intégrables sur $(E, \mathscr{A}, m)$ et si $\Sigma\|f_n\|_1 < \infty$, le théorème de Fubini, appliqué au produit de m par la mesure de comptage sur $\mathbb{N}$, dit que Σf_n est intégrable et que

$$\Sigma \int f_n \, dm = \int \Sigma f_n \, dm.$$

On retrouve ainsi la proposition (II,4,12).

Le corollaire suivant du Théorème de Fubini est souvent utile.

(1,10) Proposition. – Soient $(E_i, \mathscr{A}_i, m_i)$, $i = 1, 2$, deux espaces mesurés σ-finis et f une fonction mesurable à valeurs réelles ou complexes définie sur leur produit. Les trois propositions suivantes sont alors équivalentes :

i) f est $m_1 \otimes m_2$-négligeable,

ii) pour m_1-presque tout x_1, la fonction $f(x_1, .)$ est m_2-négligeable,

iii) pour m_2-presque tout x_2, la fonction $f(., x_2)$ est m_1-négligeable.

Démonstration. – On se rappelle ((II,4,3)) que f est négligeable ssi

$$\int |f| \, d(m_1 \otimes m_2) = 0.$$

On applique alors la double égalité de la partie i) du théorème de Fubini. □

Terminons cette section en énonçant, pour pouvoir y référer ultérieurement, la conséquence suivante de la formule (**) lorsque tous les espaces dont on fait le produit sont égaux à un même espace $(E, \mathscr{A}, m)$ auquel cas on notera $m^{\otimes d}$ la mesure produit.

(1,11) Proposition. – La mesure $m^{\otimes d}$ est invariante par toute permutation des coordonnées.

(1,12) Exercice. – Soit $(E, \mathscr{A})$ un espace mesurable et f une fonction de $E \times \mathbb{R}$ dans $\mathbb{R}$ telle que

i) pour tout α d'un ensemble dense dans $\mathbb{R}$, l'application $x \to f(x, \alpha)$ est $\mathscr{A}$-mesurable,

ii) pour tout $x \in E$, l'application $\alpha \to f(x, \alpha)$ est continue à droite ou à gauche.

Montrer que f est $\mathscr{A} \otimes \mathscr{B}(\mathbb{R})$-mesurable.

(1,13) Exercice. – Dans la situation du théorème (1,8) montrer que si μ_i est une autre mesure sur $\mathscr{A}_i$, et si $m_i \leqslant \mu_i$ (resp. $m_i \ll \mu_i$), $i = 1, 2$, on a $m_1 \otimes m_2 \leqslant \mu_1 \otimes \mu_2$ (resp. $m_1 \otimes m_2 \ll \mu_1 \otimes \mu_2$).

(1,14) EXERCICE. – Soit $(E, \mathscr{A})$ un espace mesurable tel que $\mathscr{A}$ soit engendré par une classe dénombrable $\mathscr{C}$ qui sépare les points de E (i.e. pour tout couple (x, y) de points de E il existe $C \in \mathscr{C}$ tel que $x \in C$ et $y \notin C$).

1) Montrer que la diagonale $\Delta = \{(x, x), x \in E\}$ du produit $E \times E$ est $\mathscr{A} \otimes \mathscr{A}$-mesurable. Dans le cas où E est un espace métrique séparable muni de sa tribu borélienne, le résultat découle aussi de l'exercice (1,19) et du fait que Δ est fermée. On pourra regarder l'exercice (1,17) ci-dessous pour ce qui peut se passer lorsque les hypothèses ci-dessus ne sont pas vérifiées.

2) On rappelle (cf. (I,3,23)) que les hypothèses entraînent aussi que les singletons sont mesurables. Si μ_1 et μ_2 sont deux mesures σ-finies sur $\mathscr{A}$, montrer que

$$(\mu_1 \otimes \mu_2)(\Delta) = \sum_{x \in E} \mu_1(\{x\})\, \mu_2(\{x\}).$$

en particulier $(\mu_1 \otimes \mu_2)(\Delta) = 0$ dès que l'une des deux mesures est diffuse.

3) Montrer que $\mu_1 \otimes \mu_2$ est portée par Δ ssi μ_1 et μ_2 sont portées par un même point.

(1,15) EXERCICE. – 1) Montrer que la tribu $\mathscr{B}(\mathbb{R}_+) \otimes \mathscr{P}(\mathbb{N})$ est égale à la famille des ensembles de la forme $\bigcup_0^\infty (A_n \times \{n\})$ avec $A_n \in \mathscr{B}(\mathbb{R}_+)$.

2) Si m est une mesure bornée sur $\mathscr{B}(\mathbb{R}_+)$, montrer qu'il existe une unique mesure bornée μ sur $\mathscr{B}(\mathbb{R}_+) \otimes \mathscr{P}(\mathbb{N})$ telle que pour tout $A \in \mathscr{B}(\mathbb{R}_+)$ et tout n on ait

$$\mu(A \times \{n\}) = \int_A e^{-\lambda}(\lambda^n/n!)\, dm(\lambda).$$

3) On pose $\psi_t(x, n) = \exp(itn)$; calculer $\int \psi_t\, d\mu$ en fonction de ϕ où

$$\phi(u) = \int_0^\infty \exp(ux)\, dm(x) \quad \text{avec} \quad u \in \mathbb{C} \text{ et } \mathrm{Re}(u) < 0.$$

(1,16) EXERCICE. – Est-il vrai que si f est continue, positive et intégrable sur $\mathbb{R}^2$ pour la mesure de Lebesgue, on ait

$$\int f(x, x)\, dx < \infty\ ?$$

*(1,17) EXERCICE. – Soit E un ensemble infini non dénombrable et $\mathscr{A}$ la tribu engendrée par la classe des singletons (I,2,18). Montrer par la considération de la diagonale $\Delta = \{(x, x)\,;\, x \in E\}$ dans le produit de $(E, \mathscr{A})$ par lui-même que la réciproque à la proposition (1,6) est fausse.

(1,18) EXERCICE. – Soit Ω un ouvert de $\mathbb{R}^2$ et f une application de Ω dans $\mathbb{R}$ telle que les dérivées partielles secondes $\partial^2 f/\partial x \partial y$ et $\partial^2 f/\partial y \partial x$ existent et soient continues.

Montrer (Théorème de Schwarz) qu'elles sont égales en utilisant le théorème de Fubini. [On pourra intégrer la différence des deux dérivées partielles par rapport à la mesure de Lebesgue dans $\mathbb{R}^2$.]

(1,19) EXERCICE. – Si E_1 et E_2 sont deux espaces topologiques, comparer $\mathcal{B}(E_1) \otimes \mathcal{B}(E_2)$ avec $\mathcal{B}(E_1 \times E_2)$ où $E_1 \times E_2$ est muni de la topologie produit. Montrer qu'il y a égalité si les topologies sont à bases dénombrables.

(1,20) EXERCICE. – 1) Étant données deux applications mesurables f_i, $i = 1, 2$, de $(E_i, \mathcal{A}_i)$ dans $(F_i, \mathcal{B}_i)$, montrer que l'application

$$\theta : (x_1, x_2) \to (f_1(x_1), f_2(x_2))$$

de $(E_1, \mathcal{A}_1) \times (E_2, \mathcal{A}_2)$ dans $(F_1, \mathcal{B}_1) \times (F_2, \mathcal{B}_2)$ est mesurable.

2) Si m_i est une mesure bornée sur $(E_i, \mathcal{A}_i)$ comparer l'image de $m_1 \otimes m_2$ par θ avec $f_1(m_1) \otimes f_2(m_2)$.

(1,21) EXERCICE. – 1) En notant $\mathcal{A}^\mu$ la complétée de $\mathcal{A}$ par rapport à μ, montrer que

$$\mathcal{A}_1^{\mu_1} \otimes \mathcal{A}_2^{\mu_2} \subseteq (\mathcal{A}_1 \otimes \mathcal{A}_2)^{(\mu_1 \otimes \mu_2)}.$$

2) Si f est mesurable par rapport à la tribu de droite de l'inclusion précédente, montrer que l'ensemble des x_1 pour lesquels $f(x_1, .)$ n'est pas $\mathcal{A}_2^{\mu_2}$-mesurable est μ_1-négligeable.

3) En utilisant un ensemble qui ne soit pas dans la tribu de Lebesgue (cf. (II,4)) montrer que l'inclusion de 1) peut être stricte.

(1,22) EXERCICE. – Calculer $\int_0^1 \left(\int_0^1 f(x, y)\, dy \right) dx$ où

$$f(x, y) = (x^2 - y^2)/(x^2 + y^2)^2,$$

et en déduire que f n'est pas intégrable sur $[0, 1]^2$.

(1,23) EXERCICE. – Pour tout n entier > 0, soit g_n une fonction réelle continue, définie sur $[0, 1]$, nulle en dehors de $]1/n + 1, 1/n[$ et telle que $\int g_n(x)\, dx = 1$. La série

$$\sum_{n>0} (g_n - g_{n+1})(x)\, g_n(y)$$

converge en tout point (x, y) de $[0, 1]^2$ et sa somme f est borélienne. Montrer que les intégrales itérées

$$\int \left(\int f(x, y)\, dx \right) dy \quad \text{et} \quad \int \left(\int f(x, y)\, dy \right) dx$$

sont bien définies et finies et ne sont pas égales.

(1,24) Exercice. – 1) soit f une fonction positive et mesurable sur l'espace mesuré σ-fini $(E, \mathcal{A}, m)$. Montrer que l'ensemble

$$G_f = \{(x, a)\,;\, 0 \leq a < f(x)\}$$

est dans la tribu $\mathcal{A} \otimes \mathcal{B}(\mathbb{R}_+)$, puis que $\int f\, dm = (m \otimes \lambda)(G_f)$ où λ est la mesure de Lebesgue sur $\mathbb{R}_+$ (on remarque que l'on retrouve ainsi l'interprétation de l'intégrale de Riemann sur $\mathbb{R}$ comme « aire comprise entre l'axe et la courbe »). En déduire finalement que

$$\int_E f\, dm = \int_0^\infty m(\{f > a\})\, da.$$

2) Montrer que l'on a aussi

$$\int_E f\, dm = \int_0^\infty m(\{f \geq a\})\, da,$$

et que le graphe de f est mesurable et de mesure nulle dans le produit.

*3) En réciproque à la question 1), montrer que si G_f est dans $\mathcal{A} \otimes \mathcal{B}(\mathbb{R})$, alors f est $\mathcal{A}$-mesurable. [Le pavé $\{f > c\} \times \{a > 0\}$ est égal à $\bigcup_n \{(x, (a/n) + c) \in G_f\}$.]

(1,25) Exercice. – 1) Soient $(E_i, \mathcal{A}_i)$, $i = 1, ..., d$, des espaces mesurables et f_i des applications mesurables à valeurs réelles. Montrer que la fonction $f_1 \otimes ... \otimes f_d$ définie par

$$(f_1 \otimes ... \otimes f_d)(x_1, ..., x_d) = f_1(x_1)\, f_2(x_2) \ldots f_d(x_d)$$

et aussi notée $\bigotimes_i f_i$, est mesurable sur le produit $\Pi(E_i, \mathcal{A}_i)$. [On pourra se servir du fait que $(x_1, ..., x_d) \to x_1 x_2 \ldots x_d$ est mesurable.]

2) Montrer réciproquement que si aucune des f_i n'est identiquement nulle et si $\otimes f_i$ est mesurable, alors chacune des f_i est mesurable. En particulier un pavé non vide est mesurable pour la tribu produit ssi toutes ses composantes sont mesurables dans les espaces facteurs.

3) Si chaque $\mathcal{A}_i$ est munie d'une mesure m_i σ-finie, la fonction $\bigotimes_i f_i$ est intégrable pour la mesure produit ssi chacune des f_i est m_i-intégrable. Le produit des mesures $(f_i \,.\, m_i)$ est la mesure de densité $\bigotimes_i f_i$ par rapport à $\bigotimes_i m_i$.

(1,26) Exercice. – 1) Utiliser le théorème de Fubini et la relation

$$x^{-1} = \int_0^\infty e^{-xt}\, dt$$

pour montrer que

$$\lim_{a \to \infty} \int_0^a (\sin x/x)\, dx = \pi/2.$$

2) En déduire que pour α, $\beta > 0$, on a

$$\int_0^\infty (\sin \alpha x \sin \beta x/x^2)\, dx = \inf(\alpha, \beta)\, \pi/2.$$

(1,27) Exercice. – Soient $(E, \mathscr{A}, \mu)$ et $(F, \mathscr{B}, \nu)$ deux espaces mesurés σ-finis et K un élément de $L^2(\mu \otimes \nu)$ de norme $\|K\|_2$.

1) Montrer que pour tout $f \in L^2(\nu)$, l'intégrale

$$\int K(x, y)\, f(y)\, \nu(dy)$$

est finie μ-p.p. et définit un élément Kf de $L^2(\mu)$. L'application $f \to Kf$ est un opérateur linéaire de $L^2(\nu)$ dans $L^2(\mu)$ de norme inférieure ou égale à $\|K\|_2$.

2) Soient (e_i) et (f_j) des bases hilbertiennes de $L^2(\mu)$ et $L^2(\nu)$; on pose

$$a_{ij} = \int K(x, y)\, e_i(x)\, f_j(y)\, d\mu(x)\, d\nu(y).$$

Montrer que

$$\|K\|_2^2 = \sum_{ij} a_{ij}^2,$$

et que la famille $(e_i \otimes f_j)$ (Ex. (1,25)) est une base hilbertienne de $L^2(\mu \otimes \nu)$.

3) En supposant que $(E, \mathscr{A}, \mu) = (F, \mathscr{B}, \nu)$, montrer que les itérés de l'application $f \to Kf$ sont donnés par les fonctions K_n sur E^2 définies par la récurrence

$$K_{n+1}(x, y) = \int K_n(x, z)\, K(z, y)\, d\mu(z).$$

(1,28) Exercice. – Avec les mêmes notations que dans l'exercice précédent montrer que $\{f \otimes g ; f \in L^2(\mu), g \in L^2(\nu)\}$ est dense dans $L^2(\mu \otimes \nu)$. Montrer directement que $(e_i \otimes f_j)$ est une base de $L^2(\mu \otimes \nu)$.

(1,29) Exercice. – Soit (a_n) une suite de nombres réels positifs et r un nombre > 1. Montrer que la série $\Sigma\, a_n r^n$ est convergente ssi

$$\sum_{n=1}^{\infty} \sum_{m=n}^{\infty} a_m r^m < \infty.$$

*(1,30) Exercice. – (Formule d'intégration par parties pour les intégrales de Stieltjes) Soient μ et ν deux mesures de Radon sur $\mathbb{R}$ et F et G leurs fonctions de répartition. On pose $\Delta F(t) = F(t) - F(t-)$.

1) Si pour $a < b$ on pose $D = \{(x, y) : a < x \leqslant b, x \leqslant y \leqslant b\}$, montrer que

$$\mu \otimes \nu\,(D) = \int_{a+}^{b} F(s)\, dG(s) - F(a)\,(G(b) - G(a)).$$

2) En écrivant de deux façons $\mu \otimes \nu\, (]a, b]^2)$, montrer que

$$F(b)\,G(b) - F(a)\,G(a) = \int_{a+}^{b} F(s)\,dG(s) + \int_{a+}^{b} G(s-)\,dF(s)$$

$$= \int_{a+}^{b} F(s-)\,dG(s) + \int_{a+}^{b} G(s-)\,dF(s) + \sum_{a<s\leq b} \Delta F(s)\,\Delta G(s).$$

On comparera avec l'exercice (1,14).

3) (Formule du changement de variables) Si ϕ est une fonction de classe C^1, montrer que

$$\phi(F(b)) - \Phi(F(a)) = \int_{a+}^{b} \phi'(F(s-))\,dF(s)$$

$$+ \sum_{a<s\leq b} (\phi(F(s)) - \phi(F(s-)) - \phi'(F(s-))\,\Delta F(s)$$

[Vérifier grâce à 2) que la formule est valable lorsque ϕ est un polynôme, puis faire un passage à la limite.]

**(1,31) Exercice. – Soit $(E, \mathcal{A}, \lambda)$ un espace mesuré σ-fini tel que $(E, \mathcal{A})$ soit séparable et $(F, \mathcal{B}, \mu)$ un autre espace mesuré σ-fini.

1) Pour $1 \leq p < \infty$, montrer que si f est $\mathcal{A} \otimes \mathcal{B}$-mesurable et positive,

$$\left(\int \left(\int f(x, y)\,\mu(dy)\right)^p \lambda(dx)\right)^{1/p} \leq \int \left(\int f^p(x, y)\,\lambda(dx)\right)^{1/p} \mu(dy).$$

[On pourra se servir de l'exercice (II,2,35).]

2) Soit f une fonction positive, intégrable par la mesure de Lebesgue sur [0, 1]; on pose

$$F(x) = \int_0^x f(t)\,dt.$$

Pour $p > 1$ et $s < p - 1$, montrer que (inégalité de Hardy)

$$\int_0^1 (F(x)/x)^p x^s dx \leq (p/p - s - 1) \int_0^1 f(x)^p x^s dx.$$

$$\left[\text{On pourra écrire } F(x)/x = \int_0^1 f(xt)\,dt.\right]$$

**(1,32) Exercice. – Soit $(E, \mathcal{A})$ un espace mesurable et $(\Omega, \mathcal{F}, m)$ un espace mesuré tel que $m(\Omega) = 1$. Soit (f_n) une suite de fonctions $\mathcal{A} \otimes \mathcal{F}$-mesurables telle que $(f_n(x, .))$ converge en mesure pour m quel que soit $x \in E$. Montrer qu'il existe une fonction f $\mathcal{A} \otimes \mathcal{F}$-mesurable qui pour tout x de E, est la limite en mesure de $(f_n(x, .))$.

[Définir $n_k(x) = \inf\{m > n_{k-1}(x) : \sup_{p,q \geq m} m(\{|f_p(x, .) - f_q(x, .)|\} > 2^{-k}) < 2^{-k}\}$.]

2. La mesure de Lebesgue dans $\mathbb{R}^d$

Cette section va être consacrée à une étude plus approfondie de la mesure de Lebesgue dans $\mathbb{R}^d$ que nous désignerons par λ ou λ_d. Il résulte facilement de la section précédente que l'espace $(\mathbb{R}^d, \mathcal{B}(\mathbb{R}^d), \lambda_d)$ est isomorphe au produit de d espaces $(\mathbb{R}, \mathcal{B}(\mathbb{R}), \lambda_1)$. Le théorème de Fubini s'applique donc, et si f est borélienne, positive ou λ-intégrable, on a

$$\int f\, d\lambda = \int dx_{\sigma(1)} \int dx_{\sigma(2)} \int dx_{\sigma(d)}\, f(x_1, x_2, ..., x_d)$$

pour n'importe quelle permutation σ de l'ensemble $\{1, 2, ..., d\}$.

Introduisons d'autres notations relatives à la mesure de Lebesgue. Tout d'abord l'intégrale par rapport à λ est aussi notée

$$\int f(x_1, x_2, ..., x_d)\, dx_1\, dx_2 ... dx_d.$$

Supposons ensuite que d = 2, que A soit un borélien de $\mathbb{R}^2$ et qu'on veuille calculer $\int_A f\, d\lambda$ où f est positive ; ceci vaut par exemple

$$\int dx_1 \int 1_A(x_1, x_2)\, f(x_1, x_2)\, dx_2 = \int dx_1 \int_{A_{x_1}} f(x_1, x_2)\, dx_2.$$

Si la section A_{x_1} est égale à l'intervalle $[\phi(x_1), \psi(x_1)]$, on écrira

$$\int_A f\, d\lambda = \int dx_1 \int_{\phi(x_1)}^{\psi(x_1)} f(x_1, x_2)\, dx_2.$$

Nous laissons au lecteur le soin de décrire comment cette notation se généralise à des situations plus compliquées et à des dimensions supérieures. Si par exemple

$$A = \{0 \leq x_1 \leq x_2 \leq ... \leq x_d \leq 1\},$$

on écrit

$$\int_A f\, d\lambda = \int_0^1 dx_1 \int_{x_1}^1 dx_2 \int_{x_2}^1 dx_3 ... \int_{x_{d-1}}^1 f(x_1, ..., x_d)\, dx_d.$$

Ces notations peuvent bien sûr s'utiliser aussi pour d'autres mesures que la mesure de Lebesgue. Nous allons illustrer leur emploi par le calcul du volume des boules de $\mathbb{R}^d$. On a vu en (I,4,8) que pour $\varepsilon > 0$, on a pour f borélienne et positive,

$$\int f(\varepsilon x)\,dx = \varepsilon^{-d} \int f(x)\,dx\,;$$

ceci se montre aussi facilement à partir du cas d = 1 en utilisant le théorème de Fubini ($).

Soit alors B_d la boule unité dans $\mathbb{R}^d$ et posons $c_d = \lambda(B_d)$. D'après ce qui précède, on peut écrire

$$c_d = \int_{-1}^{1} dx_1 \int_{\{x_2^2 + x_3^2 + \ldots + x_d^2 \leq 1 - x_1^2\}} dx_2 \ldots dx_d.$$

L'intégrale écrite à droite est égale au volume de la boule de rayon $(1 - x_1^2)^{1/2}$ dans $\mathbb{R}^{d-1}$ et, d'après le rappel ci-dessus, vaut donc $c_{d-1}(1 - x_1^2)^{(d-1)/2}$; par suite $c_d = c_{d-1} I_{d-1}$ où $I_d = \int_{-1}^{1} (1 - y^2)^{d/2} dy$. Une intégration par parties montre que $(d + 1)I_d = dI_{d-2}$, et comme on voit facilement que $I_1 = \pi/2$ et $I_2 = 4/3$, on en déduit par récurrence que

$$I_{2k} = 2^{k+1} k\,!/(1.3 \ldots (2k + 1)),\ I_{2k+1} = \pi(1.3 \ldots (2k + 1))/2^{k+1}(k + 1)\,!.$$

On trouve alors finalement que

$$c_{2k} = \pi^k/k!,\quad c_{2k+1} = 2^{k+1}\pi^k/(1.3 \ldots (2k + 1)),$$

ce qui, compte tenu des propriétés de la fonction Γ (cf. (II,3,22)), s'écrit de manière plus condensée :

$$c_d = \pi^{d/2}/\Gamma((d/2) + 1).$$

Nous allons maintenant nous intéresser aux propriétés d'invariance géométriques de λ. On a déjà vu en (I,4,4) et (II,3,1) sa propriété d'invariance par translation, à savoir que pour tout $a \in \mathbb{R}^d$, et pour toute fonction positive f,

$$\int f(x + a)\,dx = \int f(x)\,dx.$$

Dans la suite de cette section, lorsqu'on utilise les locutions « intégrables » ou « presque-partout » sans autre précision, il est sous-entendu que c'est par rapport à la mesure de Lebesgue. La propriété d'invariance par translation peut ainsi également s'exprimer : si f est intégrable, pour tout $a \in \mathbb{R}^d$, la fonction $\tau_a f$ est intégrable et $\int f\,d\lambda = \int \tau_a f\,d\lambda$. Rappelons encore que nous avons montré dans le chapitre I que λ était la seule mesure de Radon ayant cette propriété d'invariance par translation. Nous allons exhiber d'autres propriétés d'invariance de λ en étudiant l'effet sur λ des applications linéaires.

Soit Φ une application linéaire de $\mathbb{R}^d$ dans lui-même et soit λ_Φ l'image de λ par Φ définie en posant, pour f mesurable positive,

$$\int f(x)\, d\lambda_\Phi(x) = \int f(\Phi(x))\, d\lambda(x).$$

Si Φ est bijective, pour tout $a \in \mathbb{R}^d$ et f mesurable et positive, on a, en utilisant l'invariance par translation de λ, et la linéarité de Φ, que

$$\int \tau_a f\, d\lambda_\Phi = \int f(\Phi(x) + a)\, d\lambda(x) = \int f(\Phi(x) + \Phi(\Phi^{-1}(a)))\, d\lambda(x)$$
$$= \int f(\Phi(x + \Phi^{-1}(a)))\, d\lambda(x) = \int f(\Phi(x))\, d\lambda(x) = \int f\, d\lambda_\Phi.$$

En conséquence, la mesure λ_Φ est invariante par translation ; d'autre part il est facile de voir que $\lambda_\Phi(K) < \infty$ pour tout compact K. Par suite il existe une constante C_Φ telle que $\lambda_\Phi = C_\Phi \lambda$ et on a la

(2,1) Proposition. – Si Φ est inversible, $C_\Phi = |\det(\Phi^{-1})|$, en d'autres termes, pour toute fonction borélienne, positive ou intégrable f,

$$\int f \circ \Phi\, |\det(\Phi)|\, d\lambda = \int f\, d\lambda$$

Démonstration. – Étant donné une base orthonormée $(e_1, ..., e_d)$ de $\mathbb{R}^d$, toute application linéaire inversible peut s'écrire comme le produit d'applications élémentaires des trois types suivants :

i) $\Phi(e_i) = e_{\sigma(i)}$ où σ est une permutation de $\{1, ..., n\}$,

ii) $\Phi(e_1) = \alpha e_1$, $\alpha \neq 0$, $\Phi(e_i) = e_i$ pour $i = 2, ..., d$,

iii) $\Phi(e_1) = e_1 + e_2$, $\Phi(e_i) = e_i$ pour $i = 2, ..., d$.

Comme on a clairement $C_{\Phi_1 \circ \Phi_2} = C_{\Phi_1} C_{\Phi_2}$, il suffit de vérifier la proposition pour les trois types élémentaires.

Or pour le type i) c'est la proposition (1,11), et pour les types ii) et iii) cela résulte facilement du théorème de Fubini ($). □

(2,2) Corollaire. – La mesure de Lebesgue est invariante par le groupe $SL(d, \mathbb{R})$ des matrices unimodulaires, i.e. de déterminant ± 1, de rang d ; en particulier elle est invariante par les déplacements de $\mathbb{R}^d$.

Il résulte aussi facilement de la proposition (2,1) et du théorème de Fubini que les variétés affines propres de $\mathbb{R}^d$ sont de mesure de Lebesgue nulle ($).

La proposition (2,1) possède une généralisation très importante connue sous le nom de *formule du changement de variables.*

Soient U et V deux ouverts de $\mathbb{R}^d$ et Φ un difféomorphisme de U sur V. On appelle Φ_i les composantes de Φ, c'est-à-dire que si $x = \Phi(y)$ on a, avec des notations évidentes,

$$x_i = \Phi_i(y_1, y_2, ..., y_d), \quad i = 1, ..., d.$$

Les hypothèses entraînent que les fonctions Φ_i sont de classe C^1 et que la matrice Jacobienne de Φ, i.e. la matrice des dérivées partielles $\partial\Phi_i/\partial y_j$, est de déterminant $J(\Phi)$ non nul. On peut de manière équivalente supposer que Φ est un homéomorphisme de classe C^1 et que $J(\Phi)$ est non nul. On va s'intéresser à l'image par Φ de λ. On peut penser que dans le voisinage d'un point x de U, la mesure de Lebesgue va être transformée de la même façon que par l'application linéaire tangente à Φ en x dont le déterminant est précisément $J(\Phi)$. Le résultat suivant devient alors intuitif.

(2,3) Proposition. – Pour toute fonction borélienne positive f sur V,

$$\int_V f(x)\, dx = \int_U f(\Phi(y))\, |J(\Phi)(y)|\, dy.$$

Démonstration. – Pour d = 1 ce résultat est la proposition (II,3,6). Nous allons supposer le résultat vrai pour toutes les dimensions inférieures à d et le démontrer pour d.

Nous montrons d'abord que pour tout η de U il y a un voisinage U_η de η sur lequel la formule de l'énoncé est valable. En effet, puisque $J(\Phi) \neq 0$, il existe une dérivée partielle qui n'est pas nulle en η et à cause de la proposition (1,11) sur l'invariance de λ_d par permutations des coordonnées nous pouvons supposer que c'est $\partial\Phi_1/\partial y_1$. D'après le théorème des fonctions inverses, il existe donc un voisinage U_η de η sur lequel on peut résoudre en y_1 l'équation $z_1 = \Phi_1(y_1, ..., y_d)$ et tel que la fonction $u(z_1, y_2, ..., y_d)$ qui en est solution soit de classe C^1 sur l'ensemble où elle est définie.

Les applications $\Theta : y \to z$ définie par

$$z_1 = \Phi_1(y_1, y_2, ..., y_d),\ z_j = y_j \quad \text{pour} \quad j = 2, ..., d,$$

et $\Psi : z \to x$ définie par

$$x_1 = z_1,\ x_i = \Phi_i(u(z_1, z_2, ..., z_d), z_2, ..., z_d) \quad \text{pour} \quad i = 2, ..., d,$$

sont des difféomophismes sur U_η et $W_\eta = \Theta(U_\eta)$, et $\Phi = \Psi \circ \Theta$. On pose $V_\eta = \Psi(W_\eta)$. En notant A(t) la section de A au-dessus de t, le théorème de Fubini permet d'écrire

$$\int_{V_\eta} f(x)\, dx = \int dx_1 \int_{V_{\eta}(x_1)} f(x_1, x_2, ..., x_d)\, dx_2, ..., dx_d.$$

Pour $x_1 = z_1$ fixé, l'application $\Gamma : (z_2, ..., z_d) \to (x_2, ..., x_d)$ est un difféomorphisme de l'ouvert $W_\eta(z_1)$ de $\mathbb{R}^{d-1}$ dans $V_\eta(x_1)$ et en tenant compte de $x_1 = z_1$, on a $J(\Gamma)(z_2, ..., z_d) = J(\Psi)(z)$; l'hypothèse de récurrence et le théorème de Fubini entraînent alors que

$$\begin{aligned}
&\int_{V_\eta} f(x)\, dx \\
&= \int dz_1 \int_{W_\eta(z_1)} f(z_1, \Gamma(z_2, ..., z_d))\, |J(\Gamma)(z_2, ..., z_d)|\, dz_2, ..., dz_d \\
&= \int_{W_\eta} f(\Psi(z))\, |J(\Psi)(z)|\, dz \\
&= \int dz_2, ..., dz_d \int_{W_\eta(z_2, ..., z_d)} f(\Psi(z))\, |J(\Psi)(z)|\, dz_1 \\
&= \int dy_2, ..., dy_d \int_{U_\eta(y_2, ..., y_d)} (f \circ \Psi \,.\, |J(\Psi)|)(z_1, y_2, ..., y_d)\, dz_1.
\end{aligned}$$

En utilisant la formule de l'énoncé pour l'application $y_1 \to z_1$, on voit que l'intégrale de droite vaut

$$\int_{U_\eta(y_2, ..., y_d)} (f \circ \Psi \circ \Theta \,.\, |J(\Psi) \circ \Theta|\, |J(\Theta)|)(y_1, y_2, ..., y_d)\, dy_1$$

et comme $\Psi \circ \Theta = \Phi$ et donc $(J(\Psi) \circ \Theta)\, J(\Theta) = J(\Phi)$, le résultat est démontré.

Il reste maintenant à montrer que l'on peut passer du résultat local que nous venons d'établir au résultat global. D'après le résultat local, pour chaque point y de U il existe un pavé U_y à coordonnées rationnelles contenant y et sur lequel la formule est valable. Nous pouvons les ordonner en une suite (U_n), $n \geqslant 1$, de réunion U, et si on pose $V_n = \Phi(U_n)$, la réunion des V_n est V. On pose $h = \Sigma 2^{-n}\, 1_{U_n}$ et $h_n = 1_{U_n}/2^n h$. Les fonctions h_n sont positives, boréliennes, nulles hors de U_n et $\Sigma h_n = 1_U$. On peut alors écrire

$$\begin{aligned}
\int_V f(x)\, dx &= \int (\Sigma h_n(\Phi^{-1}(x)))\, f(x)\, dx \\
&= \Sigma \int_{V_n} h_n(\Phi^{-1}(x))\, f(x)\, dx,
\end{aligned}$$

et comme la formule est valable pour le difféomorphisme Φ de U_n sur V_n, ceci vaut encore

$$\Sigma \int_{U_n} h_n(y)\, f(\Phi(y))\, |J(\Phi)(y)|\, dy = \int_U f \circ \Phi(y)\, |J(\Phi)(y)|\, dy. \qquad \square$$

Bien entendu en considérant les parties positives et négatives on voit que la formule de l'énoncé précédent est valable pour les fonctions intégrables par rapport à la restriction à V de λ_d et l'énoncé affirme alors que $(f \circ \Phi)\, |J(\Phi)|$ est intégrable pour la restriction de λ_d à U.

D'autre part, en considérant le difféomorphisme inverse Φ^{-1} dont le jacobien est également non nul, la formule du changement de variables peut encore s'énoncer

$$\int_U f \circ \Phi \, d\lambda_d = \int_V f \, |J(\Phi^{-1})| \, d\lambda_d ;$$

sous cette forme on voit que l'image de λ_d par Φ a pour densité $|J(\Phi^{-1})|$ par rapport à λ_d.

Nous allons maintenant donner quelques applications de cette formule.

Une méthode générale qui permet de simplifier le calcul de certaines intégrales est le passage aux coordonnées polaires. L'application $(\rho, \theta) \to (\rho \cos\theta, \rho \sin\theta)$ est un difféomorphisme de $]0, \infty[\times]0, 2\pi[$ dans $\mathbb{R}^2 - ([0, \infty[\times \{0\})$ auquel on peut appliquer la proposition précédente. Comme le demi-axe réel positif est de mesure nulle pour λ et que le jacobien de cette transformation est égal à ρ, il en résulte que pour toute fonction borélienne positive où λ-intégrable on a

$$\int_{\mathbb{R}^2} f(x, y) \, dx \, dy = \int_0^\infty \int_0^{2\pi} f(\rho \cos\theta, \rho \sin\theta) \, \rho \, d\rho \, d\theta.$$

Utilisons cette formule pour calculer l'intégrale

$$I = \int_{-\infty}^{\infty} e^{-x^2} \, dx,$$

qui est fondamentale dans beaucoup de questions et notamment en théorie des probabilités. En utilisant le théorème de Fubini et la formule ci-dessus il vient

$$I^2 = \left(\int_{-\infty}^{\infty} e^{-x^2} dx\right) \times \left(\int_{-\infty}^{\infty} e^{-y^2} dy\right) = \int_{\mathbb{R}^2} e^{-(x^2+y^2)} \, dx \, dy$$

$$= \int_0^\infty e^{-\rho^2} \rho \, d\rho \int_0^{2\pi} d\theta = 2\pi \int_0^\infty e^{-\rho^2} \rho \, d\rho = \pi,$$

et donc $I = \sqrt{\pi}$.

Le passage aux coordonnées polaires peut se généraliser aux dimensions supérieures à 2. Les formules sont malheureusement moins simples. En plus de l'angle θ, il faut introduire des angles φ_i, $i = 1, \ldots, d-2$, variant entre $-\pi/2$ et $\pi/2$ et le jacobien de la transformation est de la forme $\rho^{d-1} H(\theta, \varphi_1, \ldots, \varphi_{d-2})$. En notant λ_d la mesure de Lebesgue dans $\mathbb{R}^d$, la formule du changement de variables donne donc, pour f positive,

$$\int f d\lambda_d = \int \rho^{d-1} d\rho \int f(\rho, \theta, \varphi_1, \ldots, \varphi_{d-2}) \, |H(\theta, \varphi_1, \ldots, \varphi_{d-2})| \, d\theta d\varphi_1 \ldots, d\varphi_{d-2}.$$

L'intégrale de droite apparaît clairement comme une intégrale sur la sphère unité dans $\mathbb{R}^d$ laquelle sera notée S_{d-1} ; ceci justifie ce qui suit.

Pour $x \in \mathbb{R}^d$ non nul, on pose $h(x) = x/|x|$; l'application $\Phi : x \to (|x|, h(x))$ de l'espace $\mathbb{R}^d\backslash\{0\}$ dans le produit $]0, \infty[\times S_{d-1}$ est un homéomorphisme et nous écrirons $(r, s) \to rs$ pour son inverse. L'ensemble S_{d-1} est fermé dans $\mathbb{R}^d$, et

$$\mathcal{B}(S_{d-1}) = \mathcal{B}(\mathbb{R}^d) \cap S_{d-1}.$$

(2,4) Proposition. – Il existe sur $\mathcal{B}(S_{d-1})$ une mesure notée σ_{d-1}, invariante par rotation, et telle que pour toute fonction borélienne positive sur $\mathbb{R}^d$,

$$\int f\, d\lambda_d = \int_{]0, \infty[\times S_{d-1}} f(rs)\, r^{d-1}\, dr\, d\sigma_{d-1}(s),$$

autrement dit, l'image de λ_d par Φ est égale à $\mu \otimes \sigma_{d-1}$ où μ est la mesure de densité r^{d-1} par rapport à la mesure de Lebesgue sur $\mathbb{R}_+$.

Démonstration. – Pour $A \in \mathcal{B}(S_{d-1})$, on pose

$$\sigma_{d-1}(A) = d\lambda_d\,(h^{-1}(A) \cap B_d)$$

où B_d est la boule unité de $\mathbb{R}^d$. Ceci définit de toute évidence une mesure sur $\mathcal{B}(S_{d-1})$ qui est invariante par les rotations de centre 0. De plus si on appelle D l'ensemble des points $x = rs$ tels que $s \in A$ et $a < r < b$, les propriétés d'invariance de λ_d par rapport aux homothéties (Proposition (2,1)) montrent que

$$\lambda_d(D) = (b^d - a^d)\, \lambda_d\,(h^{-1}(A) \cap B_d)$$
$$= \int_a^b \sigma_{d-1}(A)\, r^{d-1}\, dr\,;$$

autrement dit la propriété de l'énoncé est vérifiée pour tout les pavés de la forme $]a, b[\times A$, ce qui, d'après la proposition (1,2), entraîne le résultat désiré.

Remarque. – La mesure σ_{d-1} est une mesure bornée ; sa masse totale est égale à dc_d où c_d est le volume de B_d. Pour $d = 3$, cette masse totale vaut 4π.

(2,5) Corollaire. – Si f est borélienne sur $\mathbb{R}_+$ et si on pose $F(x) = f(|x|)$, la fonction F est intégrable sur $\mathbb{R}^d$ ssi $f(r)\, r^{d-1}$ est intégrable sur $\mathbb{R}_+$.

Démonstration. – Ceci résulte immédiatement de la proposition précédente et du fait que σ_{d-1} est une mesure bornée.

De ce corollaire on déduit, grâce à (II,3,7) et (II,3,9), le très important critère d'intégrabilité suivant.

(2,6) Corollaire. – Pour $\alpha > -d$, la fonction $|x|^\alpha$ est intégrable sur B_d et n'est pas intégrable sur $\mathbb{R}^d\backslash B_d$. Pour $\alpha < -d$, les conclusions sont inversées. Enfin $|x|^{-d}$ n'est intégrable ni sur $\mathbb{R}^d\backslash B_d$ ni sur B_d.

(2,7) Exercice. – 1) Soit A un borélien du demi-plan (y, z), $y \geqslant 0$. Montrer que l'ensemble $\hat{A}$ de $\mathbb{R}^3$ obtenu en le faisant tourner autour de l'axe Oz est borélien et que son volume vaut $2\pi \int_A y\, dy\, dz$.

2) Pour $a > r > 0$, calculer le volume du tore obtenu en prenant

$$A = \{(y, z) : (y - a)^2 + z^2 \leqslant r^2\}.$$

(2,8) Exercice. – Calculer l'intégrale de $y^{-1/2}(z - y)^{-3/2}$ sur le domaine $\{(y, z) : 0 \leqslant y \leqslant 1 \leqslant z\}$.

(2,9) Exercice. – Si f est une fonction borélienne positive sur $\mathbb{R}_+$, calculer

$$\int_0^\infty \int_0^\infty (f(x + y)/(x + y))\, dx\, dy$$

en fonction de $\int_0^\infty f(x)\, dx$.

(2,10) Exercice. – (Principe de Cavalieri) Soient A et B deux boréliens de $\mathbb{R}^3$ tels que pour tout z les sections A_z et B_z soient de même surface. Montrer que A et B ont même volume.

(2,11) Exercice. – Soit f une fonction continue sur $\mathbb{R}^d$. On pose

$$F(x_1, ..., x_d) = \int_0^{x_1} \int_0^{x_2} ... \int_0^{x_d} f(u_1, ..., u_d)\, du_1, ..., du_d.$$

Montrer que F est de classe C^1 et calculer son gradient.

(2,12) Exercice. – Soit Q une forme quadratique définie-positive sur $\mathbb{R}^d$. Montrer que

$$\int \exp(-Q(x))\, dx = (\pi^d/\Delta)^{1/2}$$

où Δ est le déterminant de Q.

(2,13) Exercice. – 1) Calculer le volume de l'ellipsoïde, i.e. de l'ensemble des points (x_i) de $\mathbb{R}^d$ tels que $\sum_1^d (x_i/a_i)^2 \leqslant 1$, où les a_i sont des nombres réels > 0.

2) Pour $d = 3$, calculer les moments d'inertie par rapport aux axes de l'ellipsoïde supposé avoir une masse unité uniformément répartie.

(2,14) Exercice. – 1) Montrer que pour tout $a > 0$, la fonction $\exp(-xy^2)$ est intégrable dans le domaine $\{0 \leqslant x \leqslant a, 0 \leqslant y\}$.

2) Trouver la limite lorsque a tend vers l'infini de

$$\int_0^\infty dy \int_0^a \exp(-xy^2) \sin x\, dx.$$

3) en déduire que l'intégrale impropre de $\sin x/\sqrt{x}$ sur $[0, \infty]$ existe et vaut

$$(2/\sqrt{\pi}) \int_0^\infty (1 + y^4)^{-1}\, dy.$$

(2,15) Exercice. – 1) En considérant la fonction de deux variables

$$t^{p+q-1}\, x^{n-1}\, e^{-t(1+x)},$$

montrer que pour $p, q > 0$,

$$\Gamma(p)\,\Gamma(q) = \Gamma(p+q) \int_0^\infty x^{p-1}(1+x)^{-p-q}\, dx,$$

et en déduire que

$$\int_0^1 x^{p-1}\,(1-x)^{q-1}\, dx = \Gamma(p)\,\Gamma(q)/\Gamma(p+q).$$

2) Soit g une fonction borélienne bornée sur $[0, 1]$ et D le domaine de $\mathbb{R}^3$ défini par les inégalités : $x \geqslant 0$, $y \geqslant 0$, $z \geqslant 0$, $x + y + z \leqslant 1$. Montrer que

$$\int_D x^{p-1}y^{q-1}z^{r-1}\, g(x+y+z)dxdydz = \Gamma(p+q+r)^{-1}\,\Gamma(p)\,\Gamma(q)\,\Gamma(r) \int_0^1 v^{p+q+r-1}\, g(v)\, dv.$$

(2,16) Exercice. – 1) Pour toute fonction borélienne f de $\mathbb{R}$ dans $\mathbb{R}$ l'application Ψ_f définie par

$$\Psi_f(x, y) = (x, y + f(x))$$

est une application bijective de $\mathbb{R}^2$ dans $\mathbb{R}^2$, borélienne ainsi que son inverse. Montrer que λ est invariante par Ψ_f.

2) Montrer que les applications Ψ_f forment un groupe de transformations bijectives et bimesurables de $\mathbb{R}^2$. Décrire un groupe plus vaste de telles transformations et retrouver l'invariance de λ par le groupe des matrices de déterminant ± 1.

(2,17) Exercice. – (lemme de Gronwall) 1) Soit f une fonction borélienne positive sur $\mathbb{R}$. Montrer que

$$\int_{-\infty}^\infty f(x_1) \int_{-\infty}^{x_1} f(x_2) \ldots \int_{-\infty}^{x_{d-1}} f(x_d)\, dx_1\, dx_2 \ldots dx_d = \left(\int f d\lambda\right)^d /d!.$$

2) Soit u une fonction positive intégrable sur $[0, T]$ et ϕ une fonction borélienne positive localement bornée telles que pour deux constantes $A, B \geqslant 0$, on ait

$$\phi(t) \leqslant A + B \int_0^t u(s)\,\phi(s)\, ds.$$

Montrer que pour presque tout $t < T$,

$$\phi(t) \leqslant A \exp\left(B \int_0^t u(s)\, ds\right).$$

(2,18) Exercice. – 1) Si f est une fonction deux fois continuement différentiable, montrer que

$$f(x) - f(0) - xf'(0) = \int_0^x d\xi \int_0^\xi f''(t)\, dt.$$

2) Montrer que si f est de classe C^{n+1},

$$f(x) - f(0) - xf'(0) - \cdots - \frac{x^n}{n!} f^{(n)}(0) = \int_0^x d\xi_1 \int_0^{\xi_1} d\xi_2 \ldots \int_0^{\xi_n} f^{(n+1)}(t)\, dt,$$

et en déduire la formule de Taylor avec reste intégral :

$$f(x + h) = \sum_0^n \frac{h^k}{k!} f^{(k)}(x) + \frac{h^{n+1}}{n!} \int_0^1 (1 - t)^n f^{(n+1)}(x + th)\, dt.$$

*(2,19) Exercice. – 1) Trouver l'intervalle I de $\mathbb{R}$ dans lequel doit se trouver le nombre p pour que la fonction f_y, définie par

$$f_y(x) = |x - y|^{-p} - |x|^{-p},$$

soit dans $L^2(\lambda_d)$ quel que soit $y \in \mathbb{R}^d$.

2) Si $p \in I$, montrer que le produit scalaire dans L^2 de f_y et $f_{y'}$ est égal à

$$C(|y|^\alpha + |y'|^\alpha - |y - y'|^\alpha)$$

où $\alpha = d - 2p$ et C est une constante ne dépendant que de p et d.

(2,20) Exercice. – Soient D_1 et D_2 les disques de rayon 1 et de centres z_1 et z_2 dans $\mathbb{C}$. Montrer que pour tout $\varepsilon > 0$, la fonction

$$f(z) = |(z - z_1)^{-1} 1_{D_1^c} - (z - z_2)\, 1_{D_2^c}|$$

est dans $L^{1+\varepsilon}$ pour la mesure de Lebesgue sur $\mathbb{C}$.

(2,21) Exercice. – 1) Soit dans le plan la courbe définie en coordonnées polaires par $\rho = f(\theta)$ où f est une fonction mesurable positive. Montrer que pour

$$-\pi/2 \leqslant \theta_1 < \theta_2 \leqslant \pi/2,$$

l'ensemble $\{(r, \theta) : -\pi/2 \leqslant \theta_1 \leqslant \theta \leqslant \theta_2 \leqslant \pi/2 ; 0 < r \leqslant f(\theta)\}$ est mesurable et calculer son aire.

2) Calculer la surface intérieure à la cardioïde d'équation $\rho = a(1 + \cos\theta)$.

*(2,22) Exercice. – Pour $x \in S_{d-1}$, soit $\theta(x)$ l'angle du vecteur Ox avec un axe fixé. Montrer que

$$\int_{S_{d-1}} |\cos(\theta(x))|\, d\sigma_{d-1}(x) = 2\pi^{(d-1)/2}/\Gamma((d+1)/2).$$

(2,23) Exercice. – Soit F un fermé de $\mathbb{R}^d$ et δ la distance à cet ensemble.

1) Montrer que pour $x \notin F$, l'intégrale

$$I(x) = \int_{B(x,1)} \delta(y)\,|x - y|^{-(d+1)}\,dy$$

est infinie. Donner des exemples où $I(x)$ soit également infini pour $x \in F$. Le but des questions suivantes est de montrer que $I(x) < \infty$ pour presque tout point x de F.

2) Montrer qu'il existe une constante C indépendante de F telle que pour tout y de $\mathbb{R}^d$, on ait

$$\int_F |x - y|^{-(d+1)}\,dx \leqslant C\delta(y)^{-1}.$$

[On pourra comparer F et $\{x : |x - y| \geqslant \delta(y)\}$.]

3) Montrer que

$$J(x) = \int_{\mathbb{R}^d} \delta(x + y)\,|y|^{-(d+1)}\,dy$$

est une fonction mesurable de x et que $\int_F J(x)\,dx \leqslant C\,\lambda(F^c)$. En déduire que si $\lambda(F^c) < \infty$, on a $J(x) < \infty$ pour λ-presque tout x de F.

4) Soit δ_r la distance à $F \cup B(0, r)^c$. Montrer que pour presque tout x de F,

$$\int_{\{|y| \leqslant 1\}} \delta_r(x + y)\,|y|^{-(d+1)}\,dy < \infty.$$

5) Montrer que pour $r > 2$, si $|y| \leqslant 1$ et $x \in F \cap B(0, r - 2)$, on a $\delta_r(x + y) = \delta(x + y)$. En déduire que

$$\int_{\{|y| \leqslant 1\}} \delta(x + y)\,|y|^{-(d+1)}\,dy < \infty$$

pour λ-presque tout x de $F \cap B(0, r - 2)$.

6) Montrer que $I(x) < \infty$ pour λ-presque tout x de F. Ce résultat traduit le fait que presque tout point de F est « complètement entouré » par les autres points de cet ensemble.

3. Le produit de convolution dans $\mathbb{R}^d$

Le produit de convolution est une opération très importante qu'on rencontre dans de nombreux problèmes pratiques et théoriques. Il est en effet lié aux propriétés d'invariance dans le temps et dans l'espace de nombreux phénomènes concrets. Soit par exemple un système physique qui à une impulsion unité à l'instant 0 donne une

« réponse » que l'on peut représenter par une fonction f du temps t. Dans beaucoup de situations, deux constatations sont possibles. D'abord il y a invariance des effets par translation dans le temps ; en d'autres termes, une impulsion unité donnée à l'instant a engendrera une réponse f(t – a) à l'instant t. Ensuite il y a superposition ou additivité des effets, c'est-à-dire que l'effet combiné des impulsions unité aux instants 0 et a est, à l'instant t, égal à f(t) + f(t – a) ce qui peut s'écrire

$$\int f(t-s)\,(\delta_0+\delta_a)\,(ds).$$

En présence d'une impulsion plus générale qui peut se représenter par une mesure m, il est justifié de penser que la réponse à l'instant t est donnée par

$$\int f(t-s)\,m\,(ds).$$

C'est cette fonction de t que l'on appelle le produit de convolution de f par m. On peut remarquer qu'elle est a priori plus régulière que la fonction f.

L'invariance par translation dans l'espace donne lieu à exactement le même type de raisonnement, et il n'est donc pas surprenant que le potentiel newtonien d'une masse gravifique ou d'une charge électrique soit donné par un produit de convolution (cf. Lecture 5).

Un autre point de vue – plus mathématique – est le suivant. Par l'intermédiaire de l'application $a \to \delta_a$ le groupe $\mathbb{R}^d$ est plongé dans l'ensemble des mesures bornées sur $\mathcal{B}(\mathbb{R}^d)$ et on souhaite prolonger l'opération du groupe à cet ensemble plus grand.

(3,1) Définition. – Le *produit de convolution* des mesures bornées μ et ν sur $(\mathbb{R}^d, \mathcal{B}(\mathbb{R}^d))$ est l'image de $\mu \otimes \nu$ par l'application $(x, y) \to x + y$ de $\mathbb{R}^d \times \mathbb{R}^d$ sur $\mathbb{R}^d$. Il sera noté $\mu * \nu$.

Rappelons que la notion de mesure image a été définie dans l'exercice (I,3,18) et compte tenu de cette définition, on voit que $\mu * \nu$ est bien une mesure bornée sur $\mathcal{B}(\mathbb{R}^d)$et que pour une fonction $\mathcal{B}(\mathbb{R}^d)$-mesurable et positive f, on a

$$(*) \qquad \int f\,d(\mu*\nu) = \int f(x+y)\,d(\mu\otimes\nu)\,(x,y)\,;$$

en utilisant le théorème de Fubini cette dernière intégrale peut encore s'écrire

$$(**) \qquad \int \left[\int f(x+y)\,d\nu(y)\right] d\mu(x) \quad \text{et} \quad \int \left[\int f(x+y)\,d\mu(x)\right] d\nu(y).$$

On voit immédiatement que $\delta_a * \delta_b = \delta_{a+b}$, donc que le produit de convolution prolonge bien l'addition sur $\mathbb{R}^d$. Plus généralement $\delta_a * \mu$ est égale à l'image de μ par la translation τ_a dans $\mathbb{R}^d$; en particulier δ_0 est un élément neutre pour le produit de convolution dont les propriétés algébriques sont énoncées dans la

(3,2) Proposition. – Le produit de convolution est une opération associative, commutative et distributive par rapport à l'addition.

Démonstration. – La commutativité résulte des formules (**) et de la commutativité de l'addition de $\mathbb{R}^d$. L'associativité découle de l'associativité du produit d'espaces mesurés et enfin la distributivité se vérifie facilement. □

L'associativité permet d'écrire $\mu * \nu * \lambda$ sans se soucier de l'ordre dans lequel on fait les opérations et de définir la n-ième puissance de convolution de μ que l'on notera μ^{*n}.

Une propriété importante du produit de convolution est son aspect régularisant, c'est-à-dire que le produit de convolution de deux mesures – plus tard de deux fonctions – est au moins aussi régulier que la plus régulière des deux. Voici un premier résultat qui va dans ce sens. Dans la suite la mesure de Lebesgue est notée λ et dans les intégrales $\lambda(dx)$ est abrégé en dx. Les notations telles que L^1 ou p.p. sans référence à une mesure signifient que c'est la mesure de Lebesgue qui est visée.

(3,3) Proposition. – Si la mesure μ a une densité f par rapport à λ le produit $\mu * \nu$ a également une densité par rapport à λ. La classe d'équivalence de cette densité est notée $f * \nu$ et est donnée par

$$f * \nu(x) = \int f(x-y)\, \nu(dy).$$

Démonstration. – Nous pouvons supposer f borélienne. Pour ϕ borélienne et positive on a, en utilisant le théorème de Fubini et l'invariance par translation de λ,

$$\begin{aligned}\int \phi \, d(\mu * \nu) &= \int d\nu(y) \int \phi(x+y)\, d\mu(x)\\ &= \int d\nu(y) \int \phi(x+y)\, f(x)\, dx = \int d\nu(y) \int \phi(x)\, f(x-y)\, dx\\ &= \int \phi(x)\, dx \int f(x-y)\, d\nu(y),\end{aligned}$$

ce qui peut encore s'écrire

$$\int \phi(x) \left(\int f(x-y)\, d\nu(y) \right) dx.$$

Ceci prouve le résultat annoncé. □

La mesurabilité de $f * \nu$ est une conséquence du théorème de Fubini, mais on peut voir directement que si f est une fonction borélienne positive quelconque l'application

$$x \to \int f(x-y)\, d\nu(y)$$

est borélienne ; en effet $(x, y) \to f(x-y)$ est borélienne sur $\mathbb{R}^d \times \mathbb{R}^d$ et il suffit de faire les prolongements habituels à partir du lemme (1,7). On posera la

(3,4) Définition. – Si f est une fonction borélienne sur $\mathbb{R}^d$ et μ une mesure et si l'intégrale $\int f(x-y)\, d\mu(y)$ est définie pour λ-presque tout x, la fonction de x ainsi définie est appelée le *produit de convolution* de f par μ et est notée $f * \mu$.

Avec cette notation la proposition précédente dit que si $f = d\mu/d\lambda$ alors $\mu * \nu \ll \lambda$ et $d(\mu * \nu)/d\lambda = f * \nu$.

Il résulte aussi de la proposition (3,3) que $f * \mu$ est intégrable lorsque f est intégrable et positive et μ bornée. Si ν a aussi une densité, soit g, alors la densité de $\mu * \nu$ s'écrit

$$\int f(x-y)\, g(y)\, dy$$

et définit encore une fonction intégrable. Nous avons ainsi défini une loi de composition interne sur les fonctions intégrables et positives. Ceci conduit à poser la

(3,5) Définition. – Si f et g sont deux fonctions mesurables sur $\mathbb{R}^d$, et si l'intégrale

$$\int f(x-y)\, g(y)\, dy$$

est définie pour λ-presque tout x, la fonction ainsi définie est appelée *le produit de convolution* de f et g et est notée $f * g$.

On remarque bien sûr que les intégrales ci-dessus ne dépendent que des classes d'équivalences de f et g et qu'il s'agit donc d'une opération définie sur les classes d'équivalence, tandis que $f * g$ est une vraie fonction peut-être définie seulement en dehors d'un ensemble de mesure nulle. Quoi qu'il en soit, nous continuerons à faire l'abus de langage habituel et parlerons de produit de convolution de fonctions.

Observons de plus que le produit de convolution de fonctions est commutatif, i.e. si $f * g$ existe, alors $g * f$ existe et est égal à $f * g$; ceci résulte immédiatement de l'invariance par translation de la mesure de Lebesgue ($). Il résulte aussi du théorème de Fubini que $f * g$ est mesurable.

Comme le souligne la définition ci-dessus, le produit de convolution de deux fonctions n'est pas toujours défini. C'est pourquoi nous énonçons la

(3,6) Proposition. – Si $f \in L^1$, le produit $f * g$ est défini pour tout $g \in L^p$ quel que soit $p \in [1, \infty]$; de plus $f * g$ est alors dans L^p et

$$\|f * g\|_p \leqslant \|f\|_1 \, \|g\|_p.$$

Démonstration. – En décomposant f et g en parties positives et négatives et en utilisant la linéarité de l'intégrale on voit qu'on peut supposer f et g positives. Le produit $f * g$ est alors bien défini (même si éventuellement infini) et on a, pour $p < \infty$,

$$\begin{aligned}\|f * g\|_p^p &= \int \left(\int f(y)\, g(x-y)\, dy \right)^p dx \\ &= \|f\|_1^p \int \left(\int (f(y)/\|f\|_1)\, g(x-y)\, dy \right)^p dx\,;\end{aligned}$$

la mesure de densité $f/\|f\|_1$ par rapport à λ est une mesure de masse 1, donc, en utilisant l'inégalité de Jensen (Ex. (II,2,31)) pour la fonction puissance, on trouve que l'expression ci-dessus est inférieure ou égale à

$$\|f\|_1^p \int \left(\int (f(y)/\|f\|_1)\, g(x-y)^p\, dy \right) dx.$$

Tout étant positif, la partie i) du théorème de Fubini entraîne encore que ceci vaut

$$\|f\|_1^p \int (f(y)/\|f\|_1)\, dy \int g(x-y)^p\, dx$$

et, toujours grâce à l'invariance par translation de λ, est encore égal à

$$\|f\|_1^p \|g\|_p^p \int (f(y)/\|f\|_1)\, dy = \|f\|_1^p \|g\|_p^p,$$

ce qui termine la démonstration.

Pour $p = \infty$, la démonstration est beaucoup plus simple et $f * g$ est défini partout ($), mais on peut en fait obtenir un résultat plus précis qui montre lui aussi l'effet régularisant de la convolution. On commence par le

(3,7) Lemme. – Pour tout $p \in [1, \infty[$ et pour f fixée dans L^p, l'application $x \to \tau_x f$ de $\mathbb{R}^d$ dans L^p est uniformément continue.

Démonstration. – Les fonctions de C_K sont uniformément continues ; on en déduit ($) que pour g fixée dans C_K, et pour $\varepsilon > 0$, il existe un δ tel que pour $|x| < \delta$ on ait $\|\tau_x g - g\|_p < \varepsilon$. Comme C_K est dense dans L^p (cf. (IV,2,4)), pour $f \in L^p$ on peut trouver $g \in C_K$ telle que $\|f - g\|_p < \varepsilon$ et donc aussi $\|\tau_x f - \tau_x g\|_p < \varepsilon$ pour tout x de $\mathbb{R}^d$. Pour $|x| < \delta$, on a alors $\|\tau_x f - f\|_p < 3\varepsilon$, ce qui termine la démonstration.

(3,8) Proposition. – Le produit de convolution d'un élément de L^1 par un élément de L^∞ est une fonction uniformément continue et bornée.

Démonstration. – Si x et y sont des points de $\mathbb{R}^d$, pour $f \in L^1$ et $g \in L^\infty$ on a

$$|f * g(x) - f * g(y)| \leqslant \|g\|_\infty \|\tau_x f - \tau_y f\|_1,$$

et le résultat découle du lemme. □

La proposition (3,6) montre en particulier que si f et g sont dans L^1, alors $f * g$ est aussi dans L^1, comme ceci avait d'ailleurs été indiqué avant la définition (3,5), et que $\|f * g\|_1 \leqslant \|f\|_1 \|g\|_1$. Ceci peut se résumer dans le

(3,9) Théorème. – L'espace L^1 est une algèbre de Banach pour le produit de convolution.

Cette algèbre ne possède pas d'élément unité (cf. (3,32)) ; ceci n'est pas surprenant compte tenu de la discussion qui suit la proposition (3,3) et du fait que δ_0 n'est pas un élément de L^1. Nous allons montrer qu'elle possède des *unités approchées* ce qui aura pour corollaire d'intéressants résultats d'approximation.

Soit ϕ une fonction intégrable positive. Pour tout $\varepsilon > 0$, on pose $\phi_\varepsilon(x) = \varepsilon^{-d}\phi(x/\varepsilon)$. On suppose de plus que

$$(*) \qquad \int \phi(x)\,dx = \int \phi_\varepsilon(x)\,dx = 1.$$

(3,10) Proposition. – Pour tout $f \in L^1$, la famille $f * \phi_\varepsilon$ converge vers f dans L^1 lorsque ε tend vers 0.

Démonstration. – A cause de (*) on peut écrire

$$\int f(x-y)\,\phi_\varepsilon(y)\,dy - f(x) = \int (f(x-y) - f(x))\,\phi_\varepsilon(y)\,dy$$

et par conséquent,

$$\|f * \phi_\varepsilon - f\|_1 \leqslant \int dx \int |f(x-y) - f(x)|\,\phi_\varepsilon(y)\,dy\,;$$

tout étant positif le théorème de Fubini dit que ceci vaut

$$\int \phi_\varepsilon(y)\,dy \int |f(x-y) - f(x)|\,dx.$$

Soit alors η un nombre > 0 arbitraire ; d'après le lemme (3,7) on peut choisir δ tel que $\|\tau_y f - f\|_1 \leqslant \eta$ si $|y| < \delta$. En découpant l'intégrale ci-dessus en deux parties suivant que $|y|$ est $<$ ou $\geqslant$ à δ, on trouve

$$\|f * \phi_\varepsilon - f\|_1 \leqslant \eta + 2\|f\|_1 \int_{\{|y| \geqslant \delta\}} \phi_\varepsilon(y)\,dy.$$

En faisant le changement de variable $y = \varepsilon v$, on voit que cette dernière intégrale est égale à

$$\int_{\{|v| \geqslant \delta/\varepsilon\}} \phi(v)\,dv$$

qui tend vers 0 lorsque ε tend vers 0 par le théorème de convergence dominée.

Le même raisonnement conduit à la

(3,11) Proposition. – Si f est bornée et uniformément continue, la suite $(f * \phi_\varepsilon)$ converge uniformément vers f lorsque ε tend vers zéro.

Les fonctions $f * \phi_\varepsilon$ sont elles-mêmes uniformément continues et bornées d'après (3,8) et en combinant les résultats précédents avec les propriétés de régularisation de la convolution on montre qu'on peut approximer certaines fonctions par des fonctions beaucoup plus régulières. Nous donnons des échantillons de ces propriétés.

(3,12) Proposition. – Si f est une fonction de classe C^p à support compact et g une fonction localement intégrable, le produit $f * g$ est bien défini et est de classe C^p.

Démonstration. – Dire que g est localement intégrable, c'est dire que pour tout compact K, l'intégrale $\int_K |g|\, d\lambda$ est finie. Il est alors facile de voir que $f * g$ est bien défini et fini ; nous laissons également au lecteur le soin (Ex. (3,24)) de montrer la différentiabilité en appliquant la proposition (II,2,8). □

(3,13) Corollaire. – Les fonctions indéfiniment différentiables à support compact sont denses dans L^1.

Démonstration. – Remarquons tout d'abord qu'il existe de telles fonctions, par exemple la fonction définie par

$$\exp(-1/(1-|x|^2)) \quad \text{si} \quad |x| \leqslant 1 \text{ et par 0 sinon.}$$

Cette fonction est de plus positive et nous pouvons donc choisir la fonction ϕ de la proposition (3,10) indéfiniment différentiable et à support compact. Soit maintenant $f \in C_K$; la fonction $f * \phi_\varepsilon$ est indéfiniment différentiable d'après la proposition précédente, et elle est à support compact comme convolée de deux fonctions à support compact ($). D'autre part la proposition (3,10) dit que lorsque ε tend vers 0, la famille $f * \phi_\varepsilon$ tend dans L^1 vers f. La fermeture dans L^1 de $\{f * \phi_\varepsilon ; f \in C_K\}$ contient donc C_K et par suite est égale à L^1 tout entier. □

De la même façon, on voit par exemple que C_K^∞ est dense dans C_0 pour la topologie de la convergence uniforme.

La fin de cette section va être consacrée au *Théorème de dérivation de Lebesgue.* Nous commençons avec le

(3,14) Lemme. – Si E est un ensemble mesurable de $\mathbb{R}^d$ qui est recouvert par une famille de boules B_j telle que l'ensemble $\{r_j\}$ de leur rayons soit borné, on peut extraire de $\{B_j\}$ une sous-suite $\{B_k\}$ (finie ou infinie) de boules deux à deux disjointes telle que

$$\lambda(E) \leqslant 5^d \sum_k \lambda(B_k)$$

Démonstration. – On choisit B_1 telle que $r_1 \geqslant \sup_j \{r_j\}/2$. Si $B_1, B_2, \ldots, B_k$ ont été choisies, on prend, si on le peut, une boule B_{k+1} disjointe des boules précédentes et telle que $r_{k+1} \geqslant \sup \{r_j\}/2$ où le sup porte sur l'ensemble des j tels que B_j soit disjointe de $B_1, \ldots, B_k$; si on ne le peut pas la suite est arrêtée à B_k.

Supposons que $\Sigma\, \lambda(B_k) < \infty$, faute de quoi il n'y a rien à montrer. Soit C_k la boule ayant le même centre que B_k et un rayon 5 fois plus grand. On va montrer que $E \subset \bigcup_k C_K$ en montrant que chaque B_j est contenue dans cette réunion. Soit B_j fixée (différente de toutes les B_k car sinon il n'y a rien à montrer) et soit k_0 le premier entier tel que $r_j/2 > r_{k_0+1}$ dont l'existence résulte de l'hypothèse faite sur la série des $\lambda(B_k)$. La boule B_j coupe $\bigcup_1^{k_0} B_k$ car le contraire est contradictoire avec la définition de $k_0 + 1$. Soit s un entier $\leqslant k_0$ tel que $B_j \cap B_s \neq \emptyset$; comme $r_j \leqslant 2\, r_s$ on a $B_j \subseteq C_s(\$)$ et par suite

$$\lambda(E) \leqslant \Sigma\, \lambda(C_k) \leqslant 5^d\, \Sigma\, \lambda(B_k). \qquad \square$$

Dans la suite on note $B(x, r)$ la boule ouverte de centre x et de rayon r. Pour une fonction f localement intégrable on pose

$$D_r f(x) = \int_{B(x,r)} f\, d\lambda / \lambda(B(x, r)),$$

et $Mf = \sup\{D_r|f|\, ;\, r > 0\}$.

(3,15) Théorème. – i) (Inégalité maximale de Hardy-Littlewood) Il existe une constante A telle que pour tout $\alpha > 0$, et tout f de L^1,

$$\lambda(\{x : Mf(x) > \alpha\}) \leqslant A\|f\|_1/\alpha,$$

et donc Mf est finie p.p. ;

ii) (Théorème de dérivation de Lebesgue) pour tout f de L^1,

$$\lim_{r\to 0} D_r f = f \quad \lambda\text{-p.p.}$$

Démonstration. – La fonction Mf est SCI, donc borélienne (Ex. (I,3,17)). Posons $E_\alpha = \{Mf > \alpha\}$; pour tout x de E_α, il existe une boule B_x centrée en x telle que $\int_{B_x} |f|\, d\lambda > \alpha\, \lambda(B_x)$ et donc $\lambda(B_x) \leqslant \|f\|_1/\alpha$. La famille $\{B_x\}$ forme évidemment un recouvrement de E_α, et d'après le lemme, on peut en extraire une suite $\{B_k\}$ telle que

$$\lambda(E_\alpha) \leqslant 5^d\, \Sigma\, \lambda(B_k) < 5^d \int_{\bigcup_k B_k} |f|\, d\lambda/\alpha,$$

ce qui prouve i) avec $A = 5^d$.

Pour montrer ii), on remarque que, avec les notations de (3,10), $D_r f = f * \varphi_r$ où $\varphi = 1_{B(0,1)}/\lambda(B(0, 1))$. Si g est dans C_K, il en résulte donc que $D_r g$ tend vers g uniformément lorsque r tend vers 0. Si on pose $\Omega f(x) = \left| \overline{\lim_{r\to 0}}\, D_r f(x) - \underline{\lim_{r\to 0}}\, D_r f(x) \right|$, on a donc $\Omega g(x) = 0$. D'autre part $\Omega f \leqslant 2Mf$ et donc d'après i),

$$\lambda(\{x : \Omega f(x) > \varepsilon\}) \leqslant 2A\varepsilon^{-1}\, \|f\|_1.$$

A cause de la densité de C_K dans L^1, on peut, pour δ arbitrairement petit, écrire $f = g + h$ avec g dans C_K et $\|h\|_1 < \delta$. On a alors $\Omega f \leqslant \Omega h$ et donc pour tout $\varepsilon > 0$,

$$\lambda(\{\Omega f > \varepsilon\}) \leqslant 2A\varepsilon^{-1}\delta$$

ce qui termine la démonstration ($). □

Il est naturel de se demander si dans ii) ci-dessus on peut remplacer la famille des boules de centre x par d'autres familles d'ensembles « tendant » vers x. Ce qui suit répond partiellement à cette question.

(3,16) Définition. – On appelle *ensemble de Lebesgue* de $f \in \mathscr{L}^1$ et on note L_f l'ensemble des x de $\mathbb{R}^d$ tels que $f(x) < \infty$ et

$$\lim_{r\to 0} \lambda(B(x, r))^{-1}\int_{B(x,r)} |f(y) - f(x)|\, dy = 0.$$

(3,17) Proposition. – Pour tout $f \in \mathscr{L}^1$, on a $\lambda(L_f^c) = 0$.

Démonstration. – Pour tout réel a, la fonction f – a est localement intégrable et le théorème de dérivation de Lebesgue dit que

$$\lim_{r\to 0} \int_{B(x,r)} |f(y) - a|\, dy/\lambda(B(x, r)) = |f(x) - a|$$

pour tout x à l'extérieur d'un ensemble négligeable N_a. L'ensemble $N = \bigcup_{q\in\mathbb{Q}} N_q$ est aussi négligeable et pour $x \notin N$ la limite a lieu simultanément pour tout a réel. En effet, pour $q \in \mathbb{Q}$ et $a \in \mathbb{R}$, il résulte de l'inégalité

$$|f(y) - q| - |q - a| \leqslant |f(y) - a| \leqslant |f(y) - q| + |q - a|$$

et de la définition de N que

$$|f(x) - q| - |q - a| \leqslant \varliminf_{r\to 0} \int_{B(x,r)} |f(y) - a|\, dy/\lambda(B(x, r))$$
$$\leqslant \varlimsup_{r\to 0} \int_{B(x,r)} |f(y) - a|\, dy/\lambda(B(x, r)) \leqslant |f(x) - q| + |q - a|$$

et on fait tendre q vers a.

On obtient la proposition en faisant $a = f(x)$ pour $x \notin N$. □

(3,18) Définition. – Une suite (E_i) de boréliens de $\mathbb{R}^d$ est dite converger *gentiment* vers $x \in \mathbb{R}^d$ si il existe un nombre $c > 0$ tel que pour tout i il existe une boule $B(x, r_i)$, $r_i > 0$, satisfaisant aux conditions suivantes :

$$E_i \subseteq B(x, r_i), \quad \lim_{i\to 0} r_i = 0 \quad \text{et} \quad \lambda(E_i) \geqslant c\lambda(B(x, r_i)).$$

Par exemple une suite de cubes centrés en x et dont les diamètres tendent vers zéro tend gentiment vers x.

(3,19) Proposition. – Si $f \in \mathscr{L}^1$ et $x \in L_f$, pour toute suite (E_i) tendant gentiment vers x, on a

$$f(x) = \lim_{i \to \infty} \int_{E_i} f(y)\, dy/\lambda(E_i).$$

Démonstration. – On a

$$|\lambda(E_i)^{-1} \int_{E_i} f(y)\, dy - f(x)| \leqslant \lambda(E_i)^{-1} \int_{E_i} |f(y) - f(x)|\, dy$$

$$\leqslant c^{-1}\, \lambda(B(x, r_i))^{-1} \int_{B(x, r_i)} |f(y) - f(x)|\, dy,$$

puisque $E_i \subseteq B(x, r_i)$ et $\lambda(E_i) \geqslant c\, \lambda(B(x, r_i))$. La proposition découle alors immédiatement de la définition de L_f. □

On voit donc en particulier que sur $\mathbb{R}$, si f est localement intégrable sa primitive $F(x) = \int_0^x f(t)\, dt$ est dérivable presque partout et a pour dérivée f ; en effet les intervalles $[x, x + h[$ et $]x - h, x]$ tendent gentiment vers x.

Nous allons utiliser ce qui précède pour étudier encore un peu plus les fonctions intégrables. Celles-ci peuvent prendre des valeurs arbitrairement grandes mais évidemment seulement sur des ensembles de mesure « petite ». Ceci était déjà en partie quantifié par l'inégalité de Markov (II,4,18) qui est précisée par le résultat qui suit.

(3,20) Proposition. – Soient f positive et intégrable et $\alpha > 0$; il existe un ensemble borélien F tel que

i) $f \leqslant \alpha$ λ-p.p. sur F,

ii) F^c est la réunion d'une suite de cubes Q_k dont les intérieurs sont disjoints et qui sont tels que pour tout k,

$$\alpha < \lambda(Q_k)^{-1} \int_{Q_k} f\, d\lambda \leqslant 2^d \alpha.$$

Démonstration. – On partitionne $\mathbb{R}^d$ en la réunion d'une famille de cubes égaux à côtés parallèles aux axes, d'intérieurs disjoints, et dont le diamètre commun est suffisamment grand pour que

$$\lambda(Q)^{-1} \int_Q f\, d\lambda \leqslant \alpha,$$

quel que soit le cube Q de la famille. On découpe ce cube en 2^d cubes égaux en coupant en deux chaque côté de Q. Pour un cube Q′ de cette nouvelle famille deux cas se présentent. Ou bien $\lambda(Q')^{-1} \int_{Q'} f d\lambda > \alpha$ et on met Q′ dans la famille Q_k car on a bien

$$\alpha < \lambda(Q')^{-1} \int_{Q'} f\, d\lambda \leqslant 2^d \lambda(Q)^{-1} \int_Q f\, d\lambda \leqslant 2^d \alpha.$$

Ou bien on a l'inégalité inverse et on recommence le processus de subdivision. On appelle F le complémentaire de la réunion de tous les cubes Q_k obtenus de cette façon à partir de tous les cubes Q de la famille initiale. Si $x \in F$, la famille des cubes du processus ci-dessus qui le contiennent converge gentiment vers x et pour chaque C de cette famille on a

$$\lambda(C)^{-1}\int_C f\,d\lambda \leqslant \alpha.$$

La proposition précédente permet alors de conclure. □

Remarque. – On retrouve l'inégalité de Markov puisque

$$\lambda(F^c) = \Sigma\,\lambda(Q_k) \leqslant \alpha^{-1}\,\Sigma\int_{Q_k} f\,d\lambda \leqslant \alpha^{-1}\,\|f\|_1.$$

(3,21) Exercice. – Si μ est diffuse (cf. (I,2,17)) $\mu * \nu$ est diffuse quelle que soit la mesure bornée ν.

(3,22) Exercice. – Si μ est une probabilité sur $\mathbb{R}$, montrer que

$$\int |x|\,d\mu^{*n}(x) \leqslant n\int |x|\,d\mu(x),$$

et que si le membre de droite de cette inégalité est fini,

$$\int x\,d\mu^{*n}(x) = n\int x\;d\mu(x).$$

(3,23) Exercice. – Montrer que la transformée de Fourier (Ex. (II,2,37)) de $\mu * \nu$ est égale au produit des transformées de Fourier de μ et de ν.

(3,24) Exercice. – Démontrer les dérivabilités nécessaires à la Proposition (3,12) et exprimer les dérivées de $f * g$ comme produits de convolution de g par les dérivées de f.

(3,25) Exercice. – Étendre la définition de la convolution aux mesures signées et démontrer que l'espace de ces mesures est une algèbre de Banach pour la convolution.

(3,26) Exercice. – Calculer par récurrence les puissances de convolution de la probabilité ayant pour densité $\alpha \exp(-\alpha x)\,1_{(x>0)}$ par rapport à la mesure de Lebesgue.

(3,27) Exercice. – Soit $\mu_{a,b}$, $a \in \mathbb{R}$, $b > 0$, la probabilité ayant pour densité

$$(2\pi b)^{-1/2}\exp(-(x-a)^2/2b)$$

par rapport à la mesure de Lebesgue. Montrer que

$$\mu_{a,b} * \mu_{a',b'} = \mu_{a+a',\,b+b'}.$$

Ces densités s'appellent les *noyaux de Gauss* et les $\mu_{a,b}$ les probabilités gaussiennes.

(3,28) EXERCICE. – On appelle probabilité de Poisson de paramètre $\alpha > 0$ et on note m_α la mesure $\sum_{n=0}^{\infty} (e^{-\alpha}\alpha^n/n!)\delta_n$. Calculer $m_\alpha * m_\beta$.

(3,29) EXERCICE. – Soit μ une probabilité sur $\mathbb{R}^d$ comportant des masses ponctuelles p_i en des points a_i.

1) Montrer que la borne supérieure p des p_i est effectivement atteinte en un point a.

*2) Montrer que les masses ponctuelles de $\mu * \mu$ sont strictement inférieures à p sauf dans le cas où μ est une somme finie de masses ponctuelles toutes de même valeur et disposées de manière symétrique par rapport à un point fixé.

3) Si on appelle $\hat{\mu}$ l'image de μ par l'application $x \to -x$, la probabilité $\mu * \hat{\mu}$ a en 0 une masse ponctuelle égale à $q = \sum_i p_i^2$ et toutes ses autres masses ponctuelles sont inférieures à q.

(3,30) EXERCICE. – Une probabilité μ sur $\mathbb{R}$ est dite stable si il existe deux constantes $c > 0$ et d telles que pour toute fonction borélienne positive f on ait

$$\int f(cx + d)\, d\mu(x) = \int f(x)\, d(\mu * \mu)(x).$$

1) Montrer que les probabilités gaussiennes de l'exercice (3,27) sont stables.

2) Montrer que les probabilités stables, autres que les masses de Dirac, sont diffuses. [On pourra utiliser l'exercice précédent.]

(3,31) EXERCICE. – Si S_1 et S_2 sont les supports des mesures m_1 et m_2, montrer que le support de $m_1 * m_2$ est la fermeture de $S_1 + S_2 = \{(x + y)\,;\, x \in S_1, y \in S_2\}$. En particulier si m_1 et m_2 ont leur support dans un même semi-groupe fermé H de $\mathbb{R}^d$, $m_1 * m_2$ a aussi son support dans H.

(3,32) EXERCICE. – Montrer que L^1 n'a pas d'unité pour la convolution. [Utiliser l'exercice (II,4,36) pour montrer que pour tout $u \in L^1$ il existe un ensemble A de mesure finie tel que $u * 1_A \neq 1_A$.]

(3,33) EXERCICE. – Soit N un noyau borné sur $(\mathbb{R}^d, \mathcal{B}(\mathbb{R}^d))$ (cf. (II,1,25)) qui commute avec les translations τ_x, $x \in \mathbb{R}^d$, i.e. $\tau_x N(f) = N(\tau_x f)$ pour tout x de $\mathbb{R}^d$ et toute fonction borélienne positive f. Montrer que $N(x, .) = \delta_x * \mu$ pour une mesure bornée μ fixée.

(3,34) EXERCICE. – Soient (μ_i, ν_i), $i = 1, 2$, des mesures bornées sur $\mathbb{R}^{d}i$. Montrer que $(\mu_1 \otimes \mu_2) * (\nu_1 \otimes \nu_2) = (\mu_1 * \nu_1) \otimes (\mu_2 * \nu_2)$.

(3,35) EXERCICE. – Si μ est une mesure bornée et si $f \in \mathcal{L}^p$, alors $f * \mu$ est bien définie et dans $\mathcal{L}^p$.

(3,36) EXERCICE. – 1) Si $f \in L^p$, $g \in L^q$ avec $p^{-1} + q^{-1} = 1$ et $1 < p < \infty$, montrer que $f * g$ est dans C_0.

2) Si f et g sont positives et mesurables, $f * g$ est SCI.

(3,37) EXERCICE. – Si μ et ν sont deux probabilités sur $\mathbb{R}^d$, montrer, avec les notations du théorème de Radon-Nikodym que

$$\|(\mu * \nu)_s\| \leqslant \|\mu_s\| \, \|\nu_s\|.$$

En déduire que $\|\mu_s^{*n}\| = 1$ pour tout n ou que $\lim \|\mu_s^{*n}\| = 0$ lorsque n tend vers l'infini. L'exercice (3,40) montre que l'on peut être dans le second cas avec μ singulière.

(3,38) EXERCICE. – 1) Pour une fonction f croissante et bornée sur $\mathbb{R}$ et pour tout élément g de L^1_+, montrer que $f * g$ est croissante (elle est également continue et bornée).

2) Montrer que f est la limite, sauf en ses points de discontinuité, d'une suite de fonctions croissantes et indéfiniment dérivables.

(3,39) EXERCICE. – 1) Soit m_1 une mesure bornée sur $\mathbb{R}$ et posons

$$F_1(x) = m_1(]-\infty, x[).$$

Pour une mesure bornée m_2, montrer que $F_1 * m_2(x) = (m_1 * m_2)\,(]-\infty, x[)$.

*2) Montrer que

$$F_1 * F_2(x) = \int (x - y)^+ \, (m_1 * m_2)\,(dy).$$

(3,40) EXERCICE. – Pour deux points a et b de $\mathbb{R}^2$, on note λ_{ab} la mesure de Lebesgue (linéaire!) sur le segment [a, b]. Calculer $\lambda_{ab} * \lambda_{cd}$. Cet exemple montre comment la convolée de deux mesures singulières peut être absolument continue par rapport à la mesure de Lebesgue.

(3,41) EXERCICE. – Montrer qu'une fonction absolument continue sur $\mathbb{R}$ (cf. (0,2,10)) est dérivable λ-p.p. et est une primitive de sa dérivée. [Voir (III,2,19).]

*(3,42) EXERCICE. – Si A est un sous-ensemble mesurable de $\mathbb{R}$ tel que $\lambda(A\Delta(x + A)) = 0$ pour tout x d'un sous-ensemble dense dans $\mathbb{R}$, alors soit $\lambda(A) = 0$ soit $\lambda(A^c) = 0$.

(3,43) EXERCICE. – Soit f une fonction borélienne localement bornée nulle sur $]-\infty, 0]$. Pour $T > 0$ fixé, on pose

$$I_n = \int_0^T e^{ns}(f * f)\,(s)\,ds.$$

1) En faisant le changement de variables : $u = T - v$, $s = 2T - v - w$, montrer que

$$I_n = \int_0^T dv \int_{T-v}^T e^{n(2T-v-w)}\, f(T - v)\, f(T - w)\, dw.$$

2) On suppose dans la suite que f * f est identiquement nulle. Montrer que

$$\left(\int_0^T e^{-nv}\, f(T-v)\, dv\right)^2 = \iint_\Delta e^{-n(v+w)}\, f(T-v)\, f(T-w)\, dv\, dw$$

où $\Delta = \{(v, w) : 0 \leqslant v,\ 0 \leqslant w,\ v + w \leqslant T\}$. En déduire que f est nulle p.p. . [On pourra se servir de l'exercice (II,3,19).]

3) Soient maintenant f et g deux fonctions continues, nulles sur $]-\infty, 0]$ et telles que $f * g = 0$; on pose $f_1(t) = tf(t)$ et $g_1(t) = tg(t)$. Montrer que $(f_1 * g) + (f * g_1) = 0$ et en déduire que

$$(f * g) * (f_1 * g_1) + (f * g_1) * (f * g_1) = 0.$$

4) Montrer que pour tout n et tout t, on a

$$\int_0^t f(t-u)\, u^n g(u)\, du = 0,$$

et en déduire (théorème de Titmarsch) que l'une au moins des deux fonctions f et g est identiquement nulle.

(3,44) EXERCICE. – Une fonçtion h continue dans un ouvert O de $\mathbb{R}^d$ est dite harmonique si pour tout x de O et toute sphère S centrée en x, on a

$$h(x) = \int h(y)\, \sigma(dy)$$

où σ est la probabilité sur S invariante par rotation. Montrer que les fonctions harmoniques sont indéfiniment dérivables. [On pourra calculer $h * \phi$ pour une fonction ϕ convenable.]

*(3,45) EXERCICE. – Avec les notations du théorème (3,15) montrer que pour $1 < p \leqslant \infty$, il existe une constante A_p telle que pour tout f de L^p, on ait

$$\|Mf\|_p \leqslant A_p \|f\|_p.$$

[On montrera d'abord l'identité

$$\|g\|_p^p = \int_0^\infty p\alpha^{p-1}\, \lambda(\{|g| > \alpha\})\, d\alpha.]$$

(3,46) EXERCICE. – Si $f \in L^1_{loc}(\mathbb{R})$, on pose

$$f^*(s) = \sup\left\{(t-s)^{-1}\int_s^t |f(u)|\, du\ ;\ t > s\right\}.$$

Montrer qu'il existe une constante A telle que pour tout f de $L^1(\mathbb{R})$ on ait

$$\lambda(\{s : f^*(s) > \alpha\}) \leqslant A\|f\|_1/\alpha.$$

En déduire que

$$\text{Card}\,(\{m \in \mathbb{N} : \sup_{n>0} n^{-1} \sum_{k=m}^{m+n-1} |a_k| > \alpha\}) \leqslant A \sum_0^\infty |a_k|/\alpha,$$

pour toute suite (a_l) de nombres réels.

Lecture 5. – Théorie du potentiel

Dans l'espace $\mathbb{R}^3$ la théorie classique du potentiel électrique (ou newtonien) commence avec la loi de Coulomb (ou la loi de l'attraction universelle) qui dit que deux charges (ou masses) ponctuelles s'attirent avec une force dont la grandeur est proportionnelle au produit des charges et inversement proportionnelle au carré de la distance de ces charges. Comme $1/r^2$ est (au signe près) la dérivée de $1/r$, on voit que si une charge ponctuelle de valeur q est placée en x_0, le travail à fournir pour amener une charge unité depuis l'infini jusqu'au point x est indépendant du trajet suivi et égal (avec des unités convenables) à $q/|x - x_0|$. Pour un ensemble de charges ponctuelles q_i placées en des points x_i, comme le travail est additif, on aurait

$$\sum_i q_i/|x - x_i|.$$

En « passant à la limite » on obtient le modèle mathématique dans lequel les charges (les masses) sont représentées par des mesures bornées et où le potentiel de la charge μ est la fonction

$$U\mu(x) = \int |x - y|^{-1}\, d\mu(y).$$

La théorie du potentiel développe entre autres choses l'étude de cette fonction ou si l'on préfère celle du noyau $|x - y|^{-1}$, mais de nombreux résultats sont motivés par leur signification physique. C'est ainsi par exemple qu'on démontre le théorème du *balayage* : si μ est une charge et K un compact « raisonnable » de $\mathbb{R}^3$, il existe une unique charge μ_K portée par K et telle que $U\mu_K \leqslant U\mu$ et $U\mu_K = U\mu$ sur K ; de plus $U\mu_K$ est l'enveloppe inférieure des potentiels qui dominent $U\mu$ sur K. Physiquement, ceci entraîne que étant donnée une charge on peut la « balayer » sur le « conducteur » K de façon à avoir le même potentiel sur K et un potentiel inférieur ou égal partout ailleurs.

Le théorème du balayage permet de démontrer le théorème de *l'équilibre* : étant donné un compact K, il existe une charge e_K portée par K telle que $Ue_K = 1$ « presque-partout » sur K et $Ue_K \leqslant 1$ ailleurs. La mesure e_K qui s'appelle la mesure d'équilibre a une importante signification physique ; elle décrit la façon dont l'électricité se répartit sur le conducteur lorsqu'on charge celui-ci et sa masse totale est la *capacité* du conducteur.

Ce qui précède n'est qu'un tout petit échantillon d'une théorie très riche où, comme dans beaucoup de domaines des mathématiques, des progrès décisifs ont été faits par Gauss (1840). Mais c'est seulement grâce à l'utilisation de la théorie moderne de l'intégration qu'elle a pu atteindre son plein développement avec Frostman (1935), Cartan (1940) puis beaucoup d'autres.

Un des traits importants de cette théorie est qu'elle entretient des liens étroits avec plusieurs branches de l'analyse telles que les équations aux dérivées partielles et l'analyse harmonique. Un de ces liens est celui qui l'unit à celle du mouvement brownien évoquée dans la Lecture 1, et donc à la théorie des probabilités. Cette relation naît de la constatation suivante. Dans la théorie du mouvement brownien au départ de laquelle on trouve Bachelier (1900) et Einstein (1905), on montre que la particule dont on suit le mouvement aléatoire a, si elle se trouve en x_0 à l'instant 0, une probabilité de se trouver à l'instant $t > 0$ dans le sous-ensemble borélien A de $\mathbb{R}^d$ qui est donnée par

$$(2\pi t)^{-d/2}\int_A \exp(-|x - x_0|^2/2t)\, dx.$$

Or on calcule facilement (exercice) que

$$\int_0^\infty (2\pi t)^{-d/2} \exp(-|x - x_0|^2/2t)\, dt = \mathrm{Cte}/|x - x_0|.$$

Le potentiel de la restriction à A de la mesure de Lebesgue s'interprète alors comme le temps moyen (au sens de la théorie des probabilités) du temps passé dans A par la particule entre les instants 0 et ∞. Beaucoup de résultats de théorie du potentiel trouvent ainsi une interprétation en termes de mouvement brownien. Par exemple dans le théorème du balayage, la mesure μ_K est la « répartition », au moment où elle touche K pour la première fois, de la particule brownienne dont la position initiale a été choisie suivant la répartition μ.

Cette correspondance qui a d'abord été remarquée par Kakutani (1944) puis exploitée par Doob (1954) a été étendue, principalement par Hunt (1956), à de très nombreux couples constitués d'un processus de Markov et d'un noyau et a considérablement enrichi les deux théories.

Index des termes

Index des notations

Bibliographie

Cette bibliographie réduite à quelques titres est destinée à fournir au lecteur des idées de première lecture sur des compléments à ce cours, des exposés différents de l'intégration et une introduction à certaines applications de la théorie. Il s'agit en général de livres d'un niveau de difficulté supérieur à celui du présent cours.

Dans W. Rudin : *Real and complex analysis* (2ᵉ édition Tata, McGraw Hill 1974, Édition française : Masson 1975) le lecteur trouvera un exposé hautement recommandable et dont nous nous sommes inspirés, mais moins « scolaire » et allant plus loin sur certains points. On y trouve notamment la démonstration du théorème de Riesz dans le cadre général et la théorie des espaces de Banach y est d'autre part plus présente. Ce livre contient également un excellent exposé de la théorie des fonctions analytiques.

Le lecteur n'ayant pas peur de s'attaquer à des textes difficiles et voulant voir un exposé privilégiant l'aspect "Mesures de Radon" utilisera les livres d'intégration de Bourbaki.

Le livre de référence dans l'optique prise dans le présent cours est celui de P. R. Halmos *Measure Theory* (Van Nostrand 1950). La théorie y est faite avec des σ-anneaux à la place des tribus ce qui est quelquefois utile. Il contient aussi un exposé sur les mesures invariantes par translation dans les groupes localement compacts, appelées mesures de Haar, qui jouent pour ces groupes le rôle joué par la mesure de Lebesgue dans le cas de $\mathbb{R}^d$ et sont très importantes en analyse harmonique.

E. Hewitt et K. Stromberg *Real and Abstract Analysis* (Springer-Verlag 1965) contient aussi de nombreux compléments à ce cours ainsi que d'autres démonstrations, par exemple pour la dualité dans les espaces L^p.

Le livre de J. Neveu *Bases mathématiques du calcul des probabilités* (2ᵉ édition, Masson 1970) apporte de nombreux prolongements indispensables à la théorie des probabilités. On y trouve la théorie des produits infinis d'espaces mesurés, la définition des espérances conditionnelles et une introduction aux martingales et à la théorie ergodique.

Pour une introduction à certains aspects de l'analyse harmonique le lecteur pourra regarder le livre de I. M. Guelfand et G. E. Chilov *Les distributions* (traduction française Dunod 1962), le livre *Fourier Series* de R. E. Edwards (2ᵉ édition, Springer-Verlag, 1979) et *Singular integrals and differentiability properties of functions* de E. M. Stein (Princeton University Press, 1970) dont nous sommes servis dans la section V,3.

La théorie des probabilités fait l'objet d'innombrables livres d'introduction qu'il est impossible de citer tous et qui sont souvent d'un niveau inférieur à celui qui est désirable lorsqu'on dispose de la théorie de l'intégration. Nous nous bornerons à mentionner les livres de A. Renyi *Calcul des probabilités* (traduction française Dunod, 1966), L. Breiman *Probability* (Addison-Wesley, 1968) et M. Metivier *Notions fondamentales de la théorie des probabilités* (2ᵉ édition Dunod, 1972).

Pour la théorie ergodique et celle du potentiel on pourra consulter P. Walters *An introduction to Ergodic theory* (Springer-Verlag, 1982) et L. L. Helms *Introduction to Potential theory* (Wiley, 1969).

Imprimé en France par
LIGHTNING SOURCE
www.lightningsource.fr

Printed in Dunstable, United Kingdom

91222211R00127